每个人都可以成为职场精英

林锦添 著

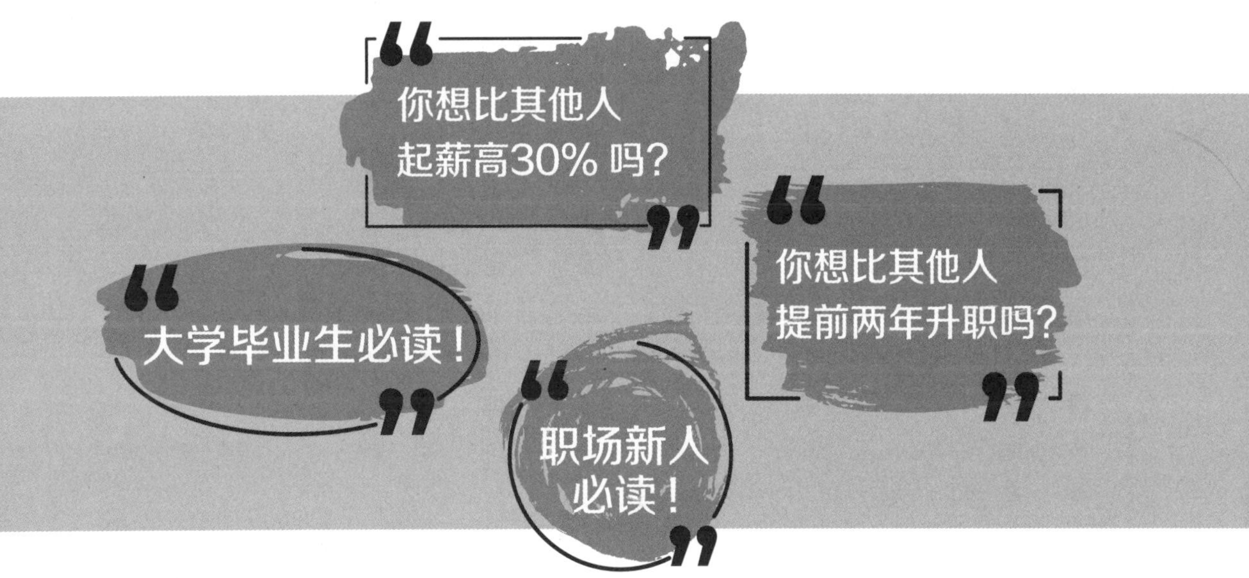

中国财富出版社有限公司

图书在版编目（CIP）数据

每个人都可以成为职场精英 / 林锦添著．—北京：中国财富出版社有限公司，2022.9
ISBN 978-7-5047-7767-6

Ⅰ.①每…　Ⅱ.①林…　Ⅲ.①成功心理—通俗读物　Ⅳ.① B848.4-49

中国版本图书馆 CIP 数据核字（2022）第 172947 号

策划编辑	朱亚宁	**责任编辑**	张红燕　乔　昕	**版权编辑**	李　洋
责任印制	尚立业	**责任校对**	卓闪闪	**责任发行**	杨恩磊

出版发行	中国财富出版社有限公司		
社　　址	北京市丰台区南四环西路 188 号 5 区 20 楼	**邮政编码**	100070
电　　话	010-52227588 转 2098（发行部）		010-52227588 转 321（总编室）
	010-52227566（24 小时读者服务）		010-52227588 转 305（质检部）
网　　址	http://www.cfpress.com.cn	**排　　版**	宝蕾元
经　　销	新华书店	**印　　刷**	宝蕾元仁浩（天津）印刷有限公司
书　　号	ISBN 978-7-5047-7767-6/B · 0570		
开　　本	787mm × 1092mm　1/16	**版　　次**	2023 年 2 月第 1 版
印　　张	20	**印　　次**	2023 年 2 月第 1 次印刷
字　　数	380 千字	**定　　价**	68.00 元

前 言

人生就像一场游戏，二者不同之处在于游戏中的你犯错可以重来，但人生中的你如果犯错，却不能重来。在这场游戏中，大部分人都是从等级最低的普通“角色”开始玩起，技能好的人升级比较快，技能差的人升级较慢，甚至有可能一直处于最低级别。

有些人工作两三年就可以当上中层领导，有些人干了十年还是普通员工。我发现那些加薪快、升职快的人专业能力不一定特别突出，但综合能力却普遍较强。除了具有科研性质的工作岗位之外，职场中比拼的并不完全是专业能力，更多的还是非专业方面的综合能力。比如，我之前从事的精算工作，全国从事这项工作的人不过数千名，我不知道这其中有多少人依靠着精算专业能力促进了保险行业的变革或者发展。不过，我知道的是，他们当中倒是有不少综合能力较强的人，通过将精算和其他知识相结合（将精算跟财务、承保、理赔和信息技术等相结合）为保险行业带来了重大的变革，促进了行业精细化管理能力的提升，使行业向更健康的方向发展。我参加工作超过二十年，工作期间指导过不少人。后来发现，他们当中有些人的工作能力和工作经验比他们的同学会丰富些，薪酬会高一些，职位晋升会快一些。所以，我把我所教授给他们的一些工作经验和工作方法总结出来，跟大家分享，希望能够帮助大家快速提升工作技能。

本书具有综合性和实用性。书中介绍的很多工作方法和技能，是我对于自己多年从业经历的总结和提炼。书中相应的实际案例，比如，组织一场会议，可以参考“工作流程标准化”中“工作流程编写实例——组织会议”的内容等，可以即学即用，实用性较强。

借此机会，我要感谢在我职业生涯中一直给予我指导、帮助和鼓励的领导和同事。

感谢厦门大学研究生院副院长谭忠老师、中国人民保险集团股份有限公司（简称中国人保或人民保险）财险厦门分公司的原总经理赵一平先生、科技分公司总经理郑擎宇先生和中国人保财险华东中心副总经理汤学武先生，是他们引领我进入精算领域，并给予我充分的信任，让我能够自由地发挥精算知识、开展精算工作。

感谢瑞士再保险公司原中国区总裁陈东辉先生，中国人保财险首席经济学家连锦泉先生、总精算师张琅女士、资深专家杨慧晶女士、精算部副总经理沈强先生，利宝保险董事长徐德洪先生、总裁崔昊先生，中国人寿财险总精算师李龙先生及中国人保精算部的领导和同事，在他们的指导和帮助下，我快速成长为一名合格的精算师。

感谢众诚保险董事长蔡杰先生和总裁郑新先生，他们给予我充分的信任，让我全面负责众诚精算工作，成长为一名中层干部。

感谢中国太平洋保险（集团）股份有限公司党委委员丁鹏先生、中国银保监会财险部精算处处长薛春芳先生、调研员黄志勇博士和精算处的其他各位领导，在我从事精算工作后他们不断给我指导、鼓励，让我参与行业商业车险费率厘定和课题研究等一系列工作，在为行业做出一点贡献的同时，也有机会接触和学习行业先进的精算理念和精算技术。

感谢父母对我的培养和教导，感谢妻子的一路相伴以及对我工作的支持，同时，我也要谢谢我的女儿林雨欣，是她帮我核对的书稿！

由于篇幅所限，我无法将所有要感谢的人的名字一一列出，在此一并对帮助和支持过我的老师、同学、领导、同事和朋友，表示感谢！

目录

第一章　人生目标

爱因斯坦说过："在一个崇高的目标支持下，不停地工作，即使慢，也一定会获得成功。"目标是指引我们一路向前的灯塔，明确的人生目标非常重要。

首先，明确的人生目标可以使你看清自己的使命，认识到自己的人生价值，引导你发挥潜能；其次，明确的人生目标为你提供了一种自我评估的重要手段，有助于你评估事业的进展情况；再次，明确的人生目标可以使你未雨绸缪，帮你克服重重困难；最后，明确的人生目标使你有能力把握现在，让你能安排好事情的轻重缓急，把工作重点从工作本身转到工作成果上。

作为一名即将走上工作岗位的学生，确定好自己的人生目标非常重要，这会影响你的职业规划以及工作的动力。

第一节　制定目标

如何制定目标呢？

一、目标是长期的

长期目标一般指十年以上的目标。没有长期的目标，你也许就会被眼前的种种挫折所击倒。设定了长期的目标后，起初不要试图去克服所有的阻碍，就像你攀爬一座不熟悉的山峰，你不可能预知所有的困难并准备好所有的解决办法，只有碰到困难时，一个个去解决。你知道你的目标就是到达顶峰，只要最终的目标没有改变，即使在半山腰碰到岔路，甚至走下坡路再重新攀爬，你最终还是能到达顶峰。

二、目标是特定的

即将毕业的时候，我们都会去参加招聘会，通常有很多岗位可以选择，我们必须要根据自身的条件，选择适合自己的岗位，而不是所有的岗位都去应聘。否则，我们最终将会一无所获。

三、目标是远大的

仍然以爬山为例，目标如果是山顶的话，爬到半山腰的时候通常还会比较轻松，一般只有完成70%～80%路程的时候才会觉得比较疲劳，但是最终一鼓作气，还是能到达山顶的。

当然，不能制定无论如何也达不到的目标或者说基本无法实现的目标；但目标也不能定得太低，不需要任何努力就能达到。

四、目标要实践

无论制定什么样的目标，一定要通过实践才能达成。如果没有行动，一切都是空想。我们经常会听到有些人评价成功人士："他做的事，我更早之前就想过了，可惜没做。要是做了，哪有他什么事。"所以，如果只有目标或者想法，没有实践，是毫无意义的。

五、兴趣很重要

兴趣，是一个人在工作中取得成功的重要推动力，它能将一个人的潜能最大限度地发掘出来，并且使人经过艰苦努力最终取得令人惊叹的成绩。如果人生目标可以跟兴趣相结合，那就很完美了。我指导过一个学生，后来她去了一家大型保险公司从事精算工作，三年就晋升为室经理。我非常惊讶，通常，即使是小公司也要五年左右才能晋升为室经理，何况是一家大型公司。有一次见面，她说只要看到数据就非常开心，我才知道原来做数据相关的工作就是她的兴趣，难怪工作那么出色。

第二节　明确目标

明确目标、敢于说出目标很重要。如果能把人生目标向大家公布最好，至少应该告诉自己亲近的人，比如家人或者好友。

东方巨星李小龙，1959年，携带100美元去美国奋斗，最终成为人中龙凤，从而实现了自己的人生目标。

1969年1月，李小龙在与好友李俊九（美国跆拳道之父）畅谈了自己的志向与未来发展目标后，有感而发，在一张便笺上，用英文写下"我的明确目标"。

书写这张小小的便笺之时，正是李小龙一生中的艰难时期之一。这些内容是后来才公开的，如果他将这上面的内容公布出来，非但无人相信，可能还会有很多人认为他是痴人说梦，甚至成为好莱坞的一则笑料。

他说出了自己一生奋斗的三个目标，并且将其一一实现了。

目标一：我，布鲁斯·李，将会成为全美国片酬最高的东方超级巨星。

这是李小龙1969年定下的目标，第二年，李小龙就实现了。1970年李小龙接受香港嘉禾电影公司的邀请，拍摄电影《唐山大兄》，并于1971年夺得当年香港最高票房319万港元。仅凭这一部电影，让李小龙的名字响彻东方大地。

目标二：1970年开始，我将会享誉世界。

接下来李小龙又陆续拍摄了《猛龙过江》和《死亡的游戏》，这两部电影引起了更大的轰动，其中《猛龙过江》勇夺当年亚洲票房第一。就如同一场梦境，李小龙达到了人生顶峰。

目标三：到1980年，我将会拥有1000万美元资产。那时候，我和我的家人将过上愉快、和谐、幸福的生活。

1972年7月29日，李小龙举家迁入新购置的私人别墅——九龙塘金巴伦道41号“栖鹤小筑”，那时候，李小龙的资产已经达到了目标，也与家里人过上了幸福的生活。

1993年8月7日，在美国加州举行的“李小龙遗物拍卖会”上，这张不起眼的便笺竟被收藏家以2.9万美元的高价买去了；同时2000份获准合法复印的副本也当即被抢购一空，致使拍卖会的主持人大叫：

“这就是告诉我们，以后有必要把想到的事情马上写下来的原因。”

第三节　强化目标

制定人生目标并非易事，坚持人生目标也更加艰难。

在实现人生目标的道路上，一定会碰到各种困难。有时，我们做了很多努力，却发现没有什么效果，这时候可能会迷茫、想要放弃或者想把目标定得简单一些。所以，我们要时不时地提醒自己，要不断地重复和强化原来制定的目标。

公元前496年，越王勾践即位。吴王趁越国刚刚遭遇丧事，就发兵攻打越国。吴越两国在槜李发生一场大战。吴王阖闾本以为可以打赢，没想到打了个败仗，自己又中箭受了重伤，由于上了年纪，回到吴国不久就去世了。吴王阖闾死后，儿子夫差继位。阖闾临死时对夫差说：“不要忘记报越国的仇。”夫差记住这个嘱咐，叫人经常提醒他。他经过宫门，手下的人就扯开了嗓子喊：“夫差！你忘了越王杀你父亲的仇吗？”夫差流着眼泪说：“不，不敢忘。”他叫伍子胥和另一个大臣伯嚭操练兵马，时刻准备攻打越国，后来顺利击败了越国。

夫差让人提醒他，实际上就是每天强化目标，不达目标不罢休。

有时，我们要通过想象成功后的情形，激励自己不断前行，比如，你可以展开想象，描绘出你成功后的一天、一周、一个月，甚至是一年。描绘时尽量具体点，才能知道是否是你想要的。比如工作5年后，拥有一百多平方米的房子，一辆差不多的车子，找个温柔可爱的伴侣，养只小狗，一年来两次7天以上的旅游。每天坚持运动、读书，工作10年后能管理一家公司，实现财务自由。

写下你对成功的定义。成功意味着你获得理想生活后，将会有怎样的感觉。比如房子让你有安全感，车子让你出行方便且有面子，找个温柔可爱的伴侣让你的生活更有幸福感，运动读书让你获得提升感，实现财务自由让你不受金钱约束，生活更自由的感觉。

不管是重复说明自己的目标，还是想象目标实现后的精彩，实际上都是在不断强化自己的人生目标，使自己更有动力、更积极地去实现人生目标。

第四节　目标分解和提升

一、目标的分解

哲学家罗伯特·梅杰说："如果你没有明确的目的地，你很可能走到不想去的地方去。同时，目标过于庞大或者遥远也是无益的，因此成功者都善于将大目标分解成阶段性的小目标。"

有个富豪曾说过："如果你的目标是当首富，你先得定个小目标，比如先挣一个亿。"所以现在大家开玩笑的时候经常把小目标作为量词来用，一个小目标代表一个亿。当然对于一般的人来说，一个亿还是太大了点，不太容易实现，但是如果把它分解为一百万、一千万……这就要容易得多。

将大目标分解为多个易于达到的小目标，一步步脚踏实地，每达到一个小目标，就会体验到"成功的感觉"，而这种"感觉"可以强化自信心，并推动你发挥潜能去达到下一个目标。

在将大目标分解为小目标的实践中，可以遵循以下步骤。

1.以大目标为核心和基准

把自己确定的目标写下来，以这个目标为基础，写出一份陈述。可以简单地写，但是写的时候一定要包括以下几点：

（1）你人生目标的重点是什么？包括对应目标的定义。

（2）在实现目标的过程中需要做哪些事情？你为什么要做这些事情？

（3）你如何具体做这些事情？打算怎样做到这些事情？

写好了目标陈述之后，在最初几周每天看一次，看看这份陈述是否能准确表达你的人生目标？

2.找出重要的主要指标

定出你的目标后，从人生的总体目标开始，找到实现人生目标所必须达到的主要指标，你会找出2～10个主要指标。同样，要花点时间从头看一遍这些人生主要指标，看看你是否真的觉得它们很重要。

3.按时间阶段分解主要目标

阅读一遍人生目标，把每一个人生目标分解成几个必须达到的中长期目标，再把每个中长期目标分解成几个小的中短期目标，然后把中短期目标分解成每月、每周、每天的目标。

这样处理过每个人生目标之后，你就会懂得要成功就必须做什么，把每天、每周、每月的活动组织起来，如表1–1所示。

表1–1 目标分解

月度目标	周目标	日目标
完成一个科目的复习	第一周、第二周，将教材看一遍	工作日每天看30页，周末每天看90页
	第三周，完成所有课后练习	工作日每天完成一章课后练习，周末完成三章课后练习
	第四周，完成所有重点内容复习和整理	工作日每天整理一章，周末每天整理三章

4.评估目标实现的可能性

评估你的目标，确定你的目标是否能实现，并且核实哪几个目标是需要与别人合作才能达到的。记下需要别人帮助的目标，以及确定可能给你提供帮助的人。

5.给阶段目标设下时限

拖延是人们普遍存在的行为习惯，所以，需要设定时限来集中注意力以完成任务。可以将目标拆为几个阶段，规定在指定时间内做到什么程度，以便检查及量度。

比如，我在准备精算师资格考试的时候，希望前两周把教材看一遍。我能够使用的时间是工作日的晚上和周末时间，我把工作日晚上看成1个时段，周末一天有上午、下午和晚上3个时段，这样周一到周五共有5个时段，周六、周日两天共有6个时段，一周总共有11个时段，两周总共有22个时段。教材有500页，每个时段至少要看完23页，两周才能看完一本书。所以，我设定的目标是每天要看完30页，如果看不完30页，至少要看完25页。因为我并不能保证每天都有空看书，所以要预留一点机动的时间。

在学习的过程中，会碰到一些较难理解的知识点，这个时候不能放弃，无论如何一定要坚持看完。我设定每天完成看书的时间是晚上十一点，但有时碰到特别难的知识，也会看到凌晨一两点。

6. 充分了解目标实现的障碍

在实现目标的过程中会碰到重重障碍，这个时候要充分了解它，了然于胸，做到知己知彼，这样才能循序渐进地达到自己所要求的标准。比如，你希望成为大学教授，但目前你只是个普通大学生，那这个时候你最需要解决的是学历问题，先完成硕士研究生的学习，接着争取读博士，乃至进一步深造……如曾经设定的目标无法实现，可以将所有原因从难到易一一列出，并自问现在可以用什么办法解决这些障碍，逐项写出，以便于采取应对措施。

二、目标的提升

有时候，随着形势的变化，你会发现制定的人生目标可能会提前实现，这个时候你要不断提升目标，而且最好是在将要实现前面制定的目标之前就制定更远大的目标。一个目标达成以后就重新调整目标，让目标永远在你努力能达到的最远端。

由于个人经历的原因，刚开始我的人生目标是比较低的。我父亲生病前，我们家还算是个小康家庭，我父亲生病后大概花了10万元，10万元在2000年算是不小一笔钱了。我当时的工资每个月大概900元，每个月省吃俭用能省下500元，10万元需要攒十六七年，事实也是如此，我直到2013年才还完我父亲医药费的最后一笔欠款。所以，当时我最大的梦想是找一个月收入超过5000元的工作。

每个人都有不同的人生目标，就职场而言，对于一个职场新人，如果在一家组织架构较完善的公司，职位级别一般是这样的：普通员工、基层管理人员、中层管理人员、高层管理人员。我建议你定的职业生涯目标至少是中层管理人员，就是比你的现状高两个层级，这个既不会太低也不会遥不可及。因为，理论上只要你在公司有足够的资历，基层管理人员一般都能达到，把基层管理人员作为职业生涯的目标未免太低了；但能够达到公司高层管理人员的毕竟是少数，如果只是一名普通员工，一开始就把目标定为公司高管，很容易产生挫折感。当然，如果你很快就成为基层管理人员，或者你是基层管理人员中最年轻的，那你也可以把职业生涯目标调整为高层管理人员。

以我个人的职业经历为例，我的职业经历大致经过下面几个重要的阶段，并且目标在调整后都一一实现了：第一，取得准精算师资格并且到保险公司从事精算工作，但因为不是精算专业毕业，没有保险公司给我精算工作的机会，我就先到保险公司做业务员，这样距离去保险公司做精算工作能近一点，实际上保险公司业务员距离精算师很遥远，但那是我那时候能从事的最接近精算的工作了；第二，正是有保险公司业务员的工作经历，我才有机会到中国人保厦门分公司从事精算工作，我在分公司工作的时候，没有总公司的经历，希望能到总公司工作，于是我主动跟总公司的同事沟通希望能到总公司进行交流学习，这样也算有总公司的工作经历了；第三，到总公司工作后，我发现有准精算师资格证的人数不多，2013年之前，财产保险公司精算责任人的要求只需要具备准精算师资格证，于是我觉得有一天应该去担任保险公司精算责任人；第四，后来有些公司增加了总精算师的岗位，我把目标调整为总精算师；第五，当上总精算师之后，我觉得有机会的话要担任保险公司总裁，担任总裁后，负责的公司健康保险的利润行业第一。

第五节　目标方向正确的重要性

有的人说："我很清楚自己想要什么，就是不知道怎么实现，怎么办？"

曾子曰："吾日三省吾身：为人谋而不忠乎？与朋友交而不信乎？传不习乎？"意思是，"我每天多次反省自己：替别人做事有没有尽心竭力？和朋友交往有没有诚信？传授给别人的知识有没有亲身实践过？"

其深层的意思，就是要做正确的事。做正确的事，就是要沿着正确的方向前进，避免"南辕北辙"的悲剧。如果你一开头就走错了，你只会沿着错误的方向越走越远，越走越错。

做正确的事，能确保你不断靠近你的人生目标，不会发生重大偏离。

虽说努力是通往成功的必经之路，但更重要的是选对努力的方向。如果选错了方向，就算你非常努力、吃苦耐劳，结局也只会离目标越来越远。

在摄影领域，柯达曾经是霸主，雄霸了一个多世纪。2000年，柯达的利润达到了143亿美元的新高，相当于佳能数码相机利润的10倍。

柯达也一直在努力创造更好的产品，但随着数码时代的来临，柯达因一次又一次错误的转型决策，最后错失转型良机，一路败退，不得不于2013年向法院提交破产申请。曾经领跑摄影行业一个多世纪的巨头柯达就这样倒下了。

手机行业曾经的“大哥”诺基亚也是一样，作为曾经连续15年雄霸全球手机市场份额第一的“老大哥”，它也一直在努力生产质量更好、款式更新颖的手机，然而因为对智能手机市场的忽视，没有及时调整战略方向，导致最后被苹果和三星超越，在2013年走向衰落，落得跟柯达一样的命运，可谓令人叹息。

柯达作为摄影行业的奠基者，诺基亚作为手机行业曾经的领跑者，你能说它们不够努力吗？显然不是，但是在发展的道路上选错了方向，走错了路，最终落得一败涂地。

有时候，你会发现，自己并不清楚做什么才是正确的，或者做什么才对人生的目标有帮助。这个时候，你可以确认三件事：一是尽量少做或不做无意义的事；二是模仿成功人士；三是学习。

根据微信统计数据，我国国民每天玩手机的时间在5～8小时，每天打开手机屏幕200多次，这些数字是很惊人的。如果你发现自己每天花很长时间玩手机，但又没有明确的目的，这说明你实际上是在做无意义的事。

所以要成功，首先要找到你真心喜欢的领域，如果不知道怎么开始，就从模仿开始，这也许就是最快的办法。

当你真的不清楚要做什么事情的时候，学习是最正确的事，从经济学的角度而言，学习是风险最小、收益最大的投资。

想要成功，开始行动，做正确的事，朝着人生目标的方向不断前进。

第六节　唯有行动，才能实现目标

很多人在年初的时候都会做个新年计划：“设想这一年自己要做什么事情？得到什么结果？”但是到年底的时候，回顾自己在这一年中的收获，往往发现这一年的收获和自己年初所规划的差别很大。真的是“理想很丰满、现实很骨感”。最主要的原因是大部分人都只有计划，没有行动，而所有的计划在行动之前，什么也不是。

我们经常会说从明天开始我要做什么，或者从下个月开始我要做什么，然而经常过一段时间回头看，什么也没做。所以，行动最重要的是从现在开始做，而不是从明天开始做。大家都知道锻炼身体很重要，但很多人都会找各种借口往后推。比如，要跑步没有专门的跑步鞋，要打球没有装备。实际上，运动本身比装备水平更重要。大家可以去看看东京奥运会后，我国运动员回国后隔离时做运动的视频：有的做俯卧撑、有的做平板支撑、有的做跳跃、有的抱着整箱的矿泉水练腰力，关键是你愿不愿意开始做。

请记住，行动要从现在开始，而不是从明天开始。

大家都知道持之以恒很重要，每个读书的人都知道学习很困难，每个人都会在学习中碰到各种各样的问题，但在人生成长的路上，最难学会的其实是走路和说话，所有的人都经历了很多次的失败才得以成功。

力克·胡哲生于澳洲①，天生没有四肢，这种罕见的现象医学上取名“海豹肢症”，但不可思议的是力克学会了很多运动：骑马、打鼓、游泳、足球，力克样样皆能，在他看来没有做不好的事。他拥有两个大学学位，是企业总监、著名演说家，并且于2005年获得了“杰出澳洲青年奖”。

在力克的人生体验中，有一个关键词，就是“永不放弃”，这个词伴随着力克的人生。无论是用额头按饮水器倒水，还是用“小鸡脚”做各种各样的动作，力克在最初尝试的时候都要经过几十次甚至上百次的失败，才能掌握这种技巧。

每当失败的时候，力克总是对自己说：“失败不可怕，要继续尝试。只要坚持，一切皆有可能！”

第七节　将目标与兴趣相结合

如果人生的主要目标能和自己的兴趣相互结合，这不仅会给人生增添很多快乐，还会激发自己的潜能、加快成长的速度、更早实现成功。

兴趣使我们热爱生活、适应环境。兴趣可以成为我们的一种向上的精神支柱，在这种支柱的支配下，我们会感到生活充实而美好，会产生一系列积极的情绪体验，继而促进我们更加热爱生活、珍惜时光。

兴趣是成功的一个重要环节，它能将我们的潜能最大限度地激发出来，让我们可以长期专注于做某一件事情，愿意付出时间和努力去取得一个令人瞩目的成绩。

兴趣，也可以成为我们人生的一项事业。让我们既能获得事业的成功，又能用自己的专长服务于社会，成为一个对社会有用之人。世界上很多哲学家、文学家和科学家的成功，都是从兴趣开始的。

1910年，华罗庚②出生在江苏省的一个小县城——金坛。他小时候，家中清贫，父亲在小镇上开了个小杂货铺，代人收购蚕丝，一家人过着半饥不饱的生活。华罗庚上初中时，对数学产生了特殊的兴趣，他的老师王维克很器重这个聪明机灵

① 力克·胡哲：《人生不设限》，天津社会科学院出版社2011年版。

② 陈志芳：《华罗庚：告诉你数学世界的秘密》，《中国教育报》2021年12月01日第9版。

的少年，常常单独辅导他，给他出一些难题做，这使少年华罗庚受益匪浅。

华罗庚在金坛中学念完初中后，因家里无力再供他上学，只得辍学到父亲的小杂货店里帮助料理店务。可这位酷爱数学的年轻人，人虽然守在柜台前，但心里经常琢磨的还是数学。王维克老师借给他几本数学教材：一本《大代数》，一本《解析几何》，一本《微积分》。华罗庚便跟着这几位不会说话的“老师”步入了高等数学的大门。华罗庚18岁那年，在王维克老师的帮助下，到金坛中学当了一名会计兼管学校事务工作。他曾回忆当时艰难的生活：“除了学校里繁重的事务外，早晚还要帮助料理小店的事务。每天晚上大约8点钟才能回家。清理好小店的账目之后，才能钻研数学，常常到深夜。”不久，江苏金坛县城里流行起了伤寒病，华罗庚不幸染病，卧床半年。后来病慢慢好了，可是左脚却弯曲变形，落了个跛足的终身残疾。

华罗庚在贫病之中刻苦自学，不但读了许多书，而且还勤于独立思考，敢于向权威挑战。19岁那年，他发觉一位大学教授的论文写错了，便把自己的看法写成一篇文章，题目叫《苏家驹之代数的五次方程式解法不能成立之理由》，于次年发表在上海的《科学》杂志上。随后，华罗庚又连续发表了几篇数学论文，署名“金坛人”。

这个在数学论坛上崭露头角的“金坛人”，引起了清华大学数学系主任熊庆来教授的注意。当他打听到这个数学奇才原来是个只有初中文凭的小青年时，深感震惊，便写信邀华罗庚来当时的清华大学数学系当管理员。到清华后，华罗庚的进步更快了。他自学了英语、德语，并学会用英文写作数学论文。在他的论文引起国外数学界的注意后，他又被熊庆来教授推荐到英国剑桥大学去深造。28岁时，他当上了西南联大教授。

华罗庚成功了！在走过坎坷的自学之路后，他成了世界著名的数学大师，国外数学界这样评价他：“华罗庚教授的研究著作范围之广，他堪称世界上名列前茅的数学家之一。”

这位已担任中国科学院数学研究所所长的著名教授，在填写户口簿时，在“文化程度”一栏里写了“初中毕业”四个字。这虽然使许多人惊讶不已，却是事实：他的的确确只有一张初中毕业证书。这位数学大师的数学知识，几乎都是通过自学获得的！

1984年4月，华罗庚重游美国，出席了美国国家科学院授予他外籍院士荣誉称号的仪式。这是美国国家科学院第一次把这个荣誉称号授予一位中国科学家。美国国家科学院院长在向华罗庚致赞词的时候说：“他是一个自学出身的人，但他教育了千百万的人。”

我本科是学化学的，我们同学中大部分对化学很有兴趣，很多人成了化学界的知名教授，还有不少人成为各自研究领域的带头人。但是，也有些同学对化学并不是特别有兴趣，其中一位同学，在大学的时候，化学基本都是将将及格，但他对电子仪器非常着迷，当时还给女朋友送了一个自己做的电子爱心灯，当时我们觉得那个灯没什么，后来他说在1998年做那个灯难度是非常大的，电路板都是纯手工刻出来的。很多最前沿的化学研究需要仪器支持，每个教授对仪器的需求不一样，需要自己设计电路，所以当时郑兰荪院士的团队也招收科仪系的学生，但是他们做出来的电路远远不如我同学做的水平。毕业后尽管化学成绩不算太好，但凭着对电子仪器的熟悉，他留在了郑兰荪院士的研究团队，专门做电路设计。留校后，基本所有厦门大学化学系的大型仪器电路都是他设计的，再后来，随着名声在外，很多高校的院士都请他设计仪器的电路。

当然，给院士设计电路并不是他成就的高光时刻，前几年他设计出了能检测菌群的质谱仪，这是中国第一台检测菌群的质谱仪，他的团队也是全世界第三个能生产类似仪器的团队，现在他们被一家医药公司收购，给他的股权价值过亿元。我们同学开玩笑说他在“不务正业”的路上一不小心成了亿万富翁。成为亿万富翁并不是他的真正目标，通过努力实现自己的想法才是他的目标。

不是所有人都能把自己的兴趣当成职业，但至少不能是不喜欢的行业，如果在就业前，就看了本书的人，我相信你的选择不会出现太大的偏差。如果你不慎到不喜欢的行业工作，而你在工作过程中越来越不喜欢自己的工作，这个时候你需要尽快更换工作。

第八节　马斯洛需求层次

马斯洛需求的五个层次分为生理需求、安全需求、社会需求、尊重需求和自我实现需求。

每个层次不断提升，只有在实现低级需求的基础上，才会追求上一级别的需求，这也能解释为什么古代在吃不饱饭的情况下，会出现铤而走险反抗朝廷或者卖身为奴的现象。因为没饭吃的时候哪有什么尊严？社会需求和安全需求都是次要的。

顺便说一个小故事，我在中国人保工作的时候，很多同事都还没有结婚。一次大家聊天说起结婚的条件。有人说：“现在的女孩太现实，太注重物质，一见面就问男方有没有房子、有多少存款。”我说：“人品最重要，如果一个人人品好却没有钱，难道女孩就不考虑了吗？”我话音刚落，一个女同事说：“没有钱，还敢说自己人品好？”我当时不知道该如何作答，后来仔细想想，她的话实际上隐含了马斯洛的前两个层次需求：“如果吃不好、住不好、没有安全保障，还要谈人生远大理想似乎不太现实。”

我们有幸生活在一个和平年代，而且随着中国不断发展强大，生存和安全基本都能得到保障，特别是安全问题，中国可以说是全世界最安全的国家，这充分体现了中国特色社会主义的优越性。我有很多同学在美国留学，在我们交谈的时候，他们提到美国到了晚上很多地方是不能外出的，否则随时可能会被抢劫，甚至面临生命的威胁。

我们在制定人生目标的时候要立足于自身的基本条件，而不是制定一个不切合实际的目标，能够实现的目标叫理想，不能实现的目标叫幻想。

在前两个需求基本得到满足的基础上，我们主要探讨的是更高层次需求的实现。作为一个刚毕业或者即将毕业的大学生，我们主要讨论怎么通过个人的努力，实现社会需求和尊重需求。我撰写本书的出发点之一，就是让大家在工作的前几年尽快提升个人能力，得到同事、朋友和社会的认可和尊重。在此基础上，进入自我实现需求层次。

第九节　选择第一份工作

有了人生目标，就需要通过实践来实现。实践的方式主要是工作，工作的方式可以是去上班，也可以是自己创业，我们绝大部分都是普通人，本章主要讨论上班工作的选择。

毕业后，我们就面临着第一份工作的选择。俗话说：“男怕入错行，女怕嫁错郎。”这就说明第一份工作选择的重要性，选择第一份职业需要考虑很多因素，我认为最重要的有以下几点：待遇、专业、兴趣、企业文化、行业、工作单位。

一、待遇

很多人认为第一份工作不要太在意待遇，特别是公司的人力资源招聘经理总是跟刚毕业的同学说：“要注重前景，不要太在乎待遇，只要你努力了，公司是不会亏待你的。”包括学校的老师，很多也是这种认知。然而现实生活中，往往并非如此，毕竟衣食住行对于每个人都是必需的。

不管是大公司还是小公司，但凡好公司待遇都不会太差，很多毕业生为什么都喜欢去互联网三巨头BAT（百度、阿里巴巴、腾讯）或者新三巨头TMD（今日头条、美团、滴滴)，不就是因为它们待遇好吗？如果说一个公司连工资都发不起，那这个公司是值得怀疑的。当然大家可能会举例说，当年蔡崇信跟着马云创业，工资也很低，但那是创业初期，蔡崇信有很多股权。

所有人都希望工作待遇好，那什么待遇算好呢？每个人的看法可能不完全一样，下面列出国内30个重要城市的毕业生薪酬供大家参考。表1-2是2020年各地高校毕业生平均薪酬表。

表1-2　　2020年各地高校毕业生平均薪酬

排名	城市	薪酬（元）	排名	城市	薪酬（元）	排名	城市	薪酬（元）
1	北京	11623	11	东莞	8605	21	海口	8004
2	上海	11226	12	苏州	8582	22	南宁	7996
3	深圳	10453	13	武汉	8399	23	无锡	7969
4	杭州	9812	14	佛山	8277	24	青岛	7891
5	广州	9230	15	成都	8228	25	南昌	7841
6	珠海	9011	16	长沙	8212	26	贵阳	7743
7	南京	8928	17	济南	8073	27	昆明	7731
8	乌鲁木齐	8843	18	重庆	8063	28	天津	7727
9	厦门	8750	19	福州	8041	29	郑州	7697
10	宁波	8701	20	合肥	8008	30	西安	7677

资料来源：智联招聘，艾媒数据中心（data.iimedia.cn）。

一般来说，对于本科生，如果薪酬能超过上述标准的就算是不错的。如果是大专生可以按上述80%的标准计算、中专生按60%的标准计算，只要超过相应的基准，都是不错的待遇。当然，本书的出发点是通过帮大家提升工作能力和工作效率，使大家第一份工作的起薪能提升30%以上。

另外，大家在看待遇的时候，除了基本薪酬，还需要注意薪酬的构成和福利的构成，薪酬是固定的还是浮动的。比如月薪都是1万，有的是月薪的80%固定、20%浮动；有的是月薪的40%固定、60%浮动。作为一名职场新人，不是销售岗位，假如浮动工资超过30%，一般是不正常的，说明这个公司的待遇可能会很不稳定。

除了基本薪酬外，还需要关心平日的一些福利，比如是否有过节费、年终奖甚至是团建费等。这些在应聘的时候，都是需要问清楚的，没什么不好意思的，如果等到正式就业后，发现你的收入与其他同学的有差距的时候，那才是真正的“不好意思”。需要注意的是，你每个月实际能拿到的工资，大约是公司发给你的名义工资的75%，一般不会超过80%，如果超过80%，说明你工资可能太低了，或者是公积金没有足额缴交。如果比例低于70%，那要恭喜你，大概率说明你是高薪一族，比如每月薪酬超过2万元。总体来说，你每个月实际能拿到的工资加上公积金，应该与名义工资差异不大。下面我们来看看名义工资相同的两个人，由于薪酬结构不同，可能会导致实际收入的差异。不同薪酬结构实际收入对比，如表1–3所示。

表1–3　不同薪酬结构实际收入对比

企业	基本工资	固定浮动比例	月度补贴	过节费	年终奖	实际年薪酬
待遇好的企业	10000元	固定80%、浮动20%	1000元	每个节日2000元	4~6个月，特别优秀的更高（这种情况HR通常都会自豪地说去年我们平均年终奖是多少个月的基本工资，最高的拿多少个月……）	实际薪酬178000元（11000×12+10000×4+2000×3）
待遇差的企业	10000元	固定50%、浮动50%	无	每个节日200元	看公司效益（言外之意：一般是没有。这时你可以直接问HR，过去三年平均发几个月）	实际薪酬72600元（6000×12+200×3）

根据上表，我们会发现：两个不同的企业，名义工资都是每月10000元，但实际收入差异很大。所以，大家在应聘的时候，一定要问清楚。上面的例子可能会极端一些，但现实中，名义工资相同的两个人，实际收入相差50%是很正常的事。

此外，建议大家重视起薪的原因是每个人都有必需的生活支出，比如吃饭、交通、通信等支出，这些费用跟你的收入没有太大的关系，比如，你在北京生活，每个月最低生活费大约需要5000元（注：本书讨论的都是正常情况，不讨论极端情况，比如住得特别偏远、吃饭特别省钱、没有任何娱乐方式等）。如果你一个月收入是6000元，每个月只能剩下1000元；如果你每个月工资是8000元，每个月能剩下3000元。这时，我们发现收入8000元的同学比6000元的同学的总收入只是多2000元，但可支配收入是却是收入6000元同学的3倍。所以，我们发现很多同学在刚毕业的时候，收入差异看起来不大，但过了几年后，收入多百分之二三十的同学买房又买车，而收入低于平均水平的同学可能过十年也还没有买房买车，因为收入低的同学基本将所有的收入都用于日常开支了，根本不会有积蓄。

二、专业

选择工作尽可能选择跟自己学习的专业相关的行业，这有两个好处：一是能尽快适应工作；二是有助于实现个人价值。

关于专业，我们经常有个误区，认为："能力强的人，做什么都行，跟专业没有太大关系。"那是因为我们在书上或者媒体上看到的都是非常出色的人，绝大部分的人都是已经工作很多年了，更换过不少工作岗位，在工作中不断学习多个领域的专业知识，所以看起来非常全面。如果不需要专业，那我们在学校里何必专门花几年甚至更长的时间去学习某个领域的专业知识呢！对于任何工作来说，专业都很重要。只是有些工作专业门槛比较高、有些工作专业门槛比较低。专业门槛高的需要学习的时间更长，比如医生；专业门槛低的工作，学习时间短一些，比如普通的餐厅服务员。即使是餐厅服务员，也是需要学习一定专业技能的，比如端盘子、引导、礼貌用语的使用等都是有技巧的，要经过培训才能上岗。

从事专业领域工作有助于实现自己的个人价值，用自己的专业知识去帮助别人、服务别人，不仅能得到金钱的回报，还能帮助我们实现个人价值，获得源源不断的快乐；从事专业领域工作可以减少工作失误造成的损失，提高工作质量和效率；从事专业领域工作有助于保持自信，自己的专业知识可以作为自己的一个优势。如今竞争压力越来越大，只有掌握专业知识，才能更好地形成核心竞争力，证明自己优于他人。

这里说的专业不单纯指在学校里选择的专业，而是具备专业的知识。比如大家都知道比尔·盖茨在哈佛商学院是一名法律专业的学生，但并不代表计算机不是他的专业，比尔·盖茨在13岁时开始了计算机编程，1973年，比尔·盖茨考进了哈佛大学。在哈佛的时候，比尔·盖茨为第一台微型计算机MITS Altair开发了BASIC编程语言的一个版本。也就是说，在上大学之前，比尔·盖茨的计算机专业知识已经远远超出一般计算机专业的大学生，实际上，比尔·盖茨从事的一直是自己最擅长的计算机专业。

中国很多成功的创业人士，大多也是从事本专业领域的行业，包括任正非、马化腾、刘强东和张一鸣等，都是自己专业领域的领军人物，具备的专业知识也非常丰富。

如果不选择自己的专业，那么实际上是白白耽误时间，且浪费了在大学学习的知识。如果确实对本专业不感兴趣，有机会转专业的话要尽快转专业，确实无法转专业的，也要自学自己感兴趣的专业知识，为就业时做准备，或者通过考研的方式，在读研究生的时候，转到自己感兴趣的专业。

我自己在这方面是有教训的。我大学学习的专业是化学，然而，我本人对化学不是太感兴趣，只是因为机缘巧合参加了化学竞赛获奖，被保送到厦门大学化学系学习。但我自己更感兴趣的是数学和物理类的专业，然而我并没有在本科期间花更多的时间去学习数学或者物理类的专业知识，导致毕业后比较迷茫。后来一位师弟建议我参加精算师考试，我花了很多年学习精算的专业知识，参加厦门大学应用数学研究生课程班的学习，先后通过了15门课程的精算师考试，所以，就具备的专业知识而言，我从事的也是专业领域的工作，只是中间浪费了不少时间。

记住，跨专业成功的人是比较少的，有的话也是特例。

三、兴趣

巴菲特说："年轻时选热爱的工作，否则就像把性生活攒到晚年过一样。"

什么是兴趣？兴趣是我们对事物特殊的认识倾向。这种特殊表现在兴趣上总是有快乐、喜欢、高兴等肯定的情感相伴随。我们对某种事物产生了兴趣就会特别喜爱它，就会优先地去认识它。

如果人生的第一份工作能和自己的兴趣相互结合的话，那么，不仅会为人生增添很多快乐，还会激发自我的潜能，加快自我成长的速度和成功的速度，如果能找到自己的兴趣爱好，那么就已经开启了通往成功的道路。

一个人的能力强，并不能保证事业一定能够成功，但是一个人如果有自己的兴趣爱好，还有自己的价值观，这些因素加起来就可以对自己的事业产生一个巨大的推动作用。

在这些因素当中，兴趣爱好占比是非常大的，为什么这么说呢？因为人们在选择事业的时候，不仅要知道自己的能力有多大，能做什么样的岗位、能完成什么样的任务，还要知道自己对这类工作有没有兴趣，符不符合自己的爱好，愿不愿意花超长的时间去完成它。

所以只有将自己的兴趣爱好和自己的能力相互结合起来考虑，才能在事业上更上一层楼。

当然，兴趣爱好也分品质。①

第一，发展高尚的兴趣。人对什么产生兴趣，这是不同的，每个人表现出来的都是有差异的，但是，如果某个兴趣有益于社会的发展，那么这个兴趣的倾向性就

---

① WEI不足道，《兴趣爱好的重要性》，知乎网。

是比较高尚的，我们一定要向高尚的兴趣领域去发展。

第二，兴趣是有一定的广阔性的，就是兴趣的范围。有些人兴趣广，对很多事物都想要去探索，但是有些人兴趣比较单一，可能只喜欢做一件事，比如说有些人特别喜欢打篮球，但凡有业余的时间，就全部用于去打篮球。兴趣的广泛与否和知识面的宽窄有着很密切的联系，我们应该去培养广泛的兴趣，应该把自己的兴趣和认知以及能力结合在一起，这样才能做到兴趣最大化。

第三，兴趣的持久性，也就是喜欢这个兴趣的程度。人们做一件事可以经久不变，但也可能经常变化，如果一件事可以成为自己的兴趣，那么我们就要持久地做下去，不要三天打鱼两天晒网。因为一个持久的兴趣，是我们工作上能够取得成就的一个重要因素。

兴趣是可以培养的，世界上有很多的文学家、科学家，还有哲学家的成功，都是从培养自己的兴趣和爱好开始的。

所以，年轻人根据自己的一项能力去选择一个属于自己的兴趣爱好，慢慢地去培养，并且持之以恒地坚持下去，肯定会有所收获。

在培养兴趣之前，一定要是因为自己对这个事情感兴趣。这样才能学好，才能更好地提升自己。选工作也是一样，如果对这项工作一点都不感兴趣的话，就没法全身心地投入其中去做好它。

当不知道选择什么作为自己的兴趣爱好时，生活肯定是非常茫然和空虚。如果希望改变这种现状，那么应该根据自身状况选择一个专业作为自己的兴趣，可以去参加这项专业的培训班，系统地学习相关知识，最后把它当作自己的兴趣爱好去追求。

如果真的不知道自己喜欢什么、适合什么，那么可以在一个有发展前景的行业选择一个方向和目标，去培养自己的兴趣爱好。

因为一个有发展前景的新兴行业，有着很大的空间，让一个人去发挥自己的个人技能，去开创属于自己的一片天空，在未来的很多机会中可以充分地展现自己，发挥自己的兴趣爱好和技能去重塑自己。

所以，当我们对某项技能感兴趣的时候，并把它当成一个兴趣爱好去做的时候，所有人都影响不了自己，只有自己可以影响自己，既然去做就把它做精、做大，让这项兴趣爱好变成自己独特的技能，让它在成功的道路上发挥巨大的作用。

四、企业文化

良好的企业文化对员工的成长有很大的帮助，在选择工作时，企业文化也是重要的考虑因素之一。

企业文化，也称为组织文化，是一个组织由其价值观、信念、仪式、符号、处事方式等组成的其特有的文化形象，就是企业在日常运行中所表现出的方方面面。

良好的企业文化，首先体现在企业内部畅通的沟通机制上。随着专业化程度不断细化、信息化、多样性，无论管理者有多大的能力，如果没有建立横向、纵向、多层次的沟通，就难以掌控企业的命脉。提倡这种多元化沟通，需要企业创造一个良好的沟通平台，把这种多元化的沟通形成一种文化。

1. 企业是否有使命感[①]

不管是什么企业都有它的责任和使命，企业使命感是全体员工工作的目标和方向，是企业不断发展和前进的动力之源。

企业使命是为解决企业生存的价值这一问题，即能为人类、为社会、为客户、为消费者创造什么价值。企业是为价值而生存，没有价值的企业就失去了生存的意义和空间。

2. 员工是否有归属感

企业文化的作用就是通过企业价值观的提炼和传播，让一群来自不同地方的人共同追求同一个梦想。因为管理的关键在于管人，管人的关键在于管心，企业文化的作用就是把员工的心留住，让员工忠诚于企业，忠诚于事业，忠诚于职业。让员工把企业当作自己的家，把工作当作自己的事，能够自动自发、自觉自愿地工作，不需要别人的督促和管理，这才叫作优秀的企业文化。所以优秀的企业文化能够凝聚人心，鼓舞士气，增加信任，团结力量，能够让全体员工心往一处想、劲往一处使。

3. 员工是否有荣誉感

良好的企业，员工没有高低贵贱之分，只有分工不同。人人都热爱自己的工作，坚守自己的岗位，在工作中寻找工作的意义和价值，为自己的工作感到高兴和自豪。不管是企业还是个人，都需要追求荣誉。

4. 员工是否有成就感

企业文化能够将不同文化、不同性别、不同地区、不同年龄、不同性格、不同需要的人凝聚在一起，有人为生存而工作，有人为发展而工作；有人为了票子而工作，有人为了面子而工作。因为工作的目的和动机不一样，所以人们追求的工作目标也不一样。

---

① 《职工文化》，《现代企业文化》2013年10月14日。

海尔和华为之所以能够激励发员工进步和发展，是因为公司对有特殊贡献的人设立了多项科技奖，甚至可以以员工个人的名字为新产品命名，所以员工能够找到工作的动力，他们在追求工作的成就感。当员工的价值得到了企业的认同和肯定以后，员工的潜能自然被激发出来了。

通过上面的分析，我们可以知道企业文化对一家企业非常重要，同时，企业文化对员工也是非常重要的。我们到一家具有良好文化的企业工作，我们面对的是一群志同道合的同事，在碰到困难时便能同心协力，能做到有福同享、有难共担。

对于刚刚工作的应届生而言，最为需要的就是一次从校园到职场的培训历程，可以使他们在工作、心智等方面实现全面提升。企业文化更不言而喻，一个公司只有拥有良好的企业文化才可能成为伟大的公司，才能受员工爱戴，受世界尊敬。

一个公司的企业文化肯定是公开的，对于大的企业，我们可以直接在公开媒体或者公司网站查询其企业文化，关注企业是否有使命感，企业员工是否有归属感、荣誉感和成就感。如果查不到，面试的时候，我们也可以直接询问招聘负责人，良好的企业文化应该是积极向上、催人奋进、有社会责任感的企业文化。

五、行业

一个人要选择什么职业，以前是比较容易规划的，比如公务员、老师，选择了以后，大概率一辈子不会改变了。但在今天，传统的职业规划对于职场新人基本上已经失去了作用。因为它本质上让你参考“成熟的职业路径”，然后进行选择，这就像大公司的战略规划，总是对一个已有的成熟套路的总结和改良。

问题在于，我们的社会变化太快了。今天的热门职业，如手机工程师，在10年后，可能根本就不存在了。即使是那些传统的职业，如营销，10年前和今天的内容，也有了非常大的差异。当社会环境急剧变化的时候，“成熟路径”很大程度上失去了参考价值。

在当今快速发展的时代，如何选择行业，简单地说就是顺应潮流，选择快速发展的行业。雷军说：“站在风口上，猪都可以飞起来。”快速发展的行业会带来更多的就业岗位、更多的晋升机会、更多的发展空间。

顺着社会发展的潮流，会得到更多机会。而如果在成熟的行业甚至夕阳产业，那些老员工很可能一直排在你前面。一个基本没有成长的行业主管跟下属说：“你们需要想清楚，自己的职业发展。例如我们组织，已经很成熟了。即使做得再好，如果我的上司不走，我就没有机会。你们也是，即使你做得再好，如果我不走，恐怕你们也没什么机会。”

如何看社会发展趋势，具体怎么看市场趋势？建议从以下几点观察。

1. 参照招聘需求量

到大型招聘网站上查看各类职位的招聘量，招聘量大说明需求大。说明这个行业快速发展，人才供不应求，未来有很大的发展空间。比如2000年前后的保险行业、汽车行业，在此后的十几年时间里发展均远远超出GDP的发展，只要进入相应行业并且能留下来的，不管是收入还是晋升速度都远远超过一般行业。2015年前后的大数据工程师，由于需求量巨大，甚至出现刚毕业就拿百万年薪的盛况。

2. 参照行业增长速度

绝大部分行业发展的数据网络上都可以查得到，一个行业是否发展得好，有一个参照的基准——GDP增速，如果该行业的增速高于GDP的增速，一般可以认为该行业是个快速发展的行业；另一个重要的指标是增速的变化，就是增速是越来越快还是越来越慢，这也是一个重要的指标。

图1–1是快递行业收入在2007年到2018年的增速图。我们可以看到，快递行业所有年份的收入增速均远远高于GDP，每年的增速是GDP的2倍到4倍。从图中，我们还可以看出，增速可以分为3个阶段：2012年之前，增速总体呈上升趋势，说明快递行业发展越来越快；2012—2016年维持波动高速增长，每年增速均在35%以上；2016年之后虽然增速在20%以上，但增速开始下降。

图1–1 2007—2018年快递行业收入及增速

资料来源：上述数据来源于公开数据。

假设，我们是在2010年之前加入快递行业，那么不管是职位还是收入，每年肯定会得到快速提升；如果是在2012—2015年之间加入快递行业，每年的收入应该都不错，也会享受快递行业快速发展带来的红利；如果是在2016年之后加入快递行业，收入尽管不会太差，但估计很难有快速晋升的机会。

相反，我们看一下煤炭行业的发展情况，图1-2是2012—2019年规模以上煤炭企业主营业务收入及增速。从图中，我们看到每年基本都是负增长，这就不难理解，为什么煤炭行业在过去十年发展得这么艰难了。

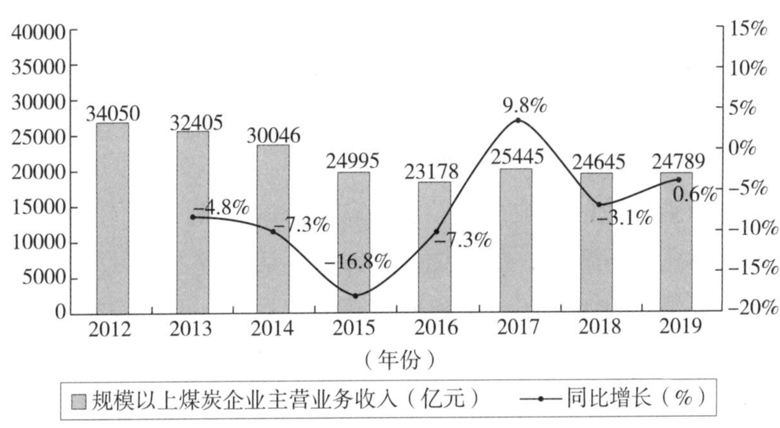

图1-2 2012—2019年规模以上煤炭企业主营业务收入及增速

资料来源：中国煤炭工业协会前瞻产业研究院整理。

3.选择有难度的行业

对于职场新人的第一份工作，我的建议是，如果没有明确的偏好，选择“解决市场上困难的、有迫在眉睫需要解决问题的行业”的工作，把工作做得出色相对容易。

把“解决市场上高难度的、有迫切需求的问题”的工作，作为你的第一份工作方向，有两个好处：

第一，即使最终发现你不那么热爱这份工作，但是因为你从事的是高难度行业，这会激发你的潜力，提升你的能力，能帮助你在未来的工作中克服各种困难。

第二，解决这类问题，你有更大的可能去爱上相关的工作。因为本身它就符合一些“让人热爱”的因素：高难度、成功了能带来高产出和高收入。

六、工作单位

选择什么样的工作单位取决于你的需求，主要考虑的因素有：收入、稳定性、社会认可度、能力提升和职务晋升。我们简单地把工作单位分成三大类：行政单位和事业单位、大公司、小公司；下面我们从收入、稳定性、社会认可度、能力提升和职务晋升五个方面对三种类型的工作单位做对比，如表1–4所示。

表1–4 不同单位职业对比

工作单位	收入	稳定性	社会认可度	能力提升	职务晋升
行政单位和事业单位	中上	非常稳定	很高	一般	很慢
大公司	较好	稳定	高	较快	较慢
小公司	较差	不稳定	低	不确定	快

从上表中，我们可以看出，如果注重收入、稳定和社会认可度，那么行政单位的公务员岗位（事业单位的岗位可以类比行政单位的公务员岗位，整体上比公务员岗位略差，但基本上差异不大，如果要强行对比的话，各方面可以按公务员岗位的80%进行折算）是非常好的选择，虽然职务晋升比较慢，但每晋升一级都是很大的提升，这也是为什么我们经常看到，有些热门的公务员岗位会出现一百个人去竞争一个岗位的现象。相比而言，大部分毕业生的第一份工作更多是走向企业，下面我们主要讨论企业的对比。

大公司，比如一些央企或者大型互联网公司，其收入、稳定性和社会认可度都是比较高的，同时拥有比较规范的人才培养体系，所以能力方面提升也会比较快，但因为大型企业的组织架构一般都比较完善，职务晋升一般不会太快。

对于刚入职场的新人来说，选择一个比较大的公司对个人职业生涯更有帮助，除了上述的原因之外，还有一个最重要的因素，那就是当你以后准备换下一份工作时，简历上如果列着一些不知名的小公司，这很难让你找到一份好工作，大公司市场上认可度更高，很容易让你找到下一份工作。人力资源流传着一句话“名企的经历等于名校的学历”。

但是大型企业岗位毕竟有限，大部分毕业生还是要到中小企业工作，同样是中小企业，也还是有差异的。这个时候建议按收入、晋升机会和能力提升先后顺序进行考虑。

为什么优先考虑收入呢？在前面分析了每个月薪酬差2000元对未来的影响，差异是很大的。我们面试的时候，经常会听HR说：“我们公司现在待遇尽管低一些，但未来上升空间大，企业效益提升了，肯定不会亏待你的。”暂且不说未来企业是否能提升待遇，但是你现在如果能拿10000元月薪，为什么要拿6000元呢，你现在拿6000元，过两年公司效益好了给你10000元，还不如现在就拿10000元。而且，能开出比较高的薪酬的公司，效益肯定也是比较好的，公司运作更规范。当然，如果公司给你股权，而且当公司效益好了，这些股权带来的收入足够诱人，比如足以顶得上十年薪酬，那是另外一说。

在收入差异不大的情况下，我们再考虑晋升机会，有些公司可能三年才有一次晋升机会，有些公司可能半年就有晋升的机会，这个差异是比较大的。这种问题，在面试的时候可以直接跟HR咨询。除了职务的晋升，我们肯定还关心自己能力的提升，而公司的培训体系和公司人员的能力或者更直接说是上级主管的能力息息相关。

公司管理是否规范，细节决定一切，从细节可以“看”出一家公司的管理规范与否，规范不规范和规模的大小没有必然关系，简单地可以总结为五看：看人、看墙面、看桌面、看地面、看卫生间。

一是看人。比如从公司招聘的流程看，从这家公司对你的接待上看，初到公司是否安排人引领，语言上是否客气？公司的同事是否都专注工作。

二是看墙面。规范的公司前台一般会有公司名称，办公室墙上一般会有企业文化和宣传标语等。

三是看桌面。公司办公室是否杂乱无章。面试的会议室桌面是否还放着水杯，甚至个人用品之类的。

四是看地面。是否干净、整洁。

五是看卫生间。最简单的办法就是去看他们公司的卫生间是否干净，并不是需要多么的豪华，重要的是卫生。即使有的公司卫生间是跟其他公司共用，如果卫生间臭气熏天，即使是其他公司搞的，能忍受这种情况的公司也不是什么好公司。

如果一家公司连这些最基本的都做不好，说得再规范也都是局限在嘴上。

除了“看”之外，还可以问，主要是问制度和管理流程。公司制度主要是三类：员工管理制度、财务制度和工作制度。新人在面试时，可以直接问HR，公司考勤、休假、出差等是否有制度规定；工作是否都有规章制度要求；报销是否有财务制度规范。管理流程主要是通过OA系统管理，如果一家公司连OA系统都没有的话，那就谈不上规范了。

第二章　职场基本技能

第一节　职场礼仪①

给人良好的第一印象对每个人的职业发展都会有很大的帮助。

中国素为礼仪之邦，但由于中国人内敛的个性，自小我们经常被教育“不能以貌取人”“不要太注重外表”。职场礼仪包括着装、交谈、见面问候等方面的礼仪，当然各个地方也有一定差异。总之一句话：礼多人不怪，外表装扮让自己显得精神，言谈举止让对方舒服，尊重他人并赢得他人尊重。

需要注意的是职场礼仪与社交礼仪的不同之处在于男女平等，优先顺序是以职位为准的，一些社交礼仪中的女性优先的观念可能不适合职场礼仪，当然同级之间通常还是女士优先。在这里提及只是想说明职场礼仪的重要性而已，下面结合作者本人经验，简要介绍一些常见的基本职场礼仪。

一、着装

简单，整齐、干净，一般上班着职业装、西装，如果公司有工装最好，如果是自己买的，注意颜色不要太花哨，如果不知道什么颜色好，黑西装配白衬衣是永恒的主色调。除此，着装还有几个小的地方要注意：①男士西装的最下面一个扣子是不扣的，只有参加葬礼的时候才扣上，这点大部分人都不知道，而女士就没有这种限制。②西装外面两边的口袋是不放东西的，特别是上衣，这也是为什么西装出厂的时候口袋是缝合的原因，有些人不懂，一拿到西装赶紧把口袋剪开，口袋经常放得鼓鼓的，这是错误的。即使是上面的口袋一般也是不放东西的，有的话也是参加正式宴会时放点装饰品，如放一朵花。裤子的口袋可以放点东西，但也切忌把口袋撑得鼓鼓的。鞋子的颜色要深于衣服的颜色，否则容易给人头重脚轻的感觉。有鞋带的鞋子才是正式场合的鞋子。大家如果注意观察就可以看到，很多领导人正式会

---

①　该部分内容参考了百度百科的职场礼仪词条。

面穿的鞋子都是有鞋带的。不过现在对鞋子是否有鞋带一般也没那么讲究。

着装最主要的是与场合相配，比较正式的会议或者宴会通常会有着装要求，在没有明确要求的情况下，慎重起见可以询问主办方。

二、见面问候

见面问候是基本的礼仪，刚入职的新人要尽快记住领导和同事的称呼，避免见面不知道如何称呼。确实忘记领导称呼的可以问候：领导好！最少也要微笑、点头，问个好之类的，切忌板着脸一言不发。

上班在过道与同事碰面是常见的情况，一般到合适的距离可以略作停顿，靠边让对方先过，切忌抬头挺胸大步走过。

三、握手

握手是人与人的身体接触，能够给人留下深刻的印象。强有力地握手、眼睛直视对方将会搭起积极交流的舞台。女士请注意：为了避免发生误会，在与人打招呼时最好先伸出手。

四、交谈礼仪

在与同事或上司谈话时眼睛要注视对方，注视对方的时间最好是谈话时间的2/3。并且要注意注视的部位。若注视额头，属于公务型注视；注视眼睛，属于关注型注视；注视眼睛至唇部，属于社交型注视；注视眼睛到胸部，属于亲密型注视。所以对不同的情况要注视对方不同的部位。不能斜视和俯视。

交谈时要注意面部表情和动作，要学会微笑，微笑很重要。保持微笑，可以使自己在别人的心中留下好印象；也可以使自己自信。尽量避免不必要的身体语言，当与别人谈话时不要双手交叉、身体晃动，或是摸摸头发、耳朵、鼻子给人以你不耐烦的感觉。不要一边说话一边玩笔，也不要拿笔不停地按，这样做是很不礼貌的。

其次要注意掌握谈话的技巧。交谈是双向的沟通，不要一个人滔滔不绝地说，不顾对方的感受；也不要走向另一个极端，什么也不说，造成冷场，对认可的谈话可以用点头回应。多用赞美语言，不要指责对方，赞美应严肃、朴实，不要夸张，显得虚伪。在进行重要谈话时，要将电话铃音调到振动模式，最好不要中途接听电话，这样很不礼貌，影响交谈效果。特殊情况要征得对方的许可，并表示歉意后再进行接听，同时控制接听时间，以免让别人等待太长时间。

五、办公室卫生整理

大家可能觉得办公室卫生整理跟职场礼仪没有什么关系，我认为是有关系的，保持办公室整洁可以认为是个人卫生习惯的延伸。办公室如果乱糟糟的，就像穿着破烂的衣服一样，也会影响个人的形象，让别人认为你没礼貌。下面介绍两个例子。

有一次我去参观一位校友的工厂，工厂大概是中等规模，厂房将近一万平方米，由于是不同行业，在介绍公司技术的时候我没有太多的感觉，但是我发现整个厂房都很干净，整洁程度超过大多数办公楼。我就问工厂总共有几个卫生清洁工，可以把卫生搞得这么好。得到的回答大大出乎我的意料，整个工厂只有一个清洁工。那么，工厂怎么能保持如此整洁呢？原来老板要求所有员工整理自己的工作区域，桌面要整洁，地面自己负责打扫，生产中产生的边角料等要自己收集再倒到统一的垃圾处理区，清洁工只负责清扫公共区域。所以整个工厂非常整洁，在工厂参观感觉非常舒服。

另一个是台湾忠信高级工商学校，这里没有清洁工，所有清洁工作都由学生完成。虽然学校有安排值日生，但任何学生看到地上有垃圾，都会及时清理，而不是等值日生打扫。这个例子给我们的启示就是不仅要把自己的工位整理好，如果发现公司公共区域有垃圾也要及时清理。

对于办公室整理，可以采用5S管理方法，即整理（SEIRI）、整顿（SEITON）、清扫（SEISO）、清洁（SEIKETSU）和素养（SHITSUKE），如图2-1所示。

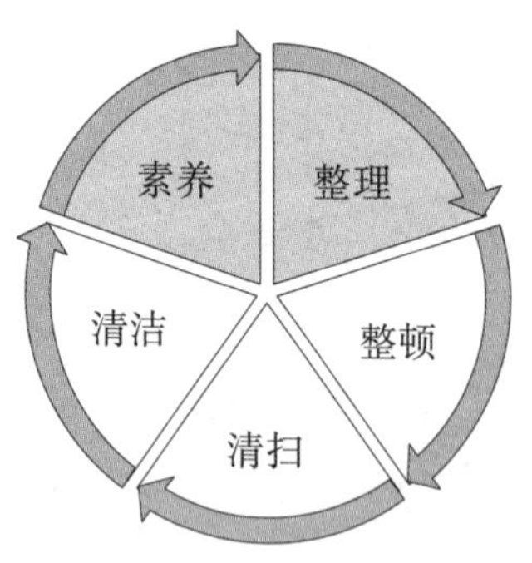

图2-1 5S管理方法

第一，整理。即区分要与不要的物品，桌面只保留必需的物品。这样可以保持桌面整洁，提高工作效率，提高工作情绪。

第二，整顿。必需品按规定的位置、方法有序摆放整齐，做明确标示。比如电话、笔记本、便笺纸、笔等按固定位置摆放，甚至用不同的颜色区分不同类型的物品，如将不同的书籍放在不同颜色的资料架上，这样可以不用浪费时间寻找工作物品，节省时间，提高效率。

第三，清扫。清除现场内的脏污、清除作业区域的垃圾。保持桌面干净。一方面可以给自己一个舒适的工作环境，另一方面可以减少清洁工的负担，同时也可以提高安全水平，如发生过由碎纸张引起的火灾。

第四，清洁。将整理、整顿、清扫实施的做法制度化、规范化，认真维护并坚持整理、整顿、清扫的效果，使其保持最佳状态。创造一个良好的工作环境，使职工能愉快地工作。

第五，素养。人人按章操作、依规行事，养成良好的习惯，使每个人都成为有教养的人。提升“人的品质”，培养对任何工作都讲究、认真的人。努力提高员工的自身修养，使员工养成良好的工作、生活习惯和作风，让员工能通过实践5S获得人身境界的提升，与企业共同进步是5S管理方法的核心。

六、介绍

在较为正式、庄重的场合，有两条通行的介绍规则：其一是把女性介绍给男性；其二是把年轻的人介绍给年长的人。在介绍过程中，先提某人的名字是对此人的一种敬意。比如要把王小姐介绍给张先生，就可以这样介绍：“张先生，我向你介绍王小姐好吗？”然后给双方做介绍：“这位是Sarah，这位是David。”假若女方是你的妻子，那你就先介绍对方，后介绍自己的妻子，这样才能不失礼节。再如，把一位年纪较轻的女同志介绍给一位德高望重的长辈，则不论性别，均应先提这位长辈，可以这样说：“王老师，我很荣幸能介绍小王来见您。”

在介绍时，最好是姓名并提，还可附加简短的说明，比如职称、职务、学位、爱好和特长等。这种介绍方式等于给双方提供了开始交谈的话题。如果介绍人能找出被介绍双方的某些共同点就更好不过了。如甲和乙是同乡、校友或者甲和乙学习的是同一专业等等，这样无疑会使初识的交谈更加顺利。

如果是在一般的、非正式的场合，则不必过于拘泥礼节，假若大家都是年轻人，就更应以自然、轻松、愉快为宗旨。介绍人说一句“我来介绍一下”，然后即做简单的介绍，也不必过于讲究先介绍谁、后介绍谁的规则。最简单的方式恐怕莫过于直接报出被介绍者各自的姓名，也不妨加上“这位是”“这就是”之类的话以加强语气，使被介绍人感到亲切和自然。在把一个朋友向众人做介绍时，说句“诸位，这位是小张”也就可以了。

有时为了某事需要结识某人，在没有人介绍的情况下你也可以直截了当地自我介绍：“我叫张晓明，我们曾在广州见过一面。”或者是：“你是王大伟吧，我是张晓明，你弟弟的朋友。”如果能找出你和对方的某种联系作为介绍时的简注，这固然是再好不过了，但即使是素昧平生也没关系，只要你能彬彬有礼，对方自然也会以礼相待。

七、乘坐电梯

与客人一起乘坐电梯时，来到电梯厅门前时，先按电梯按钮；电梯到达门打开时，可先行进入电梯，一手按开门按钮，另一手按住电梯门，请客人进入；客人进入电梯后，按下客人要去的楼层按钮；行进中有其他人员进入，可主动询问要去几楼，帮忙按下楼层按钮。电梯内尽可能侧身面对客人，不用寒暄；到达目的楼层，一手按住开门按钮，另一手做出请出的动作，可说：“到了，您先请！”客人走出电梯后，自己立刻步出电梯，并热诚地引导行进的方向。

由于电梯是个封闭的狭小空间，有扩音效果，注意在电梯内切忌大声说话，否则可能引起他人的反感。

八、用餐礼仪

工作之后或多或少会有一些应酬需要，不管是陪客人还是同事用餐，都要遵守用餐的礼仪。

1.餐桌上的座位顺序

招待客人进餐时，必须判定上、下位的正确位置，以下座位是上位：窗边的席位、里面的席位、能远望美景的席位。一般主人坐主位，主宾在主位的右手边，副宾在主位的左手边，当然如果客人的职位较高或者德高望重，也可安排坐在主位上。在不确定座位顺序的情况下，可以询问服务员。

安排座位时，请客人先入座；和上司同席时，请上司在身旁的席位坐下，你应站在椅子的左侧，右手拉开椅子，而且不发出声响。

还有，预订场地时，应交代店方留好的位置，不要安排厕所旁或高低不平的角落。

2.点餐

虽然刚入职场不久，但也有可能会碰到领导要你安排用餐并点餐的事，这对于新人通常是比较头痛的事，简单的办法是可以询问领导用餐标准、特别要点的菜、有什么忌口的。确实不知道如何点餐的，把相关的要求告诉服务员，请服务员帮忙安排。需要注意的是最好询问是否需要加收服务费、餐后甜点和果盘是否需要另外付费，否则附加的费用可能会超过用餐标准。

3. 餐桌礼仪

中餐一般使用圆桌，中间有圆形转盘放置菜品，进餐时将喜欢的菜夹到面前的小碟子里享用。中餐的餐桌礼仪基本上很简单、安闲，最不受拘束。只要留意以下要点即可。

一是主客优先。主客还未动筷之前，不可以先吃；每道菜都等主客先夹菜，其他人才依序动手。

二是有人夹菜时，不可以转动桌上的转盘；有人转动转盘时，要留意有无刮到桌上的餐具或菜肴。

三是不可一人独占喜好的食物。

四是避免使用太多餐具。中餐的精神就是边吃边聊，众人同乐，只要遵守基本礼仪，可以尽情地聊天，当然聊天也要注意聊天的礼仪，比如不要随意打断他人谈话。

九、迟到、早退或太早到

不管上班还是开会，请不要迟到、早退。若有事需要迟到、早退，一定要前一天或更早就提出，不能临时才说。

现在由于交通拥堵，上班偶尔迟到也是难免的，一般公司管理也会有一定的弹性，但是如果经常迟到就不能归因于交通拥堵或者路途遥远了。以前经常会听有些人说自己公司管理很松，迟到都不管，所以就经常迟到。多年以后见面发现他还是一个普通职员，其实公司领导即使不说也会记在心里的，在晋升的时候都会给予考虑。准时上班是时间管理的第一步，难以想象一个连准时上班都无法做到的人，能够有大的成就。

对于约会当然不能迟到，但是太早到也是不礼貌的，因为主人可能还没准备好，或还有别的宾客，此举会造成对方的困扰。万不得已太早到，不妨先打个电话给主人，问是否能将约会时间提早，不然就先在外面逛一逛，等时间到了再进去。

十、其他礼仪

在礼仪方面，每个人都有不同的理解，各家公司的要求可能也会有所不同，一般而言，作为新人在礼仪方面应注意多看、多听、多学。除了上面提到的事项，在以下方面也应有所注意：

1. 直呼老板名字

直呼老板中文或英文名字的人，有的是跟老板情谊特殊的资深主管，有的是认识很久的老友。除非老板自己说，“别拘束，你可以叫我某某某”，否则下属应该以“姓氏+职务”称呼老板，例如，“郭副总”“李董事长”等。

2. 以“高分贝”接打私人电话

在公司接打私人电话已经很不应该了，要是还肆无忌惮地高谈阔论，更会让老板抓狂，也会影响同事工作。

3. 开会不将手机静音

“开会将手机静音或震动”是基本的职场礼仪。当台上有人做简报或布置事情，底下手机铃声响起，会议必定会受到干扰，不但是对台上的人，对其他参与会议的人也不尊重。

4. 让老板提物

跟老板出门洽商时，提物等你要尽量代劳，让老板也跟你一起提一半的东西，是很不礼貌的。另外，男同事跟女同事一起出门，男士们若能表现绅士风范，帮女性提东西或开关车门，这些贴心的举手之劳将会为你赢得更多人缘。

5. 称呼自己为“某先生/某小姐”

打电话找某人的时候，留言时千万别说：“请告诉他，我是某先生/某小姐。”正确说法应该是先讲自己的姓名，再留下职称，比如：“您好，敝姓王，是××公司的营销主任，请某某有空回我电话好吗？我的电话号码是×××××××，谢谢您的转达。”

6. 对“自己人”才注意礼貌

中国人往往“对自己人才有礼貌”，比如一群人走进大楼，有人只帮自己的朋友开门，却不管后面的人还要进去，就把门关上，这是相当不礼貌的。

7. 谈完事情不送客

职场中送客到公司门口是最基本的礼貌。若很熟的朋友知道你忙，也要起身送到办公室门口，或者请秘书或同事帮忙送客，一般客人则要送到电梯口，帮他按电梯，目送客人进了电梯，门完全关上，再转身离开。若是重要客人，更应该帮忙叫出租车，帮客人开车门，关好车门，目送对方离开再走。

8. 看高不看低

只跟领导等居高位者打招呼，太过现实，别忘了也要跟老板身边的其他人员打招呼。

9. 选择中等价位餐点

别人请客，轮到你点菜时专挑贵的餐点是非常失礼的。价位最好在主人选择的餐点价位上下。若主人请你先点餐，选择中等价位的菜品即可。

10. 不喝别人倒的水

主人倒水给你喝，一滴不沾是不礼貌的举动。再怎么不渴或讨厌该饮料，也要举杯轻啜一口再放下。若是主人亲自泡的茶或煮的咖啡，千万别忘了赞美两句。

11. 喝一杯咖啡的时间

有时候，我们认为把自己的工作分摊出去，不免有“支使”他人之嫌，即便把工作交给了别人，但由于个人理解与处理问题的角度不同，他人所做的工作汇总到你这里时，你会遗憾地发现，你们好像说的是两回事。你可能因此而后悔当初不如自己把事情都干了算了。且慢，埋头苦干似乎真的不太吃香了！当下一个任务下来时，你可以召集大家开一个小会，把自己对任务的理解面对面、最大限度地传递给合作者。在整个项目的进行中，你需要做的也许就是找出一点空余时间，和每一个项目执行者一起喝杯咖啡。这样做的好处是可以让大家都有时间去处理每个人手上要完成的工作，又能及时地沟通，随时调整彼此支持力度的侧重点。

12. 开门见山地陈述观点

在这个竞争激烈的职场上，和你一样具备了相当专业实力的人实际上很多，在素质相仿的一群人中，抓住机会脱颖而出，才得获得更大的发展空间。拐弯抹角或耐人寻味的提问方式虽然可以使人觉得你含蓄和温和，但它的代价也是巨大的。因此，不管你自认为多么谦逊，也请不要在会议上说“我的想法不成熟，只是提议大家参考一下”诸如此类的话，那会使公司上下的人在内心里给你打上不信任的标签。一个人的自信是非常有渗透力的，所以在你需要把自己的设想与观点摆在桌面上时，开门见山，少兜圈子会为你赢得主动权，奠定自己在高层心目中的地位。

第二节　沟通能力

沟通能力包含着表达能力、争辩能力、倾听能力和设计能力，沟通能力看起来是外在的东西，而实际上是个人素质的重要体现，它关系着一个人的知识、能力和品德。

记得一个领导跟我们说过，你要随时做好跟总裁交流的准备，一旦有机会，你要在三句话内清晰表达你的意思，让领导认可你的能力，让领导记住你，这样未来提拔人才的时候，你的机会才会远高于别人。这个事情充分说明了沟通能力的重要性。

每个人的沟通能力差异较大，有些人天生沟通能力很强，有些人沟通能力一般，即使是沟通能力比较差的人通过平时的锻炼，也能得到很大的提升。沟通交流时尤其应该注意以下方面：

一、与领导会谈

与领导会谈，要做好记录。领导找你的时候，通常会有比较重要的事情交代，要提前带笔记本，如果记录来不及，可以请领导讲慢一点，这时领导通常不会怪你，反而会认为你比较认真，不确定时请对方再重述一遍，或者自己复述一遍，请领导确认。

二、电话交流

个别人有电话障碍症，一拿起电话就紧张，想好的话都忘记了，这时你可以先把要交谈的内容写下来，不知道如何讲的时候按纸上写的内容读都是可以的，当然最终还是要慢慢锻炼，学会正常的电话交流。

当对方说到重要的事项时要记录下来，以免遗忘，如果纸和笔不在身边的话，可以提醒对方，如：您说的这件事情非常重要，我拿笔记录一下。碰到重要的事项不明白或者不确定时可以请对方再重述一遍，或者自己复述一遍请对方确认。

切忌快速挂断电话，最好等对方挂断时再挂断，以显示对对方的尊重。

三、重要事项采用书面语言

除了口头的交流之外，也要重视书面的沟通，特别是重要的事项，一定要通过书面沟通进行明确。比如规章和制度的实施，对于需要将你表达的意见转化成规则实施的，尽量不要只用口头表达，在跟对方沟通后，需要形成书面的意见并发送给对方，同样地，当其他部门要求你按他们的要求制定某些规章或制度时，也请对方给你发送书面的意见，不要仅限于口头交流，避免误会。最后定稿时尽量请对方出示书面的意见，当然这仅限于同级间的沟通，如果上级不提供书面意见的则不能强求，但是要形成书面文件，请领导确认后再实施。

四、电子邮件

1. 电子邮件作为很重要的办公沟通方式，要注意规范使用

（1）标题：经常收到没有标题的邮件，这是很让人难受的事情。邮件一定要写明标题，而且标题最好能让人一眼就看出邮件的目的，如：2016年2季度未决赔款准备金评估报告。

（2）称谓：作为正式邮件，需要加上称谓，如果是总裁室的领导，建议加上

“尊敬的赵总裁”，部门领导最好也要加上对方的职务，如“张总或者王经理”；如果是同级的可以直呼其名，或者比较客气地称呼“王兄”等。

（3）内容：邮件的内容尽可能简明扼要地说明发邮件的目的，如果内容太多最好能编辑成附件，并在邮件中简要描述附件的重要内容，如附件为2016年2季度偿付能力报告，可以简要说明“截至2016年2季度末公司偿付能力充足率为523.50%，比上个季度上升5.43个百分点，详见附件”。这样领导就可以一目了然地知道截至2016年2季度末偿付能力充足率的情况，相比上个季度变动如何，如需进一步了解更详细的信息再去看附件。这要比写“2016年2季度末偿付能力报告如附，请查阅”效果好得多。

作为正式的邮件要有问候语和结束语。

2. 作为办公邮件还要注意以下几个方面

（1）语言：目前即时通信软件比较多，产生很多不规范的网络语言和词汇，甚至出现错别字也不在乎，但作为正式的邮件一定要养成用书面语言的良好习惯。

（2）群发：尽可能不要用群发或者是全部答复。有时会收到公司统一发送的通知，有的人不清楚通知事项要询问发邮件的人，点了全部答复会把邮件发给所有人，给其他人造成麻烦。所以除非是办公室、人力资源部等需要通知全部人员的邮件，对群发或者全部答复一定要小心使用，以免把不必要的信息发给其他人。

（3）打草稿：作为正式邮件，建议先打草稿，先写好邮件后再录入收件人地址，防止将未写完的邮件误发出去。

（4）抄送领导：邮件最好要抄送自己主管或者部门领导，让领导清楚你在做什么，如果是请求其他部门人员帮忙的邮件，最好也要抄送对方部门领导，这样对方的领导也知道他做了哪些工作。

（5）他人邮件：有时会收到误发的邮件，一看邮件内容就知道不是写给自己的，这时要给对方答复这个事情不是你负责的，请对方重新发送，如果是本部门其他人员的邮件，应该及时转发给同事，以免耽误工作的进展，如有必要也可以提醒对方这个事情由另外的同事负责。

（6）个人邮件：没有特殊情况，最好不要用公司邮箱发送个人邮件。

五、文件修改

我们写各种报告或者文件时最希望一次性完成，领导看完后没有提出任何意见，有个词叫“一稿过”，这是经常写报告的人最希望的结果。但一般而言三次修改都算少的了，十次八次修改也是正常的。

我们经常会收到这样的邮件：“根据各部门的意见，我们重新修改了报告，请审阅。”如果是一个简单的报告，我们可能一下就能清楚修改了哪些内容，但如果是一个几十页的报告，我们很难知道改了哪些内容，除非跟之前的版本做一一比较。

为了便于阅读，文件修改时，要说明修改了什么、是怎么修改的、修改的原因，修改的部分可以用不同颜色的字体或者不同的底色突出显示，保留修改痕迹，用备注说明修改的原因，这样便于查阅，也有利于提高工作效率。

六、部门交流

网上流传着一段互联网黑话：“底层逻辑是打通信息屏障，创建行业新生态。顶层设计是聚焦用户感知赛道，通过差异化和颗粒度达到引爆点。交付价值是在垂直领域采用复用打法达成持久收益。抽离透传归因分析作为抓手为产品赋能，体验度量作为闭环的评判标准。亮点是载体，优势是链路。思考整个生命周期完善逻辑考虑资源倾斜。方法论是组合拳达到平台化标准。”

上面这段话，用了太多互联网专用的词汇，如果不是互联网行业的从业人员基本都听不懂，部门之间的交流也一样，尽量少用本部门的专业词汇，多用对方常用的词汇，这样才能提高沟通效率，避免误解。

七、行业交流

我看到有些人去参加会议在那边睡觉，简直就是痛心疾首，行业交流的演讲人一般都是行业中的大咖，甚至是行业标准的制定者。

实际工作中使用的知识，很多是书本上没有的。参加行业会议是个难得的学习机会，千万不能错过，有些时候我们会有很多问题希望得到别人的指导，但是在参加会议的时候经常不知道如何跟对方交流。一方面要多听，了解对方擅长的方面，另一方面要提前做准备，将工作中碰到的问题记录下来，有机会可以向前辈请教，回去后抓紧时间将问题的答案整理一下，不明白的地方再进一步去请教。每次以2～3个问题为好，提出的问题之间最好是相互关联的。

通过日积月累的请教，相信你很快也会成为行业专家。

八、向同事请教

无论你在学校时学习多么出色，专业课程多么优秀，作为一名职场新人，实际上你所知不多，特别是具体的实务知识，一定要找各种机会虚心向单位同事请教。

我认为参加项目小组是最好的学习交流机会，通常而言参加各个项目小组的人都是各个部门的精英，对单位工作有深刻的理解。我也是在参加项目开发的过程中受益匪浅。当我还在中国人保厦门分公司的时候，厦门分公司非常重视内部报表的开发，在我刚进公司不久，就成立了作业矩阵项目开发小组。项目汇聚了各个部门的精英人员，大部分人员都有15年到20年的保险工作经验，其中有一项很重要的工作是基础数据的清洗，作为精算人员我负责该项工作基础数据的比对。刚开始时，我除了会比对数据之外，其他基本不懂，对各个系统间的数据差异原因也基本不清楚，后来通过不断向同事请教，逐渐熟悉了保险实务和保险业务流程，对承保、理赔、财务甚至系统流程的熟悉也是从这个时候开始的，这对我日后的工作有很大的帮助，借此机会在书中向中国人保厦门分公司的同事表示感谢！

第三节　参加会议

作为一名职业人员，经常会参加公司或者行业的会议，下面主要介绍参加会议和组织会议的一些重要事项：

一、会议角色

参加会议首先要清楚自己的角色，就是会议跟你的关系，你是组织者还是重要相关人员或者是一般的人员，根据会议的目的做好相关的准备工作。

另外要注意参加会议时，你通常不是代表个人。如果是参加行业会议，你代表的就是公司；如果是参加公司会议，你代表的是部门。比如有的人在行业会议上言谈举止不雅观，则大家记住的是某某公司的人员参加会议表现不雅观，影响的是整个公司的形象；参加公司会议，如果有人一问三不知，大家就会说这个部门的人员水平不行。

二、会议目的

对于参加的会议一定要清楚会议的目的，再根据会议目的区分会议的重要性，根据会议的重要性进行不同的准备：①如果会议非常重要，参加完以后就要按会议要求具体落实，不清楚的地方要马上确认；②对于一般的会议要有会议记录，向领导汇报相关事项，如果替他人参加的会议要准确传达会议的情况；③有的会议不需要做什么工作，参加会议的目的主要是学习，不需要经办相关事项，有些人认为这些会议跟自己关系不大，其实这是个错误的理解，这是个很好的学习机会，参加会议一定是为了未来的工作做准备的。

不管如何，参加会议一定要做好会议记录，对此我有深刻的体会。刚到保险公司时，参加会议，会上说的很多事项我都听不懂，很多行业术语也听不懂，那时我不管是否听得懂，基本一股脑儿记下来，会后再向同事请教，有的事项在很长一段时间也不懂，但是到后来不断地接触相关工作后，把会议记录重新拿出来看才逐渐理解当时记下来的东西。所以刚参加工作的新人参加会议时一定要做好会议纪录，可能现在不了解，但随着工作经验的积累，再拿出来看的时候，也能学到很多知识。参加会议做笔记还有另一个好处，就是保持注意力集中。

不管是参加什么形式的会议，最好能养成写会议报告的习惯，就是将会上记录的信息整理成电子报告文档，一方面用于向领导和相关人员报告，另一方面也方便以后查询。

三、会议组织

参加工作后，一定会碰到会议组织的任务，下面介绍的只是日常会议组织的流程和注意事项，如果是大型的会议，公司一般都会有专门的部门负责。会议的组织程序多种多样，根据会议的规模、形式、所要达到的目的采用不同的组织程序。通常有以下内容：

1.会前的准备工作

（1）制定会议方案。就是根据会议要解决的问题和会议目标，对计划召开的会议所做出的总体性规划。

（2）确定会议议题。就是提交会议讨论和拟决定的问题，是会议活动的基本要素之一。

（3）拟定与会人员名单。就是会议组织人员根据会议议题的需要确定出席会议人员的名单。

（4）预订会议场所。要开会就要有开会的场所，根据参会的人数和会议种类预订会议的场所。

（5）发出会议通知。就是由会议组织者将即将召开的会议的基本情况、需与会人员提前了解的事宜告知有关方面或个人的行为过程。一般普通的会议可以通过Outlook的会议要求项目将会议议题、会议地点、时间和会议内容通知参会者，如图2–2所示。

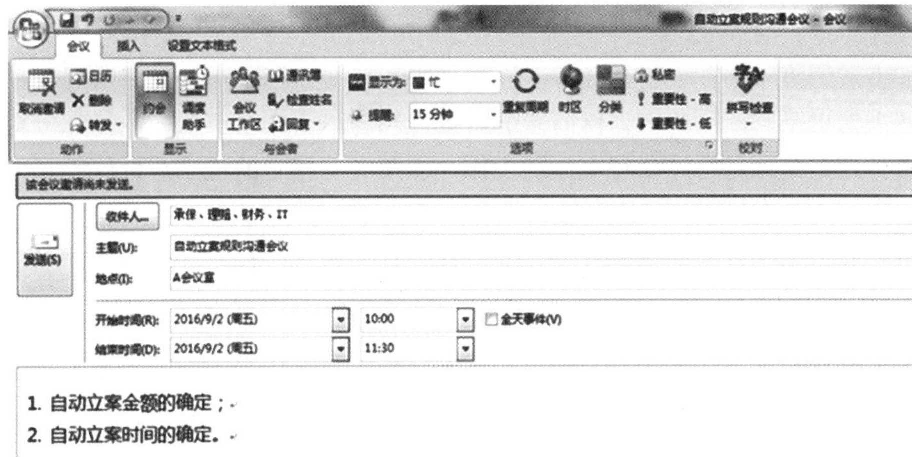

图2–2　发送会议通知邮件截图

（6）会议回执。如果通过Outlook发送会议通知，收到的人员可以通过点击接收按钮反馈确认信息，如果没有收到反馈信息，这时会议组织者要跟对方确认是否能参会，如果不能参会，要根据参会人员在会议中的重要性来确认是否改期。为了避免此类情况的发生，最好在会议通知之前先跟重要的人员确认会议时间。

（7）准备会议材料。会议材料是会议目的、会议内容和会议成果的直接体现，会议材料的撰制是会议组织当中的一项重点工作。会议材料是指整个会议过程中所需要的文字材料，包括电子文件和纸质材料，要注意是否需要其他部门配合提供材料，如需要则要提前请其他部门提供。

（8）安排会议日程。就是会议的各项活动的具体时间安排。每项议程所需的时间都列明，明确会议议题，避免会议跑题或者拖延时间。

（9）制作座签。就是在会议的各席位上标明就座人姓名的标签，会议座签一般是为一些较高级别的领导人员制作的，一般而言是在有公司外人员参加或者大型的会议才需要制作，至于公司内部是否需要制作座签，则要看公司对会议的要求。

2. 会议服务

（1）准备会议器材。是否需要准备投影仪、电脑等，如果需要则提前准备。会场灯光、音响、通信、录音和其他公用设备的检查和保障，有的公司需要请信息技术部提前准备的，需要提前跟信息技术部确认。

（2）贵宾接待。如有外部人员参加，是否需要接送，如需接送，则需要提前安排车辆、获取贵宾的地点信息、预计接送路程所需的时间等；如提前到达，是否安排到贵宾室休息，都要提前准备。

（3）会场茶水服务。是否需要提供茶水服务，如需提供，也要提前准备。

（4）会议签到。重要的会议需要准确统计到会人数和显示与会人数是否达到法定人数，这是一项具有严格规定性的工作，需要一些特定的规则。会议签到的规则是：直接、准确和迅速。

（5）会议记录。一般说来，任何会议活动都需要进行记录，都应该把会议的过程和成果利用适当的形式记录下来。一般需要注意的有：没有指定记录人员，则会议组织者要负责记录，如果是本部门组织的会议，只有你和部门领导参会，即使没有特别说明，你也要负责会议记录；重要的会议为了避免记录遗漏或者记录不准确，可以使用录音笔将每个参会者的讲话录下来，会后再对照整理；如果没有会议签到表，会议记录需要同时记录参会人员的信息。

3.会后的整理服务工作

会议召开以后，作为会议的文书，还有许多的工作要做：

（1）向领导和有关部门写出会议情况的报告；

（2）根据与会人员提出的修改意见，完成在会议上尚未来得及定稿的会议文件；

（3）办理会议特定文件的印刷和分送；

（4）将会议文件进行整理、立卷、归档或销毁。

4.会务总结

一次会议能否开好，是否达到了预期目的，与会议组织和服务工作的水平有着直接关系。重要会议结束以后，负责会务工作的同志，应该及时对整个会议的组织和服务工作进行全面总结，包括会议组织形式、议题安排顺序、发言讨论时间安排是否合理等，以便积累经验，发现不足，明确以后搞好同类型会议组织和服务工作的可借鉴之处。

上面会议组织的相关事项，基本符合公司内部部门间以及普通的公司之间的交流，当然如果是公司内部会议，有些环节不一定需要，如果是第一次组织会议则可以将相关步骤进行列表，一一确认是否需要并进行落实。

第四节　演讲

演讲又叫讲演或演说，是指在公众场合，以有声语言为主要手段，以体态语言为辅助手段，针对某个具体问题，鲜明、完整地发表自己的见解和主张，阐明事理或抒发情感，进行宣传鼓动的一种语言交际活动。

演讲最能体现表达能力，很多时候，我们经常会听到："这个人说得比做得好。"听起来"说"是个贬义词，实际上"说"是非常重要的，不管你做得多好，都要用语言表达出来。有的人甚至通过卓越的演讲能力，改善了国家间的关系。

著名的"六国合纵联盟"主要就是靠苏秦的游说达成的。苏秦游说完各个诸侯国后，六国达成合纵联盟，团结一致。苏秦被任命为从约长（合纵联盟的联盟长），并且担任了六国的国相，佩戴六国相印，使秦国十五年不敢出兵函谷关。这说明演讲能力有多重要。当然，后面六国各自心怀鬼胎，导致联盟解散，六国被灭，此是后话，这并不能抹杀苏秦的演讲能力。

各个国家都有外交部长，都是著名的演说家，最著名的就是周恩来。1955年万隆会议，他临时修改演讲稿，极大地提升了中国在世界的地位和影响力，这是周恩来演讲能力的极致体现。

工作中用到演讲的地方非常多，不管是工作汇报、工作交流还是对外沟通，我们经常会采用演讲的形式进行表达。这一节主要介绍演讲的方法和演讲的技巧。每个人的演讲能力差异是比较大的，有些人天生就有很好的表达能力，有些人天生表达能力比较弱，但是通过掌握一些方法和技巧，也能提升一个人的演讲能力，我们不需要做到"说得比做得好"，但至少不能因为表达不清楚而拖了工作的后腿。

一、演讲的形式

演讲的形式多种多样，主要有以下几种。

1.照读式演讲

照读式演讲亦称读稿式演讲。演讲者拿着事先写好的演讲稿，走上讲台，逐字逐句地向听众宣读一遍。其内容经过慎重考虑，语言经过反复推敲，结构经过精心安排，很郑重。它比较适合于在重要而严肃的场合运用。比如各级党代会、人代会、政协会议等大会报告，纪念重大节日的领导人讲话，外交部的声明等。

2.背诵式演讲

背诵式演讲亦称脱稿演讲。演讲者事先写好演讲稿，反复照背，背熟后上讲台，脱稿向听众演讲。这种演讲方式比较适合于演讲比赛和初学演讲者，可以在一定程度上检验和培养演讲者的演讲能力。其缺点是不便于演讲者临场发挥，使听众觉得矫揉造作，一旦忘词，就难以继续，往往要当场出丑。所以，运用这种演讲方式，演讲者必须做好充分准备，语言尽量口语化，表达自然，切忌表演的痕迹。

3.提纲式演讲

提纲式演讲亦称提示式演讲。演讲者只把演讲的主要内容和层次结构按照提纲形式写出来，借助它进行演讲，而不必一字一句写成演讲稿，其特点是能避免照读式演讲和背诵式演讲与听众思想感情缺乏交流的不足——演讲者根据几条原则性的提纲进行演讲，比较灵活，便于临场发挥，真实感强，又具有照读式演讲和背诵式演讲的长处——事先对演讲的内容有充分准备，可以有一定的时间收集材料，考虑演讲要点和论证方法，但不要求写出全文，而是提纲挈领地把整个演讲的主要观点、论据、结构层次等用简练的句子排列出来，作为演讲时的提示，靠它开启思路。这是初学演讲者进一步提高演讲水平的行之有效的一种演讲方式。

4.即兴式演讲

即兴式演讲指演讲者预先没有充分准备而临场生情动意所发表的演讲。它是一种难度最大、要求最高、效果最佳的演讲方式，可以根据实际情况，针对听众的心理和需要，随机应变迅速调动语言的一切积极因素，其感染力是其他各种演讲方式都无法比拟的。使用这种演讲方式需要演讲者具有德、才、学、识、胆诸方面很高的修养，具有很强的记忆力、丰富的想象力和联想力、敏捷的思维能力、大量的语言和材料储备……如果不具备这些条件，即使使用这种演讲方式，也不会取得理想的演讲效果。相反，往往还会出现信口开河、漫无边际、逻辑混乱、漏洞百出的现象。这样反倒影响了演讲的效果。虽然如此，每个演讲者都必须争取掌握这种演讲方式。只要下苦功，肯定是会学到手的。

几种形式各有利弊，一般而言，根据熟练程度和个人的天分，可以按这四种形式循序渐进进行反复练习，以求提升。在实务中，演讲往往是介于两种形式之间，即使是照读式演讲，也要有多种方案。讲稿可以用不同颜色标明，对重点说明的进行加粗，对可讲可不讲的进行备注，根据现场实际情况进行演讲。即兴演讲也不可能事前一点准备都没有，即兴演讲的内容肯定要选择自己熟练的、经过深思熟虑的内容。表面上没有提纲，但实际上提纲是刻在自己脑海中的。

二、演讲的方法

俗话说，“冰冻三尺，非一日之寒”。想要成为一名出色的演讲家，一方面要注重平日里的锻炼和学习，另一方面也要掌握一定的演讲方法，下面从六个方面介绍一下演讲的方法。

1.演讲的姿势

演讲的姿势是成败的关键。要让身体放松，不能过度紧张。太紧张不但影响发挥，而且语言表达的意思也会背道而驰。

诀窍之一是张开双脚与肩同宽，挺稳整个身躯；诀窍之二是想办法缓解紧张情绪，比如，将一只手稍微插入口袋中，或者手触桌边、手握麦克风等。在学校的时候，也会发现有的同学一上台紧张得手发抖，有的甚至全身发抖，这时轻轻扶住桌边会缓解紧张的情绪。

2.演讲的视线

在大众面前说话必须忍受众多听众的注视，当然，并非每位听众都会对你报以善意的眼光。尽管如此，你还是不能漠视听众的眼光。尤其当你站在大庭广众之中的一瞬间，来自听众的视线有时甚至会让你觉得紧张。克服这种视线压力的秘诀，就是一面进行演讲，一面在听众当中找寻对自己投以善意而温柔目光的人，并且无视那些冷淡的眼光。此外，把自己的视线投向和善的人群，对巩固信心来说帮助很大。

3.演讲时的面部表情

演讲时的面部表情会给听众留下极其深刻的印象。紧张、喜悦、焦虑等情绪会毫无保留地表露在脸上，这是很难由本人的意愿来控制的。演讲的内容即使再精彩，如果表情缺乏自信，演讲就失去了应有的风采。通常，要尽量保持微笑，即使有的听众对演讲不满意，投来恶意的眼光的时候，还是要尽量保持微笑，传达善意。

演讲不能低头，人一旦“低头”就会显得没有自信，倘若视线不能与听众接触，就难以吸引听众的注意。采取“缓慢讲话”的方式会使演讲者情绪稳定，面部表情也得以放松，全身上下也能泰然自若起来。

4.演讲时的服饰和发型

无论是女士还是男士，整齐、清洁、利落、自信的仪容是作为一个演讲者必须具备的形象。女士在仪容上一定要注意几点：以套装为宜，化淡妆为佳，头发需整齐、利落、不可遮住脸部，袜子的颜色以肤色为佳，不要有花纹，鞋子最好是有跟的，切忌在身上挂满配饰。男士在仪容上也要注意几点：服装以深蓝、深灰的西装为佳，一定配素色衬衫，领带颜色应配合西装色系；头发也需整齐、利落、不可遮住脸部，鞋袜以深色最佳，千万不可着白袜，保持干净。

当然，还要看参会人员情况，如果是比较轻松的场合或者互联网相关的会议，即使穿运动鞋和休闲服也是可以的，但如果在没有把握的情况下还是尽量穿正规的服装。

5.演讲的声音和腔调

演讲的语言必须做到发音准确、清晰、优美，词句流利、流畅、传神，语调贴切、自然、动情。

演讲对语音的要求很高，既要能准确地表达出丰富多彩的思想感情，又要悦耳动听。所以，演讲者必须认真对语音进行揣摩，努力使自己的声音达到最佳效果。

一般来说，最佳语言有以下四个特点：

第一，准确清晰，即吐字正确清楚，语气得当，节奏自然；

第二，清亮圆润，即声音洪亮清晰，铿锵有力，悦耳动听；

第三，富于变化，即区分轻重缓急，随感情起伏而变化；

第四，有感染力，即声音有磁性，能吸引听众，引起共鸣。

恰到好处的表达，恰如其分的表述，给人一种听觉盛宴的享受，演讲效果自然不言而喻。语调是口语表达的重要手段，它能很好地辅助语言表情达意。同样一句话，由于语调轻重、高低长短、急缓等的不同变化，在不同的语境里可以表达出种种不同的思想感情。一般来讲，表达坚定、果敢、豪迈、愤怒的思想感情时，语气急速，声音较重；表达幸福、温暖、体贴、欣慰的思想感情时，语气舒缓，声音较轻；表示优雅、庄重、满足的思想感情时，语调前后弱、中间强。只有这样，才能绘声绘色，声情并茂。

语调的选择和运用，必须切合演讲内容，符合语言环境，考虑现场效果。语调贴切、自然正是演讲者思想感情在语言上的自然流露。所以，演讲者恰当地运用语调，事先必须准确地掌握演讲内容和感情。

6.演讲的速度和发音

为了营造重要的气氛，讲话稍微慢点很重要。科学的发音取决于科学的运气，有些演讲者演讲时间稍长就显得底气不足，感觉口干舌燥、声音走调。这些都影响演讲效果的发挥。气息是声音的原动力，科学地运用运气发音方法可以使声音更加甜美、清亮、持久、有力。要达到这个目的，平时要加强训练，掌握胸腹联合呼吸法。其要领是：双目平视、全身放松，无论是站立还是坐姿，胸部稍向前倾，腹部自然内收。吸气方法是：扩展两肋，向上向外提起，感到腰带渐紧，后腰有撑开感。横膈膜下压腹部扩大胸腔体积，小腹内收，气贯“丹田”。用鼻吸气，做到快、缓、稳。呼气方法是：控制两肋，使腹部有一种压力，将气均匀地往外吐，呼气时用嘴，做到巧妙协调。

锲而不舍、水滴石穿。只要坚持不懈，人人都能把握演讲的要领，只要持之以恒，个个都能成为出色的演讲者。

三、演讲的技巧

1.演讲提纲

做好演讲提纲是关键的一步。演讲的题目，逐渐深化的论点、论据、结论和提议都是重要的环节。

要想演讲吸引听众，起到煽动听众情绪，让人进入演讲人的状态，要做到：尽量使用听众觉得与众不同的词语，如古诗、名句、名言或者网络、社会、切中时代利弊的新词，做到引人入胜。马云是个著名的演讲家，马云说过，刚开始创业的时候，他经常会跟员工讲巴菲特说过什么话，但实际上是他自己说的，因为他自己没有名气，只有说是巴菲特说的，大家才会更认真听；尽量使用排比句和循环句，可以得到事半功倍的效果，更好地吸引听众；尽量使用首尾呼应的方法，突出重点，达到理想的效果；整个演讲要讲究思维的逻辑性，由浅入深、有条有理地把论点论据讲明白，讲清楚；事先要进行准备，包括背诵内容。不带稿纸的演讲要比带上草稿的效果高明得多，要提前读熟练；内心要有一个预案，考虑演讲中听众可能有的异议、提问，万一一时回答不了的也可以用“没听明白，请再讲一遍好吗？”延长自己思考回复的时间，也可以用一些托词（时间问题，不便于在此回答，下面面议等），立即回绝；懂得托物起兴，有一个好的开头很重要，同时，结尾也要有力而精练，令人回味无穷；随时了解听众动态，懂得适可而止和趁热打铁等；在一切准备就绪时，应注意手稿，如果是一般例会就无所谓了，如果是比较重要的场合，建议使用质地优良的合同专用纸作为手稿，这样手里的东西比较有分量，不至于那么寒酸。

2.做好开题和总结，过程重点提醒

做好开题和总结，演讲相等于成功了一半。

让观众听明白、听清楚演讲的主旨非常重要。演讲者开宗明义，用简洁干练、充满激情的语言，不拐弯抹角，不过多渲染铺垫，直截了当将听众的思绪集中到演讲的中心议题上，激起听众对演讲内容的思考兴趣。也可以在演讲之前将自己要演讲的内容要点都列举出来给观众，让观众有一个“预热”，最简单的就是，比如：我今天演讲的内容主要包括三点……

总结概括是必要的环节，演讲中的总结概括，一定要能够支持演讲目标的达成，为听众服务，以最终成就演讲者。简单来说，演讲就是演讲者为了让自己的观点被记住，收尾环节中的总结概括，就是为这个目标而服务的。收尾环节作为演讲的最后一个部分，也是演讲者最后一次强调核心观点的机会，绝不能放过。

绝不放过强调核心观点的机会，重复核心观点。

用2015年的一句网络流行语来说就是“重要的事情说三遍”，演讲内容并不要求一定要重复这么多遍，但核心观点必须重复。有一本书叫《重复的力量》，通过实际例子证明了重复的重要性，也鼓励更多人去重复。其中有一段话令我深有感触：“不断重复的话语会长久地驻扎在我们脑中无意识的深层区域，这里正是我们的行为动机形成的地方。虽然过了一段时间，我们会忘记是谁说了这些话，但是我们会对这些话深信不疑。”

过程强调重点。大部分的演讲，并不都引人入胜，大家并非都会从头到尾非常认真地听，特别是时间较长的演讲。这时，一定要强调重点。让听众能够明确获得你要传递的重点信息，比较简单的就是：“下面要讲的这个部分非常重要”或者“我强调一下，这句话很重要。”这样能够让神游的听众回到演讲中。

3.精心准备

不管做任何事情，精心准备是成功的最大保障，演讲过程中可能出现各种意想不到的情况，事前准备显得尤为重要，包括工作准备、心理准备和情感准备。

（1）做准备

若演讲者自己心里觉得对演讲准备得不充分，觉得有“出丑”的可能，那他的自我保护意识很可能出卖他，造成一场有失水准的演讲。所以演讲前不但要对演讲主题做好准备，而且也要对自己的心理做好准备。

（2）自信

不自信的人不信任自己能具有完美的演讲能力。有的人还没讲就认定自己讲不好，必然也会对演讲造成影响。所以，自己在脑海中应该提前去设想自己演讲时最成功的情景。那个时候自己是自信的，想象自己在演讲中口吐莲花，思路清晰，气势磅礴，感情丰富。倘若能设想出来，那么这个技巧将会给自己演讲的成功奠定基础。

（3）放下恐惧

很多时候，工作本身不会损伤自身，损伤自身的是自己对工作的主意与看法。恐惧都是主观意识形成的。当注意力集中在“如何克服演讲恐惧”时，焦点实际在关注“恐惧”本身，而不是“演讲”本身，现实情况是，人类的注意力只能某一时刻关注一个点。当关注恐惧时，便无法关注演讲了。越是关注恐惧，恐惧也就越会被放大。所以，忘掉恐惧，也不要试图找寻克服恐惧的办法了。把注意力放在如何做好一场演讲上。

（4）注重演讲的丰富性

许多人的表达都很空泛单调、平平乏味，而语言要有波动才好听，所以需要学会一波三折地运用词语。能够把一个词变成三个动词——学会接连运用动词，多使用成语，多使用排比句，会让人感觉丰富生动。

（5）用真情去讲

用情，是演讲最简单也是最具挑战性的地方。最简单——由于演讲并无界说，一百个人就有一百种讲法，重要的是契合本身的身份、性格和年纪特色，用真情实感去讲就行了。最具挑战性是由于演讲的是自己的心声、自己的情感，要用“心”去讲，去诉说，应该是声情并茂、声随情走而得到的一种提高。所以，演讲最难的是：言语情感的精确开释和操控，因而操练演讲技巧就十分有必要。总之，演讲中要让自己的言语丰富，有新鲜度，并且还要具体化，这样才能够让自己演讲中的表达愈加生动形象。

4.语言艺术

演讲是一门语言的艺术，它旨在调动起听众情绪，并引起听众的共鸣，从而传达出演讲者所要传达的思想、观点、感悟。因此，在演讲的语言艺术方面要注意以下内容。

一是标准的普通话是必需的条件，虽然一些大演讲家不一定都有标准的普通话，但与人沟通能让人听懂是一个十分重要的内容。

二是注意语句的顿挫，演讲从开始就如一首昂扬的乐曲想不成功都难。

三是加强互动，反问、诘问都是演讲中引起观众思考，提高演讲质量的方法。

四是在忘稿时，尽量以圆滑的语言顺随过去，向下接稿，不要因想不起下句而卡在那里。

五是避免使用太专业的术语，要用通俗易懂的语言。

5.注意事项

除此之外，演讲还需要注意一些事项。

（1）要理解听众都希望演讲成功，他们来听演讲就是希望能听到有趣的、有意义的、能刺激和提升他们思想的演讲。

（2）对自己没有信心或没有兴趣的演讲，如果能推掉就尽量推掉。

（3）控制时间，只要把需要表达的意思表达到位了，一般情况下提前结束的可能性不大，但尽量不要拖后，即使情况非常特殊，已经到时间了还有非常重要不得不说的事项，也不要超过5分钟，否则听众会非常不耐烦。

要成为一个出色的演讲者，最重要的还是要勤加练习，“只要功夫深，铁杵磨成针”，在学校期间和面试过程中需要不断地练习，特别是面试，失败了可以重来，而且没有任何损失。

第五节　时间规划

不管是工作、学习还是生活，都离不开时间的限制，如何合理地安排时间，是每个人必备的技能之一。

时间对于每个人来说都是一样的，自古以来就有许多文人对时间发出感叹，“一寸光阴一寸金”“少壮不努力，老大徒伤悲”等都是不断提醒我们时间珍贵的名言，如何做好时间规划，将时间价值最大化，每个人都有各自的理解，下面从守时、高效和长期计划方面对时间规划做个简要说明。

一、准时上班的重要性

上班不迟到。估计每个人多少都经历过迟到，这个迟到跟上学迟到有一定的关系，但上班之后，会发现迟到的总是那些人，他们总是有各种借口，比如，住得太远、交通不便、堵车、天气原因等。其实这都是借口，就是由于本身没有时间观念而造成的。通常保险公司是8:30或9:00上班，如果说上班时间早，那清洁工上班的时间更早；如果说住得远，比比住在燕郊到北京市内上班的人；我上学时也是个迟到大户，因为以前要帮家里人干活，基本不上早读课，老师问我为什么总是迟到，我说我7点才能干完活，骑车半个小时才到学校，早读时间是7:15，怎么可能不迟到呢？所以我一直认为迟到是合情合理的，到后来老师也不管我了。直到上初三的时候，家里不再要求我早上帮忙干农活，由于以前养成了早起的习惯，我6点多就到学校了，是全班第一个到校的，那种感觉真的难以形容：原来我是可以不迟到的，而且还可以很早就到，后来我总是很早就到学校，充分利用时间学习，学习成绩有了很大进步。所以我一直认为把各种借口作为迟到的理由是站不住脚的，是否迟到取决于个人是否想迟到。

每天上班总是看到行色匆匆、急急忙忙的人，心里总是觉得很有意思：为什么总是有人喜欢赶在最后一分钟到公司呢？要想不迟到，有一个好办法就是把时间调快15分钟，比如8:30上班，你要求自己8:15就到公司，这样到了之后通常会比较轻松，倒杯水，擦擦桌子，调整一下心情，轻松地打开电脑，开始一天的工作。即使路上有点堵车通常也不会迟到。而有的人，总是觉得如果提前5分钟到公司就亏了，好像被公司占了便宜一样，这种人迟到是必然的。

二、扎克伯格的建议

对于时间和任务的安排，我非常赞同Facebook创始人扎克伯格的建议，扎克伯格亲自做了26张PPT，讲解如何提高工作效率，其中大部分涉及对工作时间的合理安排，整体而言主要包括：工作要区分重要性，将大的任务分解成小的任务，做比想更好，工作的时候要集中精力，工作间隔要注意休息。下面列出了26张PPT的中文翻译，供大家参考。

（1）时间常有，时间在于优先。

（2）时间总会有的：每天只计划4～5小时真正的工作。

（3）当你在状态时，就多干点；不然就好好休息。有时候会连着几天不在工作状态，有时在工作状态时却又能天天忙活12小时，这都很正常。

（4）重视你的时间，并使其值得重视：你的时间值1000美元/小时，你得动起来。

（5）任务不要多，这只会消耗注意力，保持专注，一心一用。

（6）养成工作习惯，并持之以恒，你的身体会适应的。

（7）在有限的时间内，我们总是非常专注并且有效率。

（8）进入工作状态的最佳方式就是工作，从小任务开始做起，让工作运转起来。

（9）迭代工作，期待完美收工会令人窒息："做完事情，要胜于完美收工。"动手做，胜过任何完美的想象。

（10）工作时间越长，并不等于效率越高。

（11）按重要性工作，提高效率。

（12）有会议就尽早安排，用于准备会议的时间往往都浪费掉了。

（13）把会议和沟通（邮件或电话）结合，创造不间断工作时间：一个小会，也会毁了一个下午，因为它会把下午撕成两个较小的时间段，以至于啥也干不成。当看到一个程序员冥思苦想时，不要过去打扰，甚至一句问候都是多余的。

（14）一整天保持相同的工作环境。在项目/客户之间切换，会效率低。

（15）工作—放松—工作=高效（番茄工作法）。

注：番茄工作法是弗朗西斯科·西里洛于1992年创立的一种相对于GTD更微观的时间管理方法。使用番茄工作法，选择一个待完成的任务，将番茄时间设为25分钟，专注工作，中途不允许做任何与该任务无关的事，直到番茄时钟响起，然后在纸上画一个×短暂休息一下（5分钟就行），每4个番茄时段多休息一会儿。

（16）把不切实际的任务分割成合理的小任务，只要每天都完成小任务，你就会越来越接近那个大目标了。

（17）从来没有两个任务会有相同的优先级，总会有个更重要，仔细考虑待办事情列表。

（18）必须清楚白天必须完成的那件事是什么，只去做那件有着最大影响的事情。

（19）把任务按时间分段，就能感觉它快被搞定了。

（20）授权并擅用他人的力量——君子善假于物（人），如果某件事其他人也可以做到八成，那就给他做！

（21）把昨天翻过去，只考虑今天和明天，昨天的全垒打赢不了今天的比赛。

（22）给所有事情都设定一个期限，不要让工作无期限地进行下去。

（23）针对时间紧或有压力的任务，设置结束时间，万事皆可终结。

（24）多记，多做笔记。

（25）如果有新想法、新点子等，你把它们记下来，它就不会再蹦来蹦去了。

（26）休息，休息一下。

三、长期与短期

对一年、一个季度、一个月、一周、一天的工作安排都要有所规划。一年看起来很长，但实际上不长，通常工作或者说单位运营都是有时间规律的，大部分单位是以季度或者月度为主安排工作的，所以时间规划并不难，有了整年的时间规划，再做一个月的、一周的、一天的工作计划就简单很多，无非就是把工作进一步细分。有些时候会发现一天下来无所事事，就是因为对时间没有明确的规划，建议可以使用时间计划工具，如，Outlook 中的日历或者手机的日历安排。当不知道要做什么的时候，看看日历就知道做什么了，甚至确实当天已经没有安排了，也可以把后面的工作提前先做了。

总之，每天都要有所作为，每天至少完成一项工作，或者推进一项工作的进展，这样每天都会有所进步。

第六节　工作流程编写

一般工作在时间上都是有规律可循的，由于企业的经营数据是按月度编制的，所以大部分工作都是以月度重复为主，很多单位会规定月初或者月末要做什么，比如很多公司会安排月度经营分析会，负责数据分析的人员，在月初一般不能再安排其他重要的工作。

一、工作流程项目

工作流程的编写有助于工作时间的合理安排，可以采用工作进程表的编写方法，主要内容包括：项目名称、达成的目标、工作内容、时间计划、责任人和相关部门等要素。这样可以一目了然地知道什么时候做什么事情，应该做到什么程度。

（1）项目名称：描述该项目的大类是属于什么工作范围的。

（2）达成目标：就是说明该项目需要将工作做到什么程度，如果可量化的最好进行量化，比如第几天完成什么事项，这样才能清楚地知道工作需要做到什么程度。

（3）时间计划：以数据分析人员为例，一般月末需要提前准备数据模型的更新，月初要提取数据和分析数据，这段时间不宜安排特别重要的工作，除此之外，其他时间安排什么工作至关重要。

（4）责任人：指的是负责该项工作的具体人员。

（5）相关部门：有些工作通常需要提前跟相关部门进行沟通，如准备金评估，需要提前跟信息技术部和财务部确认相关数据提供的时间，需要提前跟承保部门和理赔部门了解相关的承保和理赔政策的变动情况。如相关部门有指定人员，也可以直接写上相关部门人员的名字，这样其他同事接手的时候，也方便具体联系相关部门人员。

二、年度计划编写

如准备金评估计划的编写：

（1）明确目标，确保准备金有力发展且有力偏差不超过10%；

（2）工作内容，为达成目标需要采取的重要措施，如改善基础数据提取工作、完善准备金评估模型、及时更新自动立案及案均赔款数据等；

（3）工作时间在每个季度的第一个月完成相关工作；

（4）责任人和相关部门。

年度计划表举例，如表2–1所示。

滚动计划编写，就是按时间的推进来滚动编写工作计划，个人建议滚动4个季度，如2015年底，编写2016年的工作计划，到了2016年6月底，可以编写2016年7月至2017年6月的工作计划，这样到2016年底自动形成2017年的计划，就可以非常清晰地知道自己未来一年的工作任务。

表2-1　　　　　　　　　　　　　　　　**年度计划表**

重点实施项目	达成目标	工作内容（为了达成目标的重要措施）	2016年												责任人	相关部门
			1月	2月	3月	4月	5月	6月	7月	8月	9月	10月	11月	12月		
准备金管理	按期完成准备金评估并对准备金偏差进行管理		⇨			⇨			⇨			⇨			张三	信息技术部、财务部、承保部门、理赔部门
		1.进一步改善基础数据提取工作；			⇨			⇨			⇨			⇨		
准备金评估	按期准备金评估，确保准备金回溯有利发展且偏差率不超过10%	2.完善优化准备金评估模型；			⇨			⇨			⇨			⇨		
		3.分析估损偏差率和报立案等相关数据对准备金评估的影响；		⇨			⇨			⇨			⇨			
		4.及时更新自动立案均赔款数据（每年至少2次）					⇨						⇨			

三、项目计划编写

工作表的编写详细程度视情况而定，通常年度的工作计划无须太详细，而对于项目的计划最好是越详细越好。一般建议是，不管是什么计划，包括年度计划、部门计划、个人工作计划、项目计划等最好能一页纸放下，这样也可以一目了然。年度计划或者部门计划可以只列出条条框框，项目性的工作越详细越好。

图2-3是一个项目工作计划表的一部分，主要内容包括：项目名称、工作内容、时间进度、负责人、协助部门和注意事项，作用同上，不再一一细述。

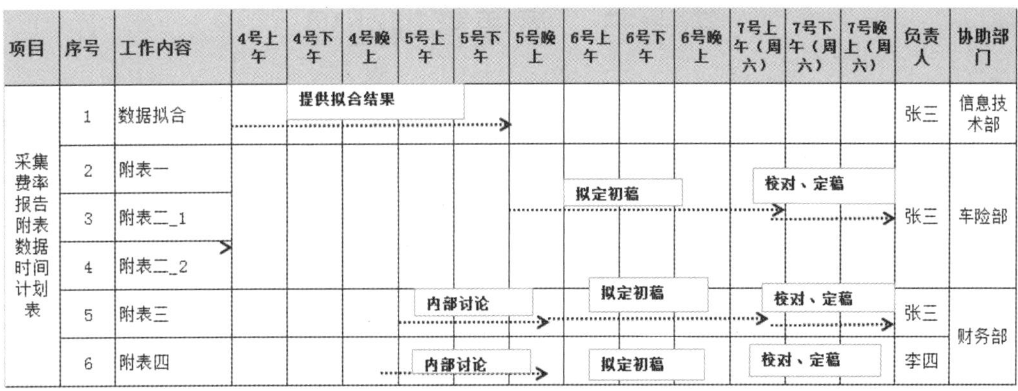

图2-3　项目计划表

从上面可以看出，对长期计划和短期计划编写工作流程，在编写工作流程时，要注意对没有按时完成的工作进行标识，同时要采取补救措施，以确保工作计划按时完成。可以用线段表示时间进度，看看什么工作没有按时间完成，如图2-4所示，用实线折线表示工作进度，可以看到在6号晚上附表三没有按计划完成，工作进度只到6号下午的安排进度，这个时候需要确认未完成的原因，并采取补救措施，确保在7号早上能完成。

项目	序号	工作内容	4号上午	4号下午	4号晚上	5号上午	5号下午	5号晚上	6号上午	6号下午	6号晚上	7号上午（周六）	7号下午（周六）	7号晚上（周六）	负责人	协助部门
采集费率报告附表数据时间计划表	1	数据拟合		提供拟合结果											张三	信息技术部
	2	附表一							拟定初稿			校对、定稿			张三	车险部
	3	附表二_1														
	4	附表二_2														
	5	附表三				内部讨论				拟定初稿		校对、定稿			张三	财务部
	6	附表四				内部讨论				拟定初稿		校对、定稿			李四	

图2-4　项目进度表

编写工作计划表有两个方面：一是便于工作负责人和项目参与者了解工作进度，由于工作的分工越来越细，一项工作通常需要其他部门或者人员配合，有了工作计划表，参与的各方和领导都能一目了然地清楚自己的工作职责和工作进程；二是便于工作交接，对于编制工作计划表还有一个好处，就是便于工作交接，当你将某项工作交给另一个人时，可以让接受的同事清楚地知道这项工作包括哪些内容，进度如何，需要哪些部门配合，需要注意什么事项，这样就不需要手把手地交代工作，只要把工作进程表发给同事，简单交代即可。

第七节　重要事项处理

2008年9月15日美国第四大投行雷曼兄弟宣布申请破产保护，但是雷曼兄弟本可以不破产的。2008年9月13日傍晚6时左右，当巴菲特准备出门参加加拿大埃德蒙顿的一个社交活动时，他接到了英国第三大银行巴克莱银行主管鲍勃·戴蒙德的电话。当时，戴蒙德正打算抄底收购“雷曼兄弟”，但他在英国政府那里遇到了困难，因此他希望巴菲特能提供担保，以便推动交易顺利进行。急于出门的巴菲特当时表示，这个交易计划听起来过于复杂，他很难通过一个简短电话搞清楚。于是让戴蒙德把具体交易计划通过传真发给他，但当巴菲特午夜时分回到酒店房间的时候，并未收到传真。两天后，有着158年历史的“雷曼兄弟”银行宣告破产。大约10个月以后，有一天巴菲特不经意地询问女儿苏珊，自己手机屏幕上的一个小图标代表了什么。结果，不谙手机基本功能的他竟被告知，这正是那天晚上巴菲特一直等待的来自戴蒙德的语音邮件！2009年9月15日，巴菲特在《财富》杂志举行的一次会议上首次承认，他错过了一条有关收购雷曼的重要手机信息，并表示：“千万不要通过手机来联系我。”

通过上面的故事，我想表达的是：重要的事情当面说清楚，而且后续进展要持续跟进并经过确认。

一、重要事项的沟通方式

现在越来越多的通信工具给大家的生活和工作都带来了巨大的便利，但有时也给大家带来了烦恼，如果按重要性给交流方式排序，我认为应该是：当面交流、视频和电话、邮件和短信、内部即时通信工具、微信QQ等。现在越来越多的年轻人喜欢用即时通信工具和微信等，经常通过这些软件给对方发信息和文件，但这毕竟不算是正式的工作通信工具（除非公司明确表明认可相关的信息）。很多人可能没有随时翻看即时通信工具的习惯，特别是公司领导，不可能一直去看这些即时信息，所以重要的信息最好不要通过这些工具发送，主要的坏处是不容易保留，可能一段时间后就会被清除，所以我们都告诉同事重要的文件用邮件发送，即使通过这些工具发送也要确认对方是否收到，如发出询问或者用其他工具通知对方查收。另外需要注意的是：对于重要的事项，即时通信工具的讨论结果不能作为结论，工作中经常发生的误会就是一方说对方已经同意某项事情了，另一方说没有，这就是有的人把即时通信工具的讨论作为正式结果，而另一方只是作为讨论而已。比如说“好”字可能是即时通信工具用得最多的字了，但“好”可能表示同意，也可能只表示对方知道这个事情了。经常发生的事，如：一方发了一个文件给对方确认，这个事情你看看是否可以。对方回复：好。这是表示可以，还是表示已经收到文件了，知道有这件事情了？所以，需要对方明确的答复时，最好用正式邮件或者OA系统等方式。

我一直认为重要的事项要当面说清楚。当然如果需要留下记录，最好通过正式的会议纪要、OA系统或者邮件回复等有据可查的方式，以免空口无凭。

具体采用何种方式，大家根据便利程度和重要程度自行使用。

二、重要事项的跟进

对于重要的事项，特别是突发事件或者紧急事件的处理，我认为：一定要让领导知道，让相关人员知道，随时报告进展情况（如按天汇报，有需要的时候甚至按小时汇报），不要通过简单的通信软件、短信、邮件等工具报告，至少要打电话或当面说清楚。

比如有个上报中国银保监会的报告需要公司总裁签发，第二天报送中国银保监会，由于主管要出差，所以交代经办人员待第二天总裁签发后报送中国银保监会。第二天到公司后，经办人员很重视这个事情，一会儿就打开OA系统看看总裁是否签发了；等到11点还未看到总裁签发，经办人员有点着急，就去问总裁秘书，总裁是否在公司，答复总裁外出，下午会回来，因为下午回来签发还来得及，经办人员就想，等下午总裁回来看了OA系统就会签发；到了下午3点经办人员再次查看OA系统发现总裁还未签发，就更着急了，于是跟办公室秘书确认，答复说总裁在会客，没时间处理，稍后应该会处理；到了4点，再次跟办公室秘书确认，说总裁有急事出去了。这时经办人员慌张了，赶紧打电话向主管求救，主管赶紧打电话向总裁汇报，结果被总裁批评了一番，后面总算在下班前把报告报出去了。

由于公司高管比较繁忙，很多公司发生过类似上面的情况，这时就涉及紧急事情的处理，上面的事项跟进如果换一种处理方式可能就很轻松：第二天上午一上班，经办人员先跟总裁秘书确认行程，知道总裁上午不到公司，向主管汇报情况；主管跟总裁联系，简要汇报报告事项并说明上报时限，总裁远程办公签发文件。

所以出现紧急事项跟预想的情况不一样的时候，一定要跟领导汇报，而且最好是当面或者电话说明。

第八节 执行力

作为不同个体，对于同一件事情，每个人都会有不同的理解，对于每个行动，每个人也会有不同的理解，但是作为一个企业，必须要求所有的员工达成统一的思想和行动，才能达成公司的经营目标。要让员工达成统一的思想和行动，就要求员工有良好的执行力。

执行力是指有效利用资源、保质保量达成目标的能力，指的是贯彻战略意图，完成预定目标的操作能力，是把企业战略、规划转化成为效益和成果的关键。执行力包含完成任务的意愿，完成任务的能力，完成任务的程度。对个人而言，执行力就是办事能力；对团队而言，执行力就是战斗力；对企业而言，执行力就是经营能力。简单来说就是行动力。

大家经常看到领导表扬某些人执行力比较强，而有些人的执行力则比较差。有些人可能觉得比较冤枉，认为领导的能力不足，经常做一些让自己无法理解的事情，或者不合情理的事情。这其实从某方面来说不仅是员工的执行力有问题，而且还自作聪明，员工认为应该做的事情领导觉得没那么重要，而有些不足轻重的事情，领导又觉得很重要；有些事情员工觉得这样做比较好，而领导又认为那样做比较好。其实从某个方面来讲都没有太大问题，只是出发点和所在的位置不同导致的。通常而言，领导掌握的信息更多、立场更高、经验更丰富，所以做出的决定更加符合公司的整体发展要求。

如果领导的指示不能得到贯彻，则公司不能正常发展。试想一下，一家公司如果每个人都按自己认为的正确方式办事情，按自己的理解办事情，那会是什么样的一家公司，就比如说：一个企业发展最重要的就是规模与效益，管成本的部门人员一般认为效益是第一位的，但从公司发展的角度来说，总体要看公司的战略布局，是先做大规模还是先出效益，这个要从公司的整体布局出发，不能按个人的理解办事，而且不同的阶段会有不同的要求。所以，不要随意按自己的意愿办事，也不要在背后议论公司的决策。

总而言之，不要随意更改领导的指示，不要随意按自己的意愿办事情，除非能说服领导，否则作为一名新人按领导的指示办理事情即可。不理解的事情可以找领导问清缘由，不确定的事情，进一步找领导确定，确实按领导的意思办理即可。

正如我在工作中以前也很难理解中国银保监会的一些规定，但经过跟撰写规定的人了解情况，才理解相关规定制定的背景和缘由。所以不能因为不理解、不明白、不同意而不按规定执行。

第九节　工作态度

态度影响行为，而心态左右意识。意识决定行为，心态决定态度。一个心态非常积极的员工，无论他从事什么工作，他都会把工作当成是一项神圣的天职，并怀着浓厚的兴趣把它做好。而一个心态消极甚至扭曲的员工，只会把工作当成累赘，当成让自己不快乐的源头，当成敌人一样去对待。态度决定命运！气度决定格局！当我们思考人生如何走向成功的时候，必须潜到人生的水面下去，从关心“根和本”着手。

美国石油大王洛克菲勒，在写给儿子的一封信中这样说：“如果你视工作为一种乐趣，人生就是天堂；如果你视工作为一种义务，人生就是地狱。”工作态度决定了人生的高度。

比如IT岗位是个比较累的岗位，通常工作强度和压力也是比较大的，工作量比较多，所以一般人会认为IT人员应该获得更高的报酬，但这最终需要由市场供需关系决定，在互联网快速发展之前，曾经有一段时间IT人员薪酬也不高。

在考虑报酬之前，应该先端正工作态度。近期流传着“挣不到钱先挣经验，挣不到经验先挣经历”的说法。所有的工作都是这样的，不要抱怨工资太低，不要抱怨工作太多。反过来说：公司花时间培养员工，都没找员工要培训费，还给员工发工资，这已经很不错了。

不要与其他部门对比。有些人认为其他部门的人工作很轻松，压力没有我们大，工作效率没有我们高。实际上所有的岗位都是有事可做的，公司不会养无所事事的人，只是不同的岗位工作性质、工作内容、工作时间可能有所不同。比如说公司的司机，我们经常看到司机好像没什么事情，有时候看到他们上班时间看报纸，实际上，他们起得更早、回得更晚，晚上、周末经常要加班，在我们休息的时候人家还在工作。确实可能有个别岗位比较轻松，但是这些岗位基本没有什么上升空间。所以当觉得别人很轻松的时候，只要做一个假设——跟他换自己愿意吗？如果不愿意，那还是老老实实地做好自己岗位的工作吧。

我经常举的例子是：那些扫马路的工人比我们辛苦多了，至少我们工资比他们高，工作不会比他们累吧。当然有些人可能会说，我们读书时付出了努力，刻苦学习才有今天，但实际上这是由市场供需决定的，像英国精算人员平均工资只有清洁工的两倍，当未来有一天没有人愿意扫马路的时候，可能扫马路的工人跟精算人员的工资一样高。

第十节　协作能力

协作是指在目标实施过程中，部门与部门之间、个人与个人之间的协调与配合。协作应该是多方面的、广泛的，只要一个部门或一个岗位实现承担的目标必须得到外界的支援和配合，就都应该成为协作的内容。一般包括资源、技术、配合、信息方面的协作。

一般对于公司员工而言，协作能力主要是指团队协作能力，是指建立在团队的基础之上，发挥团队精神，互补互助以达到团队最大工作效率的能力。对于团队的成员来说，不仅要有个人能力，更需要有在不同的位置上各尽所能、与其他成员协调合作的能力。团队协作能力除了团队分工外，每个人都应该以整体性视角看待工作中的协作，主动给予支持或寻求支援，推动目标实现。主要关注以下几个方面：

1. 重视团队利益

（1）意识到只有成就了团队才能成就自我，将团队放在首要位置；

（2）主人翁意识，把集体的事情当成自己的事情来对待，要求自己先主动做；

（3）意识到团队利益实现依赖于成员共识，主动在公开场合表达这一观点。

2. 建立信赖关系

（1）重视合作伙伴在共同工作中的价值，强调“我们”而非“我”做了什么；

（2）真诚表达自身对他人的尊重和认可，拉近彼此关系；

（3）一旦确定业务内容，要求自己先做而非等到他人率先开展；

（4）表达对目标达成的乐观态度，为业务伙伴增强信心。

3. 主动支持与配合

（1）高效率、高质量地完成自己所负责的工作；

（2）邀请合作成员就开展的工作提供建议及支持；

（3）察觉到工作伙伴的困难或需求，在力所能及的范围，能主动提供支持和帮助；

（4）帮助他人就是帮助自己，不要认为是帮助别人完成工作，实际上是帮助自己完成自己的工作。

4. 提供反馈

（1）针对合作成果定期进行工作总结；

（2）在合作成员提出咨询时，能积极提供建设性反馈；

（3）在合作过程中能客观传递自己的观察结果，主动提供反馈意见；

（4）共同制订改善计划，提高合作效率。

5. 主动承担责任

（1）团队协作不可能一帆风顺，出现问题时主动承担责任；

（2）寻找自身原因，分析问题时不要总找客观原因或者别人的问题，每个人都只分析自己的原因；

（3）即使只有10%的责任，也只分析自己10%中的不足之处，而不是一味指责他人。

第十一节　从更高层次想问题

这个实际上涉及个人成长空间，就是思考一件事情时，是否能站在更高的高度去想问题。借用一句名言：不想当将军的士兵不是好士兵。但是想当将军的士兵千千万，成为将军的只有几个，实际上还少了如何实现的问题。只是“想”是成不了将军的，还要思考“如何成为将军”，其第一步就是从将军的角度思考问题。所以我增加一句话：没有从将军的角度思考问题的士兵成不了将军。

作为一名普通员工，要从自己的上级领导的角度出发思考问题，如碰到一件事情，我们应该思考，如果自己是室经理（有的公司称为处长），我们会如何处理这件事情。不断地从更高的层次出发思考问题，会促进一个人不断成长，而且也会促进一个人不断地学习，明确目标，有长远的职业规划。

思考问题的角度决定了自身的高度，如果经常从主管的角度思考问题，未来就很可能成为主管；如果经常从部门领导的角度出发思考问题，未来就很可能成为部门负责人；如果经常从公司领导的角度出发思考问题，未来就很可能成为公司高管。

第三章　办公软件

办公软件是指可以进行文字处理、表格制作、幻灯片制作、图形图像处理、简单数据库的处理等工作方面的软件。办公软件朝着操作简单化、功能细化等方向发展。

办公软件的应用范围很广，大到社会统计，小到会议记录，数字化的办公离不开办公软件的鼎力协助。另外，政府用的电子政务，税务用的税务系统，企业用的协同办公软件都属于办公软件。

办公软件的主要优点有：一方面实现了跨地域应用，在使用计算机办公软件中，我们可以实现数据资料的跨地域应用，在数据资料的传递过程中，只需要通过网络就可以在极短的时间内将所需资料传出或接入，极大程度上缩短了资料传递所需的时间，非常适合现今这个节奏感超快的社会；另一方面提升了资料收集与整理的准确性，办公人员经常需要对办公资料与数据进行归纳和整理，此过程非常烦琐，极易出现问题。在使用计算机办公软件后，对数据资料的整理变得非常轻松，而且准确性变得非常高，极大地提升了办公人员的工作效率。

当然，办公软件也有一些缺点。在运用计算机办公软件进行资料的编辑与整理时，如果计算机设备出现问题或者计算机软件的运行出现问题，可能会导致数据的丢失或出错。如果计算机网络中了病毒，可能会导致信息的泄露，如果丢失了重要信息，比如国家的机密信息或企业的机密文件被他人盗取，会给国家及企业带来巨大的经济损失，对此需要采取有效的杀毒措施来防范。

使用办公软件编辑文件时，一定要养成良好的保存习惯，否则，一旦计算机发生故障，辛辛苦苦编辑的文件，可能就白白丢失了。对于特别重要的文件，最好能多地保存，比如：本机、U盘、云端等。

办公软件主要包括：文字处理、数字梳理和图像处理等。考虑到大家使用的广泛性和习惯，本章主要介绍Word、Excel和PPT。由于办公软件都大同小异，即使是不同的办公软件，其使用技巧也差异不大，可以参考使用。

在当前的社会中，掌握办公软件跟用笔写字一样平常，我默认大家已经掌握了办公软件的入门知识，下面主要介绍一些使用技巧，掌握了本章的技巧，起点至少能比平均水平“高10%”。

第一节　文件规范化命名

从电脑桌面就可以判断一个员工工作的规范程度，如果看到一个员工文件名称类似下图的话，我就会判断这个员工日常工作管理混乱，工作规范极差，思维不清晰，如图3-1所示。

图3-1　桌面示例截图

一、文件规范管理的优点

1. 便于管理

通过“文件名称”，我们就可以知道这些文件属于哪一类工作，便于集中管理。

2. 查找

工作一段时间后，我们的文档越来越多，如果文件规范命名，在需要用到时，可以很容易通过文件名称进行查找。

3. 不易混淆

如果命名不规范，就会把不同类型的文件放到一起，后续很容易发生混淆，甚至可能发生给同事或者主管提供错误文件的情况。

4. 不会覆盖原文件

如果命名不规范，比如都是“新建文档”，名称一样，把文件复制到另一个文件夹或者电脑的时候，很容易覆盖同样名称的文件，可能把原来辛辛苦苦做的文件给替换了，这个时候再悲伤也无济于事。

二、文件规范命名规则

1. 文件命名

文件规范命名其实很简单，原则上文件名称最好包含：时间、部门（或者单位）、事项、编辑人、版本，如果只是内部文件或者个人文件，不一定要包含部门（或者公司）的名称。比如："2020年中国游戏行业市场现状及发展前景分析"一看文件名称，就知道文件的大致内容，该文件名包含了：时间——"2021年"、行业——"中国游戏行业"、事项——"市场现状及发展前景分析"，如果这个文件是"张三"负责编辑，大概不可能一次性编辑完成，建议在文件后面加上"张三"和版本信息，比如："2020年中国游戏行业市场现状及发展前景分析_张三_20210123"，同事看到这个文件就知道是"张三"负责编辑的文件，有什么问题可以找"张三"，"20210123"，表示编辑版本的日期"2021年1月23日"，如果在当天编辑了好几个版本，后面也可以再加上"V1""V2"……以示区别。有的人可能会说，保留最新的版本就行了，为什么要保留很多版本呢？在实际工作过程中，我们并不确切知道哪个版本是合适的，可能会讨论很多版本，修改后又发现原来的版本更好，这样就可以把原来的版本重新拿出来。

2. 文件标题命名

文件标题名称除了版本信息，原则上建议跟文件名称一致，也就是看到文件标题名称就知道文件的大致内容。

3. 文件夹命名

文件夹名称当然不可能像文件名称那么长，否则可能无法全部显示，反而导致管理不便。命名规则可以参考文件的命名规则，只不过是把文件的命名规则包含的要素进行拆分即可：时间、工作事项（或者工作分类）、部门（或者单位）。

比如下面是我的工作文件夹，总共有五个"层级"，如图3-2所示。

电脑 › Data (D:) › 精算部 › 准备金 › 准备金回溯 › 2017 ›

名称	修改日期	类型
2017Q1	2021-11-16 17:16	文件夹
2017Q2	2021-11-16 17:16	文件夹
2017Q3	2021-11-16 17:16	文件夹
2017Q4	2021-11-16 17:16	文件夹

图3-2　文件夹示例截图

第一层级，按各个部门名称分类：“精算部”是我管理的部门之一；

第二层级，按工作类型分类：精算部负责“准备金”“偿付能力”等相关工作，“准备金”是其中一个大类；

第三层级，按小类分类：“准备金”工作包括“准备金回溯”“准备金评估”“准备金分析”等，“准备金回溯”是其中一个小类；

第四层级，按年度分类：按年度分类，时间很清晰；

第五层级，按季度分类：“准备金回溯”工作一般都是按“季度”进行分类的。

按上述对文件夹进行标准化命名，想找到一份文件就变得很容易。

当然，层级顺序不是固定的，如果工作的“时间性”很强的话，也可以把“年度”放在第一层级。至于“工作分类”是否要分多个层级，这主要看工作类型的多少，原则上每个层级的文件夹分类建议以不超过8个为宜。同样，时间再细分到“季度”还是“月度”，以时间重复为准，如果时间重复频繁，短时间会产生很多文件，甚至可以分到“周”或者“天”。

第二节　Word

Microsoft Office Word是微软公司的一个文字处理器应用程序。

它最初是由Richard Brodie为了运行DOS的IBM计算机而在1983年编写的。随后的版本可运行于Apple Macintosh（1984年）、SCO UNIX和Microsoft Windows（1989年），并成为Microsoft Office的一部分。

Word给用户提供了用于创建专业而优雅的文档工具，帮助用户节省时间，并得到优雅美观的结果。

作为Office套件的核心程序，Word提供了许多易于使用的文档创建工具，同时也提供了丰富的功能集供创建复杂的文档使用。哪怕只使用Word应用一点文本格式化操作或图片处理，也可以使简单的文档变得比只使用纯文本更具吸引力。

考虑到大家对Word的熟练程度，本书不会从最简单的文字编辑开始介绍Word的使用，而是假设大家都已经比较熟练地掌握了Word的常用功能，更多地介绍编辑Word文档中可能用到的一些技巧，有助于进一步提升Word的能力和效率。

Word作为职场办公使用频率最高的软件，很多看似简单不起眼的技能，关键时刻却可以帮到大忙，告别加班，如果我们掌握了这些常用的Word技巧，烦琐复杂的工作就可以轻松搞定，并快速提高工作效率。

下面的示例是在Microsoft Office Home and Student 2019版本上进行操作的示例，如果版本不同，界面可能略有差异，但整体影响不大。

一、文本编辑

文本编辑大家最熟悉不过了，大家可能经常用到，最终都能达到一样的效果，但由于操作方式不同，导致效率差异很大。

（一）对齐

1.标尺对齐

为了便于阅读，每个段落的开头都会空两格。大部分人都喜欢采用敲两个空格的方式，但由于中文输入有全角、半角以及字体大小的影响，这样的方式可能会导致最后并没有完全对齐。其实最简单的方式是用标尺进行对齐。先选中要对齐的文本，如果文本很多的话可以按住“Ctrl+A”进行全选，选中要对齐的文本后，用鼠标点击上方的标尺，拖动到对齐的位置，如果字体是五号字，则空两格后标尺数字正好是2，具体如下图箭头所示。需要注意的是，如果采用全选进行对齐，则包括标题和表格都会往后空两格，这个时候要注意把相应不需要空格的调整回来。

有时我们会发现页面没有标尺，则需要点击【视图】菜单勾选【标尺】选项，如图3-3所示。

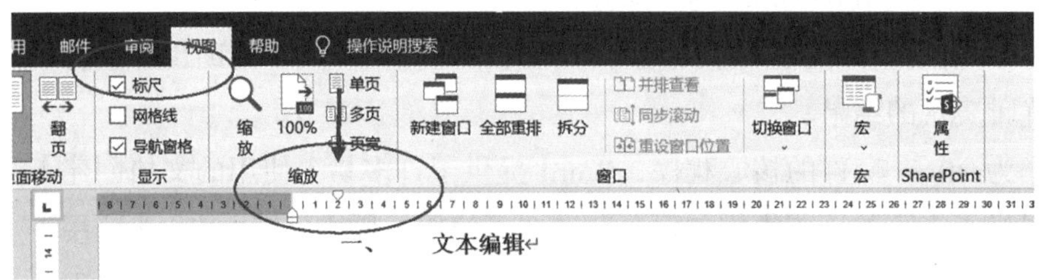

图3-3 标尺截图

有的人可能觉得，会用Word的人还不会对齐吗？不就敲几个空格的事吗？但实际上当一个文档经过多次编辑以后，如果文档比较大，我们就不清楚了。

2.无框表格

有时，我们需要进行多排对齐，这个可以采用无框表格进行对齐。先插入表格，设置需要的行和列，在对应的格子输入内容，文字或者图片都可以，如图3-4所示。

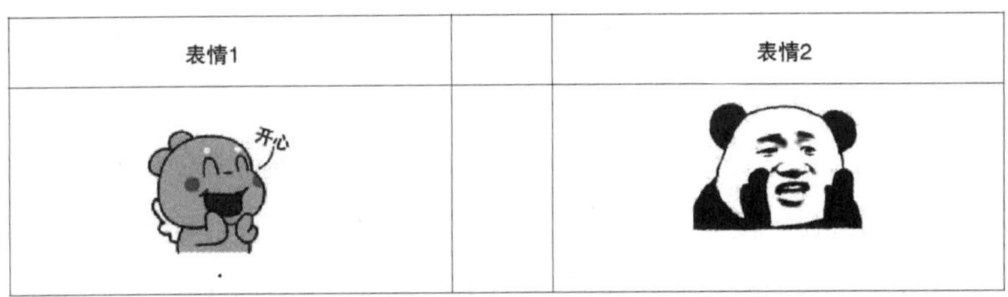

图3-4　表格截图

选中表格后，将表格边框设置为无框线，结果如下图所示，打印出来就没有框线了，如图3-5所示。

表情1　　　　表情2

图3-5　无框表格截图

3.分栏编辑

我们看报纸的时候，经常会发现一个页面是多栏的，这种情况下可以采用分栏的方式。选中需要分栏的文字，选择【布局】菜单点击【栏】，选中要编辑为几栏就行，如图3-6所示。

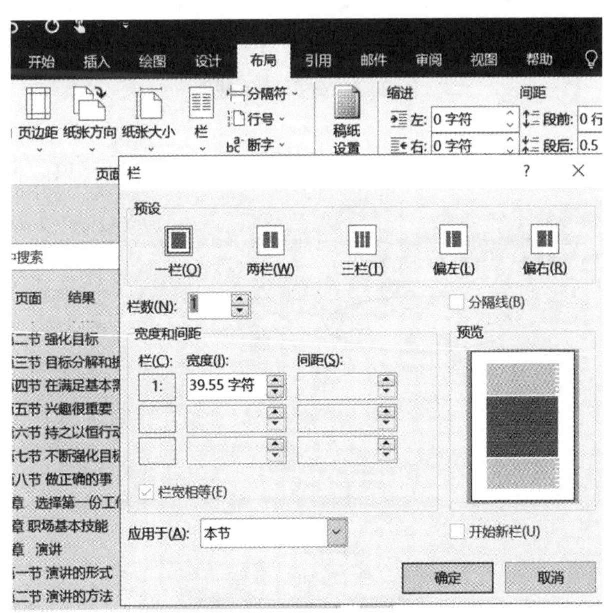

图3-6　布局菜单截图

4. 分页

如果编辑的文字篇幅比较长，可能会分为多章或者多节，有时我们需要把每一章或者每一节都放在一页的开头，有的人会用“回车键”把章节一直挪到下一页，但问题在于，如果前面的章节只要有增减，后面的内容都会随着前面的变动而变动，且会错页，这时又得重新增减“回车”。使用“分页”的功能就不会出现这种困扰。

如下面一段文字：

办公软件主要包括：文字处理、数字梳理和图像处理等。考虑到大家使用的广泛性和习惯，本章主要介绍Word、Excel和PPT。

第一节　Word

Microsoft Office Word是微软公司的一个文字处理器应用程序。

它最初是由Richard Brodie为了运行DOS的IBM计算机而在1983年编写的。

我们希望把“第一节 Word”在下一页开头显示。这时，我们选择【插入】菜单点击【分页】，如图3-7所示。

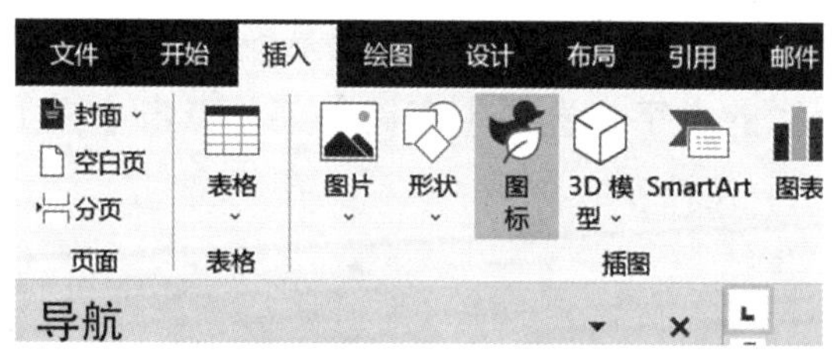

图3-7　分页菜单截图

在插入“分页符”后，“第一节 Word”就自动移到下一页，如图3-8所示。

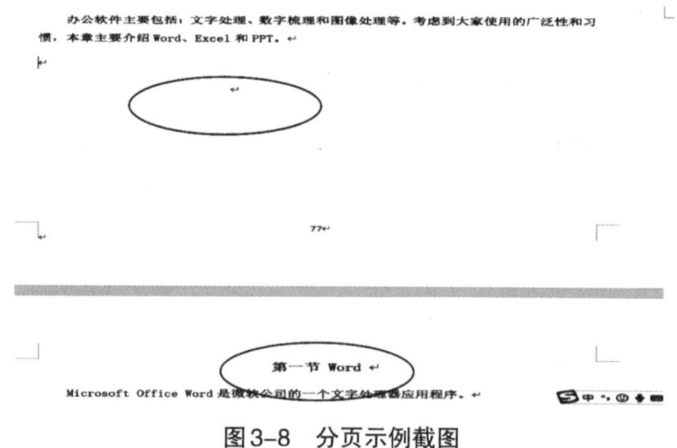

图3-8　分页示例截图

而且，不会因为上一页编辑文字的多少，导致下一页内容的位置变动，如图3-9所示。

文本编辑仍然是Word最重要的功能。

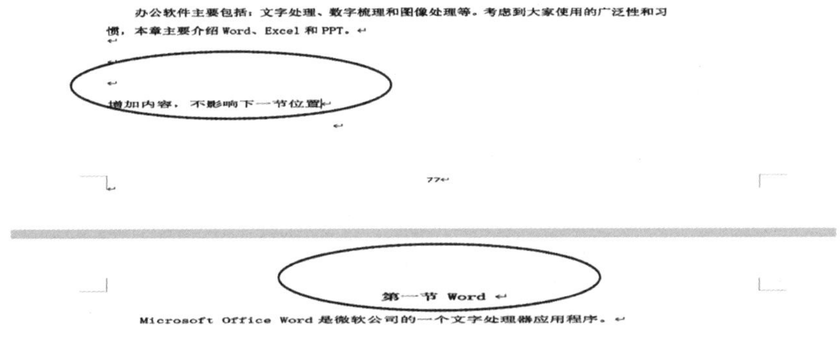

图3-9　分页菜单截图

5.小数点对齐

为了表格美观，对于带有数据的表格，如表3-1所示，因为数字和小数点位数不一致，我们看到的数据很不整齐，我们希望对齐小数点，那该怎么操作呢？

表3-1　销售示例表

产品	销售收入（万元）
产品1	1389.34
产品2	185.642
产品3	876980.3

首先，选择要对齐的表格数据部分，选择【开始】菜单，点击【段落】，再点击左下角的【制表位】，之后在相应的制表位位置输入数值，比如“10”，勾选“小数点对齐”，点击“确定”按钮，如图3-10所示。

点击“确定”后，表格数字小数点就对齐了，如表3-2所示。

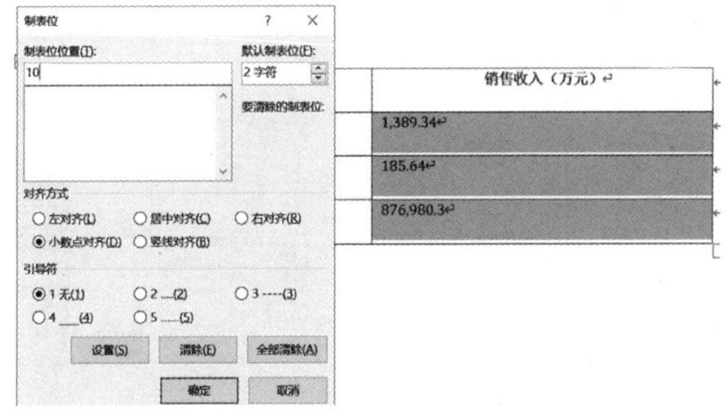

图3-10　制表位对话框截图

表3–2 销售收入示例表

产品	销售收入（万元）
产品1	1389.34
产品2	185.64
产品3	876980.3

（二）文字编辑

Word最主要的功能就是文字编辑，下面介绍几个比较常用的文字编辑功能。

1. 给文字加着重号

编辑文档时，偶尔需要为重点部分的文字进行标注，比如为文字添加着重号。

选中要添加着重号的文字，选择【开始】菜单点击【字体】组右下角的扩展按钮，打开“字体”对话框，在“着重号”列表中选择“.”，点击“确定”按钮，着重号就添加好了，如图3–11所示。

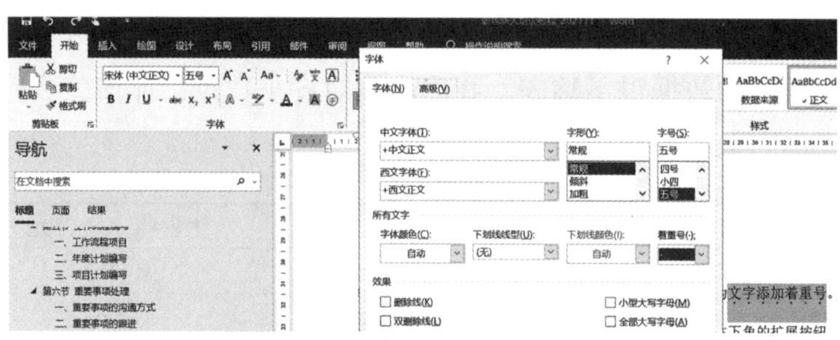

图3–11 字体对话框截图

2. 给段落添加边框

有时我们为了突出某个段落，希望给段落加边框。选中需要添加的文本段落，之后在【开始】菜单中的【段落】组中选择【边框和底纹】，然后在相应的对话框中选择边框，最后在运用的范围中选择“段落”即可，如图3–12所示。

图3–12 边框对话框截图

3. 简体字和繁体字转换

我们有时需要将简体字和繁体字进行转换，选择需要转换的文本，之后选择【审阅】菜单点击【简转繁】选项即可。同理，繁体字转简体字只需要点击【繁转简】选项，如图3–13所示。

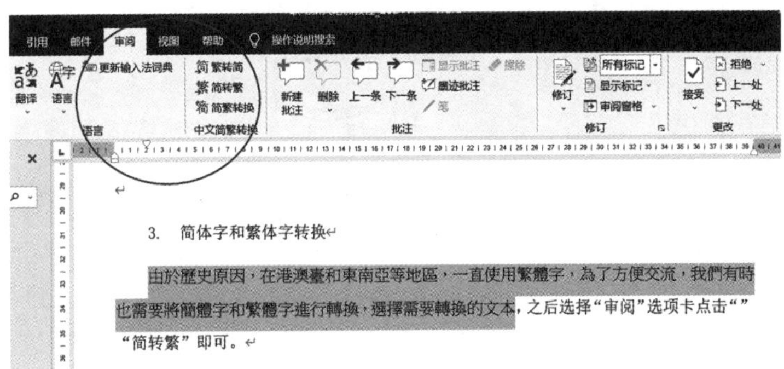

图3–13　简繁体转换截图

4. 增加拼音

我们如果编辑给小学生看的文字或者一些生僻字，需要添加拼音。选中需要标注拼音的字、词、句或段落，最多不要超过50个字符，点击【开始】菜单字体功能区的【拼音指南】选项，设置对齐方式、字体、偏移量、字号等属性，点击“确定”完成，如图3–14所示。

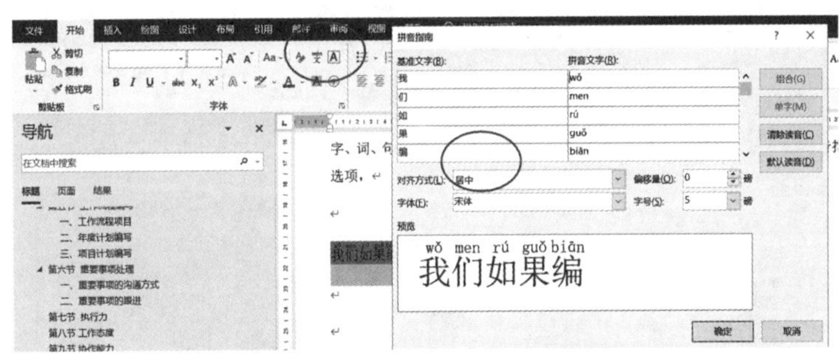

图3–14　增加拼音对话框截图

5. 上下标

Word中输入上、下标的方法有很多种，这里主要介绍快捷键：

（1）下标：Ctrl+=；

（2）上标：Ctrl+shift+=；

选择需要上、下标的字符，同时按下“Ctrl”和“=”键就是下标。

（3）同时上、下标，单独的上标和下标是比较简单的，同时上、下标就麻烦一些。

选择选项卡【开始】点击【字体】组的【双行合一】，即可同时实现上、下标，注意：在文字框里，上、下标的字母中间要加一个空格，如图3–15所示。

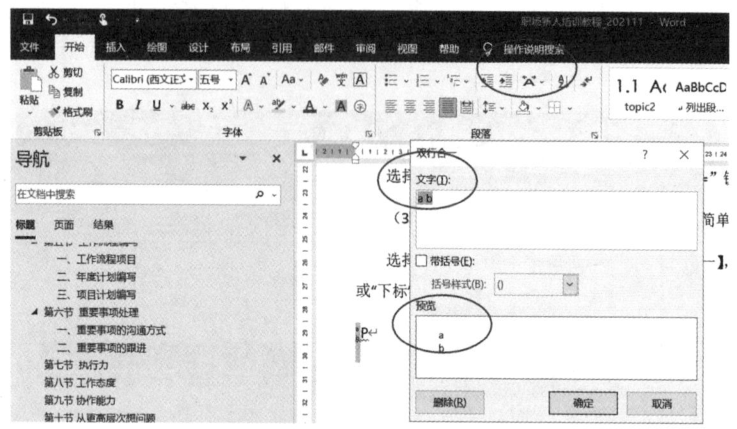

图3–15 双行合一对话框截图

6. 多个字组合成一个字

有时在字库里没有我们需要的字，需要把多个字组合成一个字，这时也可以用双行合一的功能组合一个新字。

选择选项卡【开始】点击【字体】组的【双行合一】，输入需要组合的字，比如“新年快乐”，最后会得到一个新的字“新年快乐”，如图3–16所示。

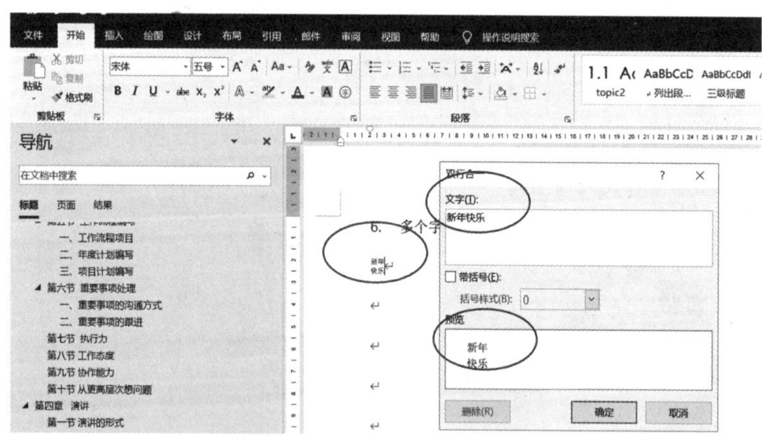

图3–16 双行合一字体合并截图

二、图片编辑

一篇丰富的文档，其中避免不了添加图片，所以在Word中编辑图片也经常会用到。

（一）保留原图片质量

我们在Word中插入图片，再用右键点击图片“另存图片”，会发现图片的大小发生了比较大的变化，图片被压缩了，而且压缩比例比较大。如果需要保留原图片的大小和质量，选择【文件】菜单，点击【选项】，选择【高级】，在【图片大小和质量】项下将“不压缩文件中的图像”选项打钩即可，如图3–17所示。

图3–17　高级对话框截图

（二）批量提取Word里的图片

如果一份Word文档中有很多图片，而且我们希望把这些图片引用到其他文档中，当然，我们可以一张一张“另存为图片”，再将这些图片一一命名，如果图片只有三五张，没有太大关系，但如果有几十张，甚至上百张时，我们肯定希望能批量保存。

用压缩软件将Word文档进行解压缩，最好是新建一个目录，点击确定，如图3–18所示。

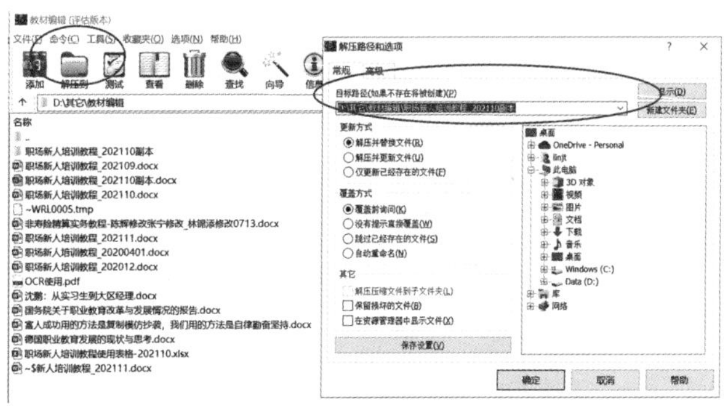

图3–18　解压缩对话框截图

打开解压缩后的文件夹，找到【Word】文件夹里的【Media】，就能发现Word中所有的图片全部都在文件夹中了，如图3-19所示。

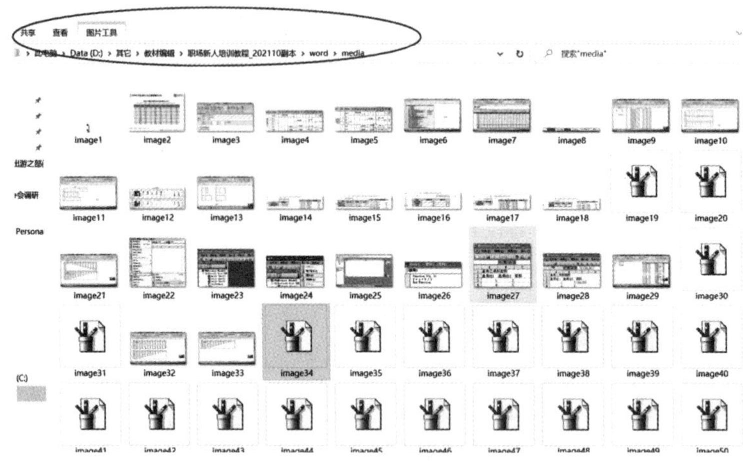

图3-19 图片工具对话框截图

(三)所有图片居中显示

写论文的时候，我们往往需要插入大量图片，这些图片往往要求居中显示，如果所有图片都一一操作，会比较麻烦，用【替换】功能可以进行批量操作。

按“Ctrl + H”快捷键，调出替换页面，查找内容：选择【特殊格式】中的【图形】(也可以在【查找内容】文本框中输入“^g”直接查找，实际上选择后，我们会发现文本框中出现了“^g”)；替换内容：选择【格式】中【段落】的【对齐方式－居中】，按“全部替换”即可完成，如图3-20所示。

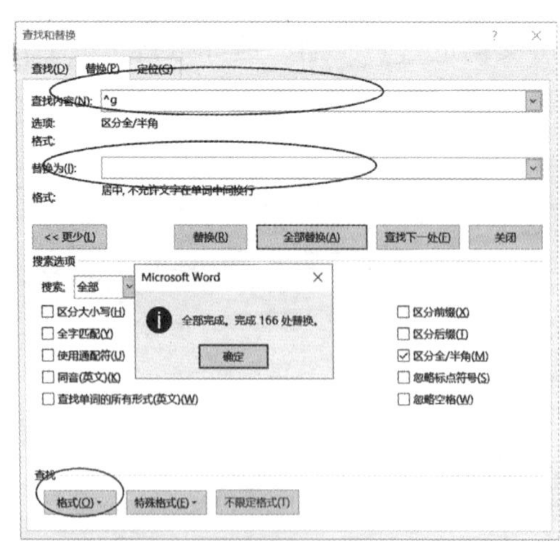

图3-20 替换格式对话框截图

注意，如果在上图中无法看到下面的展开页面，需要点击左下角的【更多】按钮，如图3–21所示。

查找和替换
查找(D)　替换(P)　定位(G)
查找内容(N): ^g
选项: 区分全/半角
格式:
替换为(I):
格式: 缩进: 不允许文字在单词中间换行, 首行缩进: 0 字符
更多(M) >>　替换(R)　全部替换(A)　查找下一处(F)　取消

图3–21　替换对话框截图

三、检查校对

编辑文档避免不了检查校对，一般的修订，是否保留修订标记、接受修订、拒绝修订等，相信大家都已经掌握了，这里就不再赘述，主要介绍一些使用技巧。

（一）导航窗格

对于论文、书稿、标书等大型文档，有时候需要在不同的章节之间来回跳转。如果文档是套用了标题样式，或者设置了大纲级别的，就可以开启【导航窗格】，需要看哪个章节点击左边的【导航窗格】就可以随时跳转到对应的章节。

1.套用【标题样式】

大型文档一般我们都是按章、节、条等进行编制的，这个时候我们可以把“章”设置为“一级标题”，把“节”设置为“二级标题”，以此类推，只要套用“标题样式”的，就能在“导航窗格”中显示。

套用【标题样式】非常简单，选择需要套用样式的标题，比如“第五章 办公软件”我们设置为“标题1”，如图3–22所示。

图3–22　标题样式截图

再依次把“第一节 Word”设置为“标题2”“一、文本编辑”“二、图片编辑”设置为“标题3”……

当我们将【视图】菜单中的【导航窗格】选项打钩，我们就能在左边看到相应的导航标题，如图3–23所示。

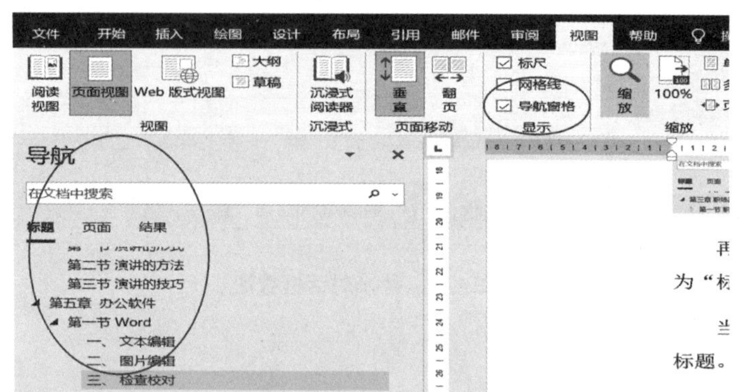

图3–23 导航窗格截图

2.用【导航窗格】调整内容顺序

导航窗格不仅可以用于阅读，同样方便进行文档编辑，比如我们希望把“一、文本编辑”和“二、图片编辑”进行对调，只需要在导航窗格中把“一、文本编辑”拖曳到“二、图片编辑”下面，这个时候，所有“标题”项下对应的内容全部进行了“对调”，如图3–24所示。

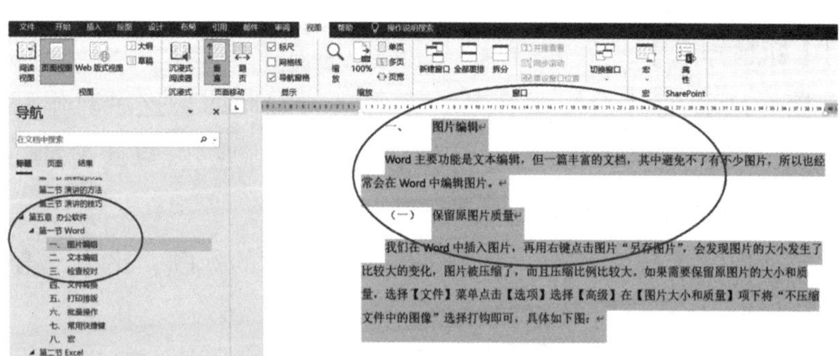

图3–24 导航窗格调整顺序截图

（二）项目编号

怎么给章节或者段落编号呢？很多人觉得非常简单，直接在前面打字就行，但如果我们要调整顺序，需要重新对项目进行编号，如果条数较多的话，不仅工作量很大，而且容易出错。

如果我们使用“项目编号”，就能完美地解决这个问题。

选中要添加“项目编号”的文本内容，点击【开始】菜单的【段落】组中的【编号】按钮右侧的下拉箭头，选中需要的“编号格式”，如图3–25所示。

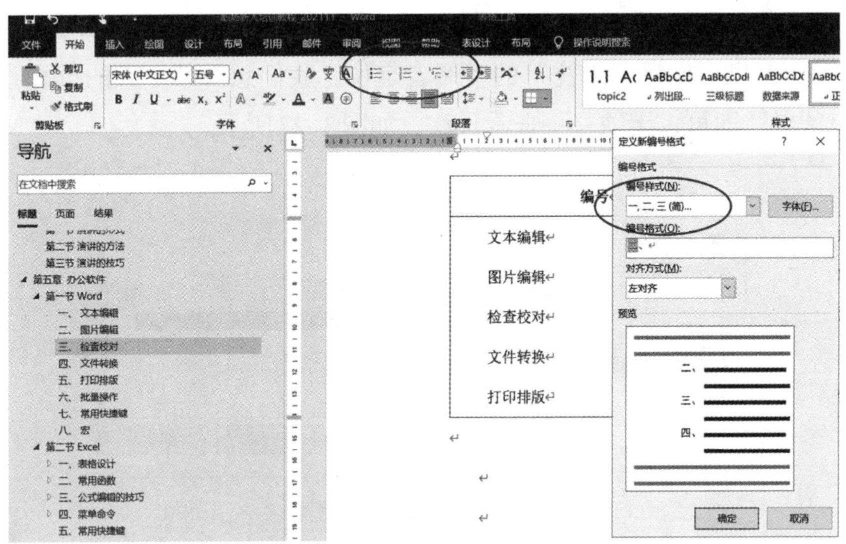

图3–25 项目编号格式对话框截图

可以自动生成下表左边的编号，如果需要调整顺序，调整后编号会自动修改，还是按顺序编号，不需要进行手工修改。

有时，我们希望编号不是从“1”开始，也可以对编号起始值进行设置，点击【开始】菜单的【段落】组中的【编号】按钮右侧的下拉箭头，选中需要的“设置编号值”，把开始值设置为“02”，如图3–26左侧所示。

如果我们想改变“编号的格式”我们也可以自定义，如图3–26右侧所示，在“编号格式”文本框中输入想要的格式即可。

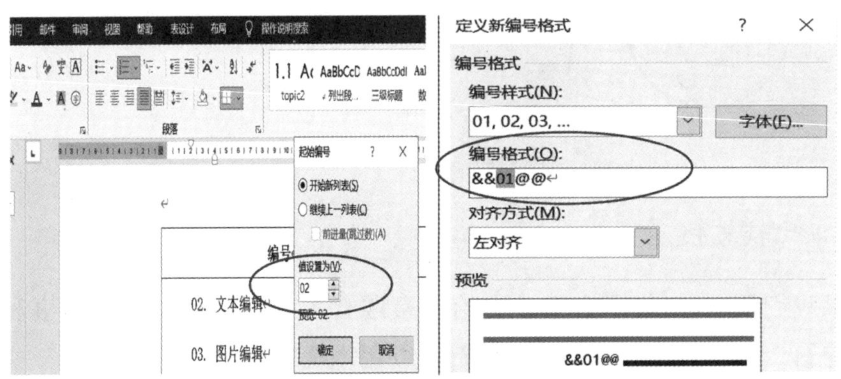

图3–26 编号格式对话框截图

（三）定位

可以使用【高级查找】中的“定位”功能，快速定位到相应的位置，点击【开始】菜单右上角的【查找】中下拉箭头的【高级查找】（或者直接使用快捷键“Ctrl+H”），即可显示下面的页面，选择【定位】选项，可以定位到想要的“页、节、行……”，也可以按“批注”的审阅者定位，我们想看某个人的批注直接定位到该“审阅者”即可，无须一一查看批注，如图3–27所示。

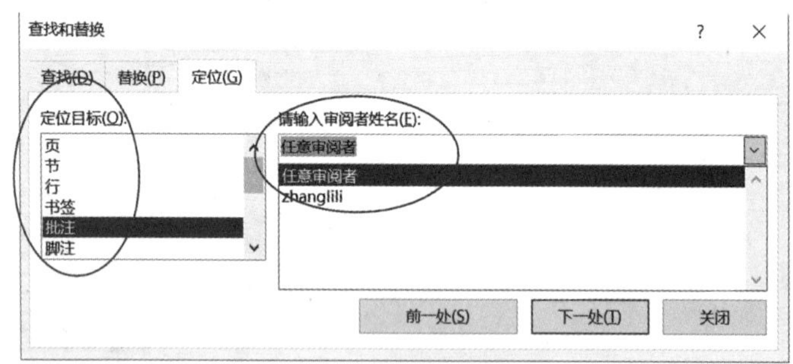

图3–27　定位对话框截图

（四）审阅导航

想要查看所有批注的时候，可以调出【审阅导航】窗口，便于查看，选择【审阅】菜单点击【审阅导航】选项，即可看到左边出现修订的审阅窗口，点击相应“批注”，即可跳转到相应“批注”的位置，如图3–28所示。

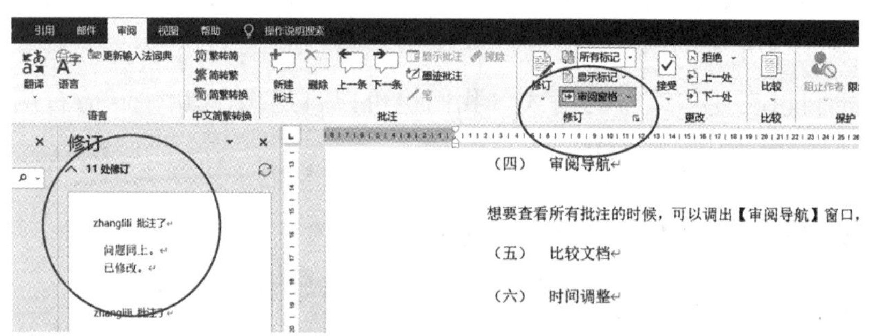

图3–28　审阅窗格截图

（五）比较文档

如果我们用Word做了方案，交给同事或者主管，比较贴心的同事和主管会使用“修订”功能或者“批注”，我们可以用上面的方法进行“修订”或者“批注”确认，但有的直接修改了文档的内容，没有保留任何痕迹，我们收到如此回复的Word文档时，不知道哪里修改了，一一比对会非常麻烦，而且可能也还是会有遗漏，有的甚至会把两篇文档打印出来，通过纸质比对一一标注出来，实际上，Word自带了“比较文件”的功能，点击【审阅】菜单的【比较】下拉箭头的【比较选项】，会弹出下面对话框，选择需要比较的“两个文档”，如图3–29所示。

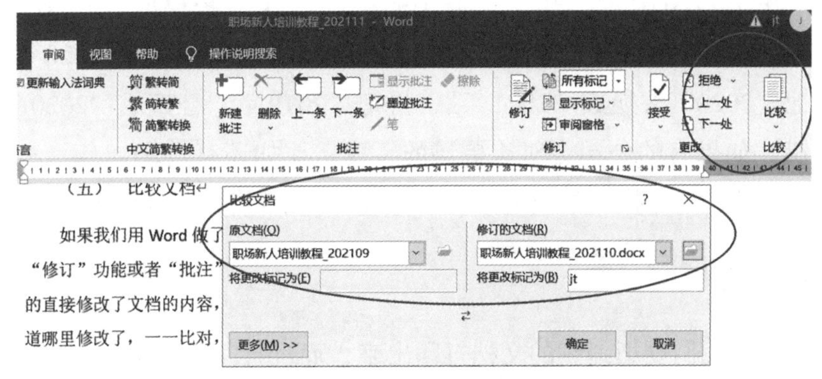

图3–29　比较文档对话框截图

点击“确定”，就会自动生成比较结果的文档，在“审阅窗格”中发现“新文档”比“原文档”修订了165处，你可以点击每处修订一一查看，如图3–30所示。

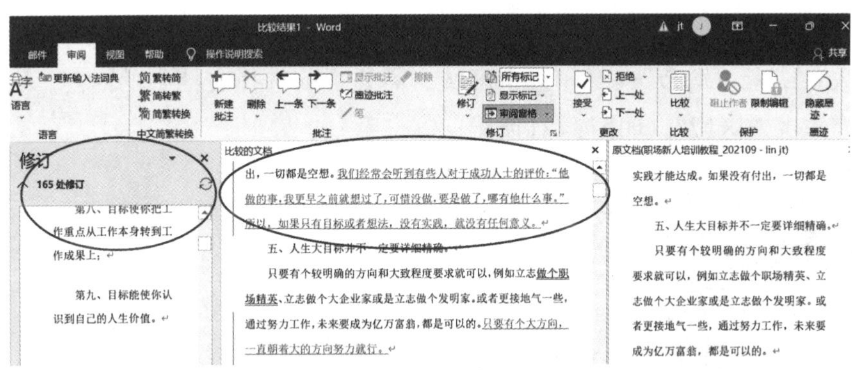

图3–30　比较文档截图

注意，如果要在比较结果的文档中进行修订，记得一定要“另存”。

（六）时间调整

对于绝大部分人来说，工作都是会重复的，为了提高工作效率，通常会在以前的版本上进行修改，主管如果看到你连时间都没修改过来，对你的印象肯定会大打折扣，所以一定要注意时间的修改。比如，你在人力资源部工作，年底快到了，让你完成“2021年××公司人力资源工作总结报告”，你大概率会在“2020年××公司人力资源工作总结报告”上进行修改，这个时候一定要记得把所有的“2020年”全部修改为“2021年”，但不仅如此，一般还会有“上一年度”的对比，“2020年”的“上一年度”就是“2019年”，所以也要记得把“2019年”修改为“2020年”。

为了避免遗漏，如果采用“全部替换”，这时候要注意替换顺序，先替换“2019年”还是“2020年”呢？如果先把“2019年”替换成“2020年”，再把“2020年”替换成“2021年”，这时，就会发现，文件中就没有“2020年”了。所以，要先把“2020”替换成“2021年”，再把“2019年”替换成“2020年”，这样就不会出错。如果有的公司会对比更早的年度，比如还有“2018年”……则替换的原则是一样的，先替换“最近的年度”，依次往前替换，就不会出错。

四、打印排版

很多时候，我们要把编制的文档打印出来，而且打印有时不一定跟电子文档一模一样，这时我们需要进行一些排版和设置。

1. 只打印部分内容

有时候，我们只需要把一些重点内容打印出来，不需要打印全部内容。

在打印设置中，默认的是打印整个文档，打印部分内容时需要进行设置：可以选择“打印当前页”，如果选择“自定义打印范围”，需要在下面对话框中输入具体的“页数”或者“章节”；打印选定区域，需要提前选择文档中的内容，否则无法选定“打印选定区域”，如图3–31所示。

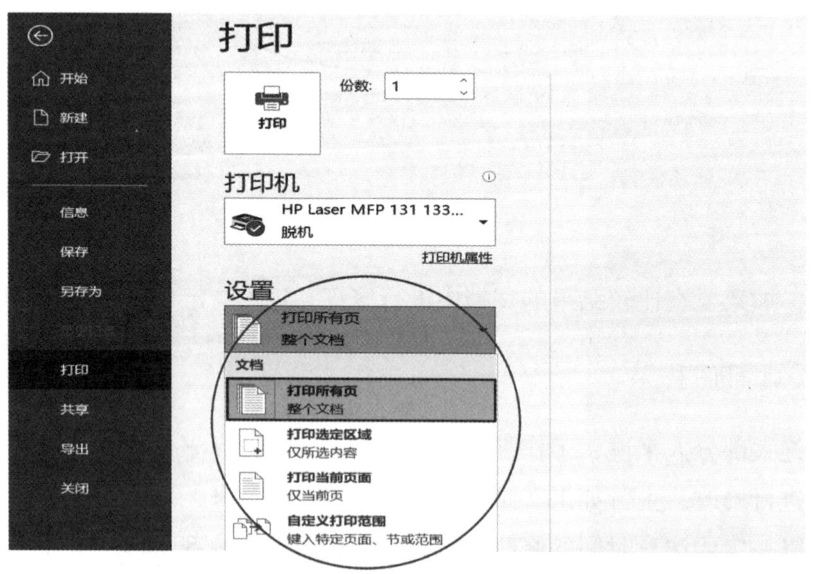

图3–31 打印对话框截图

2.减少一页打印

有时因为编辑的原因，发现最后一页只有一行或者两行文字，这种情况下打印出来拿给主管，主管会觉得你是个不懂节约的人，这时，可以进入【打印预览编辑模式】，点击【缩减一页】，如图3-32所示。

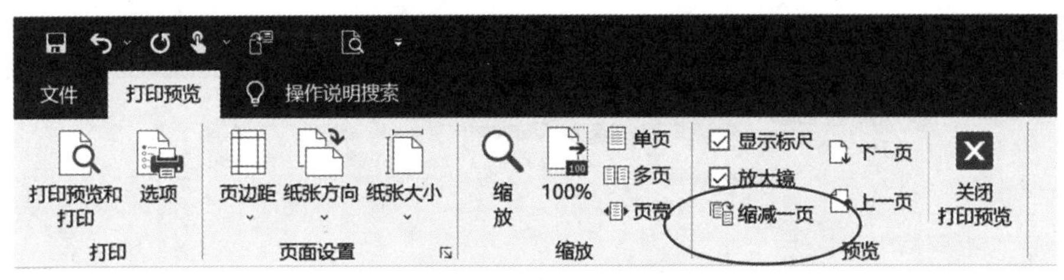

图3-32 打印缩减页面截图

通过【缩减一页】减少打印纸张，字体或者间距会略有缩小。有时，点击【缩减一页】，会弹出对话框，提示："经多次尝试，Word无法将此文档缩减一页。"这个时候说明很难在这种情况下进行缩减了。

另一种方式是通过调整【页边距】减少打印页数，这种情况减少的效果更明显，点击【布局】菜单【页边距】下拉箭头，选择"窄"边距即可，如图3-33所示。

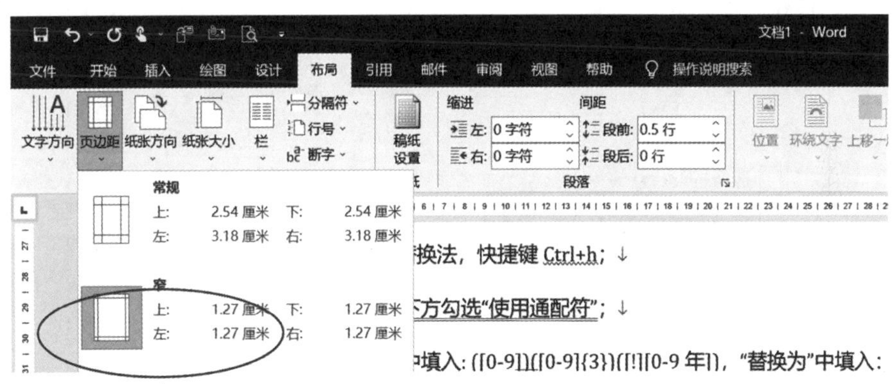

图3-33 调整页边距截图

注意：如果选择采用"窄"边距节省打印纸张，则"页面布局"会重新调整，这个时候要注意看"页面布局"是否合理。

3.奇偶页页眉内容不同

在实际工作中，常常需要将"奇数页"和"偶数页"的页眉设置不同内容，该如何操作呢？

首先，双击页眉处，勾选“奇偶页”不同，在“页眉”的下方会提醒“奇数页页眉”或者“偶数页页眉”，分别对“页眉”进行编辑，编辑完成点击【关闭页眉和页脚】即可。我们就会看到“奇数页”和“偶数页”的页眉显示不同的内容，如图3–34所示。

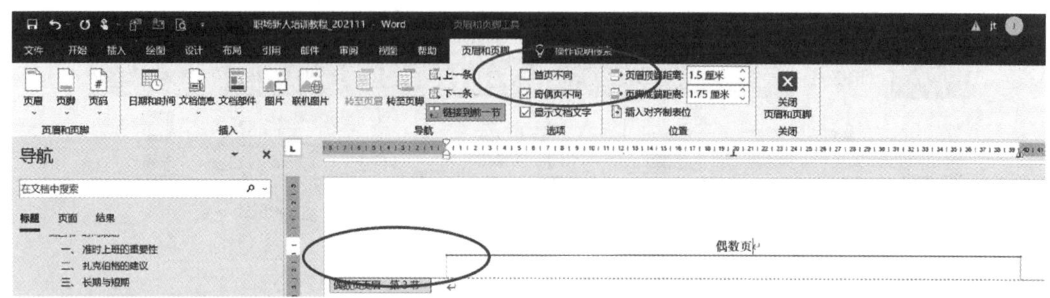

图3–34 奇偶页面不同设置截图

4. 段落快速分页

编辑好文档后，如果希望每一段落的内容在不同页面显示，选中要“分页”的提纲，点击【开始】菜单【段落】选项的扩展箭头，弹出对话框，勾选【换行和分页】选项卡中的“段前分页”，即可将“每一段落”自动分页，如图3–35所示。

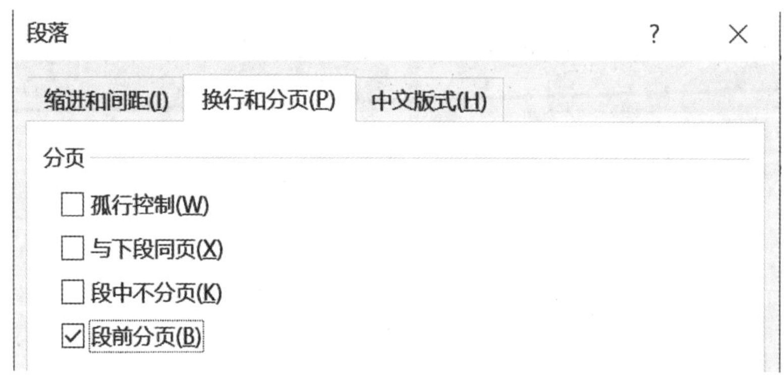

图3–35 段落分页截图

5. 自定义水印

有时需要给文档加上“水印”，点击【设计】菜单右边的【水印】下拉箭头，选择需要的格式即可，如果需要输入其他问题，比如公司名字、Logo等，可以点击下方的“自定义水印”，弹出对话框，在对话框可以选择“图片水印”或者“文字水印”，我们选择“文字水印”，输入相应内容，即可在每页显示输入文字的水印，如图3–36、图3–37所示。

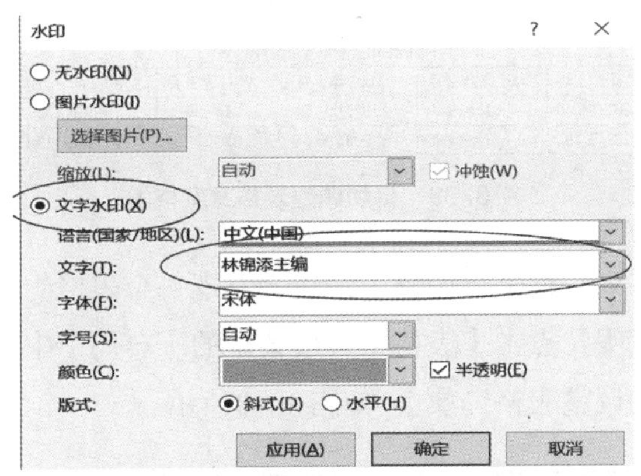

图3–36　水印设置对话框截图

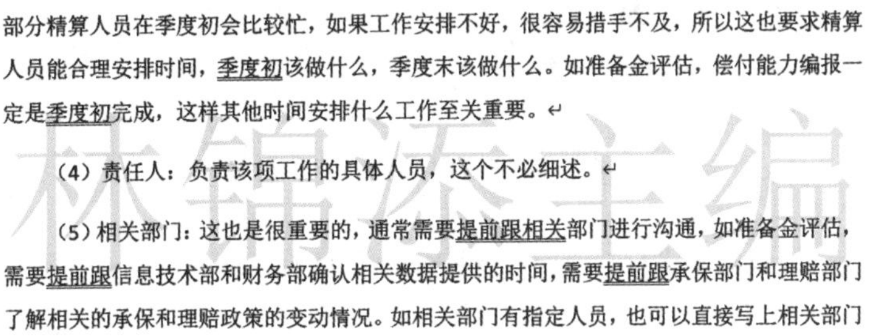

部分精算人员在季度初会比较忙，如果工作安排不好，很容易措手不及，所以这也要求精算人员能合理安排时间，季度初该做什么，季度末该做什么。如准备金评估，偿付能力编报一定是季度初完成，这样其他时间安排什么工作至关重要。

（4）责任人：负责该项工作的具体人员，这个不必细述。

（5）相关部门：这也是很重要的，通常需要提前跟相关部门进行沟通，如准备金评估，需要提前跟信息技术部和财务部确认相关数据提供的时间，需要提前跟承保部门和理赔部门了解相关的承保和理赔政策的变动情况。如相关部门有指定人员，也可以直接写上相关部门

林锦添主编

图3–37　水印展示截图

6. 设置跨页表格重复标题行

如果一个表格比较长，比如全体员工的资料，而且标题行比较复杂，为了提高“可阅读性”，最好设置跨页表格“重复标题行”。点击Word表格第一个标题行任意单元格，点击【表格工具】菜单的【布局】功能区右上角的【重复标题行】，这时表格后面所有页的首行都显示出标题行内容了，如图3–38所示。

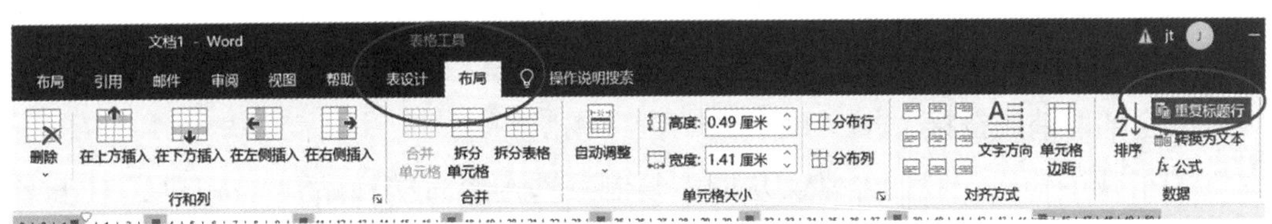

图3–38　重复标题行设置截图

7. 自动调整表格宽度

在编辑文档的时候，有时会发现表格宽度超过编辑窗口，不够美观，需要调整表格宽度，如图3–39所示。

2021 年上半年各月销售收入

产品	2021 年 1 月	2021 年 2 月	2021 年 3 月	2021 年 4 月	2021 年 5 月	2021 年 6 月
产品 A	282,080.90	643,559.29	375,097.66	10,380.28	503,999.39	388,370.51
产品 B	188,723.81	81,964.86	283,296.64	370,331.35	1,540.15	257,373.52

图 3–39　自动调整表格宽度截图

如果采用鼠标一列一列进行调整，最后会发现每个表格的宽度可能不一样，如何自动调整表格宽度呢？点击【表格工具】菜单的【布局】中【自动调整】下拉箭头的【根据窗口自动调整表格选项】，如图 3–40 所示。

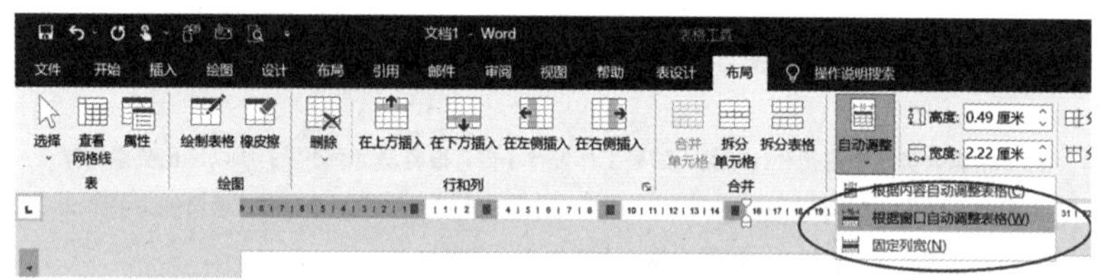

图 3–40　根据窗口宽度调整表格截图

可以发现表格调整到跟“标尺”对齐，而且整个表格没有太大的变化，如图 3–41 所示。

2021 年上半年各月销售收入

产品	2021 年 1 月	2021 年 2 月	2021 年 3 月	2021 年 4 月	2021 年 5 月	2021 年 6 月
产品 A	282,080.90	643,559.29	375,097.66	10,380.28	503,999.39	388,370.51
产品 B	188,723.81	81,964.86	283,296.64	370,331.35	1,540.15	257,373.52

图 3–41　调整表格宽度示例截图

五、批量操作

利用 Word 编辑文档效率对比，除了手速之外，最大的区别在于是否能批量操作。

1. 全部取消超链接

为了减少输入，我们经常会从网上复制一些内容直接粘贴到 Word 中，对于字体或者行间距的差异，很容易解决，但比较头痛的是，网上的内容经常会有超链接，如图 3–42 所示。

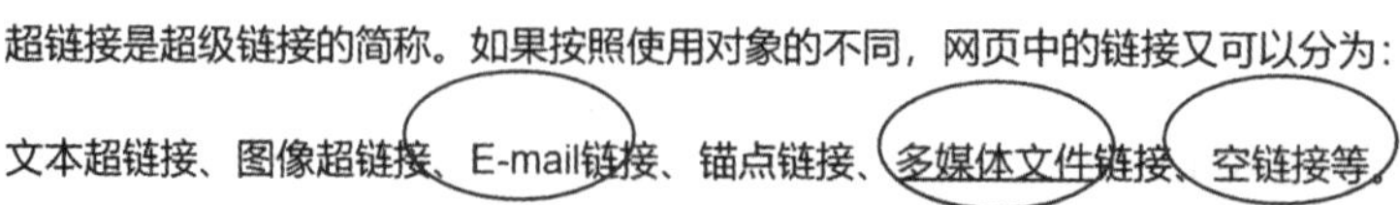

超链接是超级链接的简称。如果按照使用对象的不同，网页中的链接又可以分为：

文本超链接、图像超链接、E-mail链接、锚点链接、多媒体文件链接、空链接等。

图 3–42　全部取消超链接截图

当然，可以一一用鼠标右键单击，点击“取消超链接”，但费时费力，而且如果篇幅较大很可能会遗漏，关键是文档发给主管或者同事，大家看到里面有“超链接”的时候，就知道内容是从网上复制的，显得很尴尬。

如何“全部取消超链接”呢？非常简单，先按快捷键“Ctrl+A”全部选中，再按“Ctrl+Shift+F9”“超链接”一次全部取消。

2. 快速切换英文字母大小写

用英文编辑文档时，有时需要把某一段落全部变成“大写”，或者把“大写”全部变成“小写”，以前我是重新起一行，在下面一个个重新输入的，费功夫不说，英文水平一般的我来说还担心输错。实际上，可以批量转换“大小写”。选中需要转换的段落，按快捷键“Shift+F3”即可。

3. 使用翻译工具，快速翻译

由于语言使用习惯不同，我们经常需要将“中英文”互译，现在有各种翻译工具，所以我们经常把内容贴到网上翻译，但很多人可能不知道Word自带了强大的翻译工具。点击【审阅】菜单的【翻译】下拉箭头选择“翻译所选内容”，如图3–43所示。

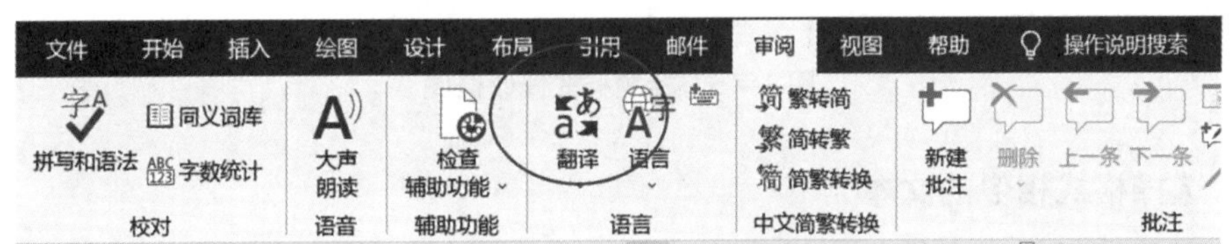

图3–43　翻译工具截图

会在右边弹出“翻译工具”对话框，关键是还可以翻译成各种语言，如图3–44所示。

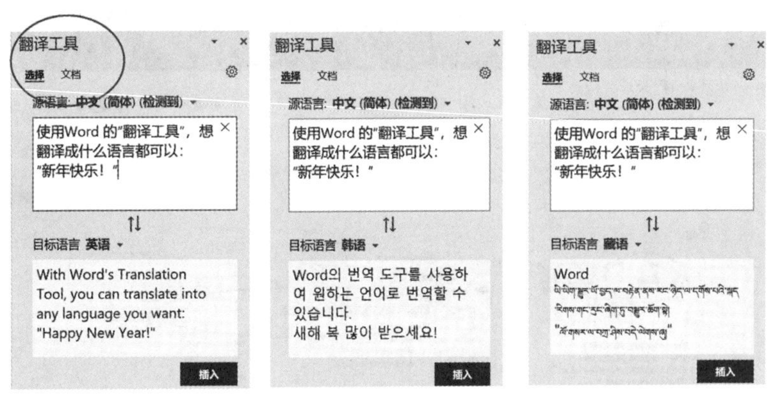

图3–44　翻译示例截图

4.批量修改“标题样式”

前面已经说明了如何设置“标题样式”，有时我们会发现需要修改“标题”的格式，如果一一修改就太麻烦了，这时我们可以利用“更改标题以匹配所有内容”对标题进行批量修改。先用鼠标点击需要修改“标题”的左边空白处，选择“标题”，修改成需要的“格式”，再点击菜单【开始】中的【样式】下拉框，“右键”点击对应标题，这边是“标题3”，选择第一项【更改标题3以匹配所选内容】，我们发现所有“样式”为标题3的标题格式全部变成跟第一个“标题”修改的格式一样，如图3–45所示。

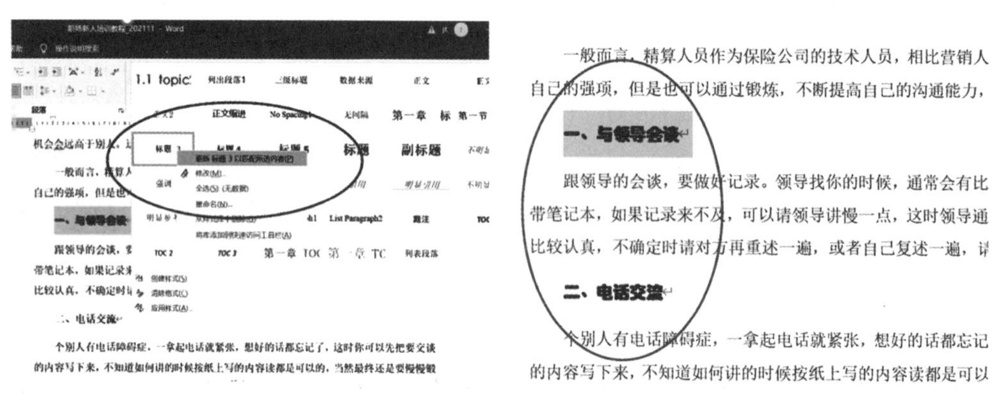

图3–45　标题样式修改截图

5.选择格式相似的文本

有时，我们想对文件中同样“格式”的内容进行修改，比如要让文件中所有的图片居中显示，这时可以通过【选择格式相似的文本】进行操作，先选中一张图片，点击【开始】菜单右下角的【选择】下拉箭头，点击【选择格式相似的文本】，如图3–46所示。

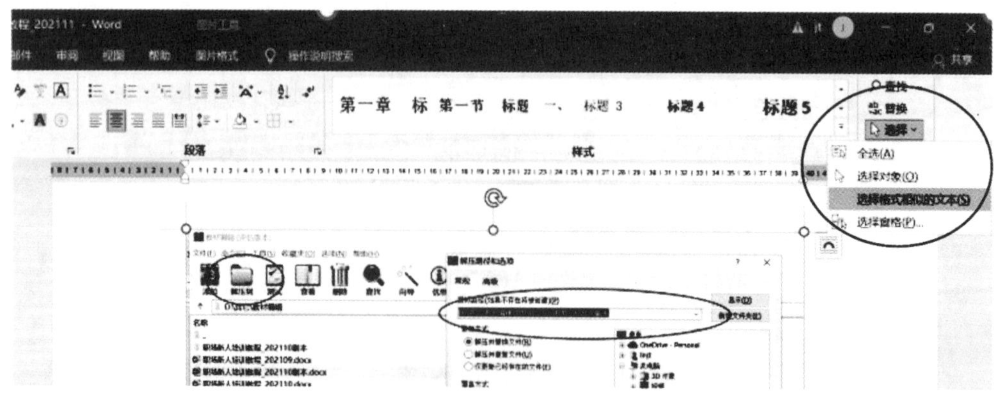

图3–46　选择格式相似文本对话框截图

将所有的截图都一起选中，如下图灰色部分（其中的文本没有选中），这时就可以对这些图片进行操作，比如居中或者左对齐等，如图3–47所示。

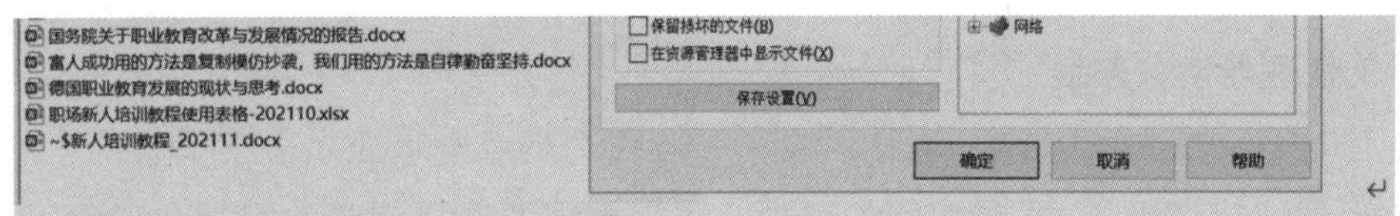

打开解压缩后的文件夹，找到【Word】文件夹里的【Media】，就能发现Word中所有的图片都全部在文件夹中了。↵

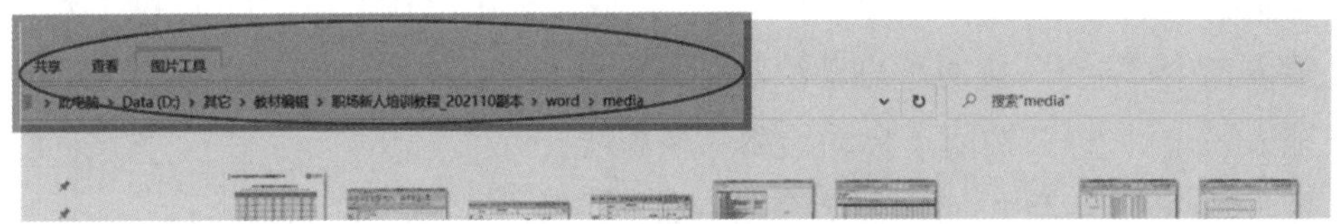

图3–47　选择相似文本示例截图

上述的"标题样式"修改，也可以采用【选择格式相似的文本】进行修改，先选择其中一个"标题"，再点击【选择格式相似的文本】，就会选中所有"同一级别的标题"，这时，也可以根据需要对"标题"修改格式。

需要注意的是，【选择格式相似的文本】不是百分百准确，比如可能把"表格"跟"图片"混淆，如果是要进行大的修改，比如删除，要谨慎使用。一种验证方式就是把选中的内容复制到一个空的Word文档中，可以简单查看是不是完全同样的内容。

六、常用快捷键

1.在表格顶格的情况下输入内容

在Word第一行插入表格后，会发现没有第一行了，无法在表格前面增加内容，如图3–48所示。

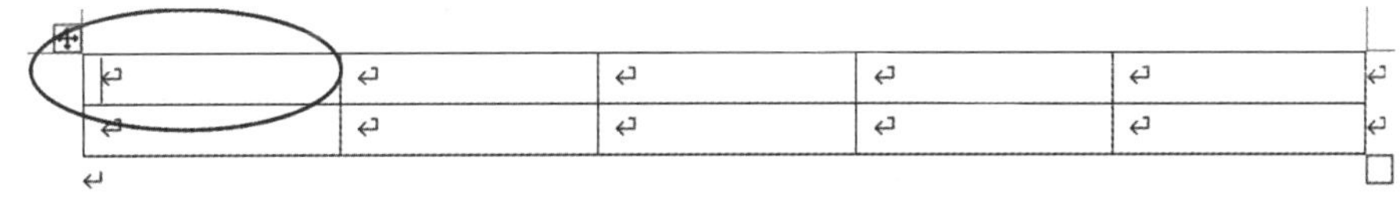

图3–48　表格顶行插入行示例截图

这时，只要把鼠标放在第一个单元格，按"Enter"键，就可以在前面输入内容了。

2.快速输入当期日期、时间

鼠标光标定位至需要输入日期或时间的位置，直接按下键盘"Alt+Shift+D"组合键自动输入当前日期；“Alt+Shift+T”。具体如下：

Alt+Shift+D：2022-04-13；

Alt+Shift+T：9时17分。

3. 快速绘制分割线

有时需要在文档中画一条分割线，一般我们是点击【插入】菜单中的【形状】下拉箭头的“直线”，再在文档中绘制，再根据需要选择直线的粗细和形状，这种操作会有两个缺点：一是需要对齐；二是每条线画出来的长度不完全一样。

Word提供了快速画分割线的快捷键，鼠标光标定位在“新一行”空白处：

输入三个“---”按回车自动绘制一条直线；

输入三个“***”按回车自动绘制一条虚线；

输入三个“~~~”按回车自动绘制一条波浪线；

输入三个“===”按回车自动绘制一条双直线；

输入三个“###”按回车自动绘制中间加粗的三直线。

具体对于分割线形状如下所示：

4. 其他常用快捷键

（1）Ctrl+A：全选；

（2）Ctrl+S：保存；

（3）Ctrl+F：查找；

（4）Ctrl+H：替换；

（5）Ctrl+Shift+PrtSc：截屏；

（6）Ctrl+Home：跳转到文档开头；

（7）Ctrl+End：跳转到文档结尾；

（8）Shift+Alt+↓或Shift+Alt+↑：选中段落快速上移或者下移。

七、宏入门

宏指的是一种批量处理的工具，根据一系列预定义的规则进行批量替换操作。

一份长篇的Word文档中有很多图片，这些图片大小不一，也没对齐，我们为了美观，希望将所有图片都统一大小和对齐方式，怎么办呢？一个个手工进行调整不是不可以，但工作量实在不小，而且对齐方式还好调整，要调整宽度和高度太麻烦了。这个时候，就可以用“宏”，凡是批量重复的工作都可以交给宏来做。

宏的使用主要包含两个步骤：录制宏和修改代码。为了避免重复，这里只做简单介绍，更详细的过程可以参照本章“第三节Excel”的“VBA”入门。

1.录制宏

单击【视图】选项中的【宏】—【录制宏】，如图3–49所示。

图3–49 录制宏截图

出现【录制宏】对话框，在【宏名】框中，输入宏的名称，写清楚功能，便于以后调用，如图3–50所示。

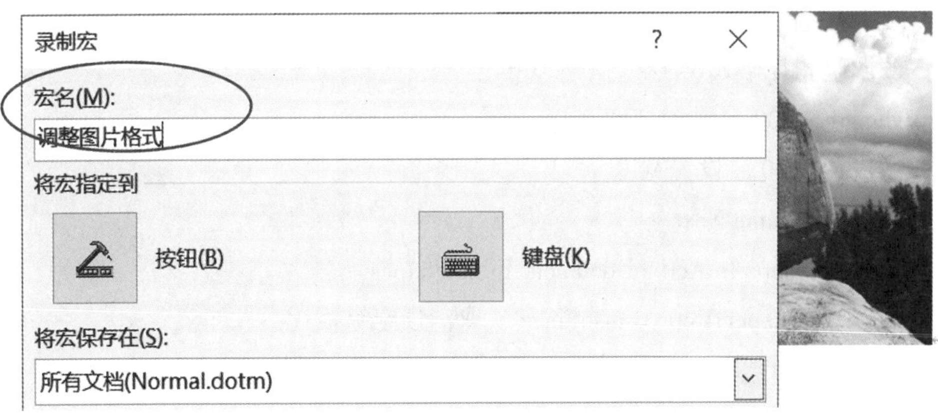

图3–50 录制宏对话框截图

在【将宏保存在】框中，选择宏的保存位置。默认是“所有文档（Normal.dotm）”，这样以后所有文档都可以使用这个宏。

单击“确定”按钮，开始录制宏。

成功开始录制以后，鼠标旁边会多一个录音带图标。此时所做的操作会被记录下来。

录制完毕后，点击状态栏的【停止录制】，停止录制宏。

点击【视图】—【宏】，选择自己录好的那个宏“调整图片格式”，即可使用。

2. 修改代码

因为录制的宏只是操作了一次，我们需要对代码进行简单修改，让操作循环重复。

同时按下“Alt+F8”，或者点击【视图】—【查看宏】，点击编辑按钮进入VBA代码界面，编辑需要编辑的宏，比如“调整图片格式”，如图3-51所示。

图3-51 宏命名对话框截图

3. 引用成型的宏代码

如果从来没有学过编程的人，对最基本的代码是不熟悉的，这也不用紧张，网上有很多成型的代码，我们可以在网上搜索“Word利用宏批量调整图片大小位置”，找到相应的代码，引用代码编辑界面，修改想要的参数，比如下面的代码：

```
Sub 调整图片格式（）
Myheigth = 200 ‘设置高度
Mywidth = 300 ‘设置宽度
On Error Resume Next
For Each iShape In ActiveDocument.InlineShapes
iShape.LockAspectRatio = msoFlase ‘取消锁定纵横比
iShape.Height = Myheigth
iShape.Width = Mywidth

With iShape
.Range.ParagraphFormat.Reset
.Range.ParagraphFormat.Alignment = wdAlignParagraphCenter ‘居中
```

```
End With

Next

For Each Shape In ActiveDocument.Shapes
Shape.LockAspectRatio = msoFlase
Shape.Height = Myheigth
Shape.Width = Mywidth

With Shape
.Range.ParagraphFormat.Reset
.Range.ParagraphFormat.Alignment = wdAlignParagraphCenter ‘居中
End With

Next
End Sub
```

比如一篇文档中有多张图片，大小和对齐方式都不统一，感觉不够美观，如图3-52所示。

图3-52　图片格式调整前截图

运算上述代码后，变成如图片大小，对齐一致的格式，文档看起来更加美观，如图3-53所示。

图3-53 图片格式调整后截图

宏的好处是可以重复使用，下次需要的时候，运行已经编辑过的宏即可。不要担心没有编程基础，网上有很多现成的代码可以参考。

第三节 Excel

Excel大家都会，但是否能熟练应用对工作效率的影响极大，在几个办公软件中，Excel不是使用最频繁的软件，却是对工作帮助最大的软件。

我们收到简历时，经常会看到大家对软件掌握的描述，比如精通Excel或者熟悉Excel，但是经常发现精通Excel的毕业生水平还不如熟悉Excel的人，这就是大家对熟悉和精通的程度理解不同，不是会用Excel做简单的数据分析就叫精通Excel。我通常会在面试的时候问两个问题确认对Excel的熟练程度：第一，是否熟练运用Vlookup和Indirect等公式作为熟悉Excel的分界线；第二，熟练运用VBA作为精通Excel的分界线。所以，如果连Vlookup都不知道的以后千万别对人说自己熟悉Excel。

一、表格设计

表格的格式设计也可以看出一个人对Excel的熟练程度，有的人只是把Excel当成不用画表格的Word使用，我们经常会用Excel对数据做分析，但是每个人做出来的表格差异很大，有的人做出来的表格很乱，有的人做出来的表格很清晰，为了让Excel表格看起来清晰明了，建议大家将Excel表格分成3类表：结果汇总表、过程分析表、基础数据表，不同表格要分开有不同的要求，切记不要把3类表格放在同一张Sheet工作表中。

（一）给工作表命名

一个新的Excel工作簿会自带3个工作表，表格的名称默认为Sheet1、Sheet2和Sheet3，我们经常会收到默认名称的工作表，如果是简单的Excel文件，只有简单的表格和数值，这不会有太大影响，但是如果有比较多的表格，没有命名的话，就会给文件阅读者带来比较大的麻烦。为了便于阅读者阅读文件，一定要对工作表命名，因为工作表名称也能体现信息，即使只有一个工作表，也建议对工作表命名，如保费收入、已决赔款、未决赔款，阅读者通过工作表就能一目了然地清楚工作表提供的是什么数据。作为一个标准的Excel文件，通常包括以下工作表：编制说明、索引、汇总表、过程表和明细表。

（二）编制说明

编制说明，可以方便阅读者阅读文件，主要包括编制目的、更新说明和注意事项。

（1）编制目的：说明这个文件编制的目的，通常用一两句话就可以描述文件的编制目的，比如准备金评估模型的编制目的：准确、合理评估每个季度未决赔款准备金，并将准备金评估结果提供给财务入账。

（2）更新说明：说明如何更新该Excel文件，如对于准备金评估模型的更新步骤如下：①更新评估时间，在Index表B25单元格输入最新的评估时间；②基础数据更新，更新input表已赚保费、已赚保额、已暴露风险单位数（数据来源于已赚保额、已暴露风险单位数工作表，已赚保费数据来源于统计报表系统已赚赔付率分析表）；③更新分险种评估表累计已决赔款、累计已结案件数、未决赔款、未决案件数三角形（评估表黄底部分，数据来源于已决赔款三角形和未决赔款三角形）。

（3）注意事项：说明该文件更新或者阅读时需要注意的事项，如：所有评估基础数据需要跟财务数据进行核对，确保评估数据与财务数据一致。

（三）索引表

如果表格比较多，为了方便阅读，建议增加索引表，将每个表的名称列出来，必要的话还可以增加相应的说明，如下面就是中国银保监会提供的偿付能力报表索引表的部分节选。从中可以很清楚地看出，该文件总共有多少个表格，每个表格的作用，并且由于做了超链接，直接点击报表名称就可以跳转到相应的表格，使用方便，如图3-54所示。

序列号	报表大类	报表名称	适用的公司
1	主表	S01-偿付能力状况表	
2	主表	S02-实际资本表	
3	主表	S03-认可资产表	
4	主表	S04-认可负债表	
5	主表	S05-最低资本表	
6	明细表	AC01-资本工具表	
7	明细表	L01-寿险合同未到期责任准备金负债	
8	明细表	IR01-财险和人身险公司非寿险业务保险风险-保费和准备金风险	仅适用于财险和人身险公司
9	明细表	IR02-财险和人身险公司非寿险业务保险风险-巨灾风险	仅适用于财险和人身险公司
10	明细表	IR03-再保险公司非寿险再保险业务保险风险-保费和准备金风险	仅适用于再保险公司
11	明细表	IR04-再保险公司非寿险再保险业务保险风险-巨灾风险	仅适用于再保险公司
12	明细表	IR05-寿险业务保险风险	
13	明细表	MR01-人身保险公司利率风险	仅适用于人身险公司
14	明细表	MR02-再保险公司利率风险	仅适用于再保险公司
15	明细表	MR03-利率风险-债券类资产（未套保及不符合条件的套保）	
16	明细表	MR04-利率风险-资产证券化产品	
17	明细表	MR05-利率风险-利率类金融衍生品-利率互换	
18	明细表	MR06-利率风险-利率类金融衍生品-国债期货（符合条件套保）	
19	明细表	MR07-利率风险-利率类金融衍生品-国债期货（未套保）	
20	明细表	MR08-利率风险-其他固定收益类产品	
21	明细表	MR09-权益价格风险-股票(未套保及不符合条件的套保)	
22	明细表	MR10-权益价格风险-股票（符合条件的套期保值）	
23	明细表	MR11-权益价格风险-未上市股权	
24	明细表	MR12-权益价格风险-证券投资基金	
25	明细表	MR13-权益价格风险-证券投资基金（穿透法还原后持有）	
26	明细表	MR14-权益价格风险-可转债	
27	明细表	MR15-权益价格风险-基础设施股权投资计划	
28	明细表	MR16-权益价格风险-资产管理产品	
29	明细表	MR17-权益价格风险-未上市股权投资计划	
30	明细表	MR18-权益价格风险-权益类信托计划	
31	明细表	MR19-权益价格风险-股指期货空头（不符合有效性）	
32	明细表	MR20-权益价格风险-优先股	
33	明细表	MR21-权益价格风险-优先股（穿透法还原后持有）	
34	明细表	MR22-权益价格风险-对子公司、合营企业和联营企业的长股投	
35	明细表	MR23-房地产价格风险所涉资产风险明细表	

Database 目录 S01-偿付能力状况表 S02-实际资本表 S03-认可资产表 S04-认可负债表 S05-最低资本表 AC01-资本工具表

图3–54 索引表

（四）结果汇总表

结果汇总表作为展示最终结果的表格，建议放在最前面，数据不要太多，在结果汇总表中，最好把最重要的数据结果放在最前面，比如保险公司合计、分公司、中心支公司……而不是像默认格式把总计放在最后面，这样设计的好处是便于阅读，整体业绩好坏一目了然，了解保险公司业绩后，如有需要再进一步了解分公司、中心支公司的详细情况，比如保费业绩快报，可以如图3–55所示。

整体业绩快报

统计口径：按核算日期

统计时间：2016年10月13日 数据截止日期：2016年10月13日

机构		10月13日	当月				
		保费收入	确保保费计划	挑战保费计划	保费收入	确保保费计划达成率	挑战保费计划达成率
全司		417.9	8996.5	10255.7	3518.9	39.1%	34.3%
广东	广东合计	237.1	4953.8	5661.7	1809.6	36.5%	32.0%
	广州	99.2	1934.5	2163.5	679.0	35.1%	31.4%
	番禺	19.6	340.8	420.0	128.6	37.7%	30.6%
	花都	13.0	196.0	225.0	88.3	45.0%	39.2%
	汕头	9.1	105.3	150.2	66.2	62.8%	44.1%
	惠州	11.4	275.3	320.7	124.0	45.0%	38.7%
	东莞	13.8	744.5	908.3	150.3	20.2%	16.5%
	中山	20.7	285.6	285.6	159.1	55.7%	55.7%
	珠海	20.7	292.1	292.1	125.5	43.0%	43.0%
	肇庆	4.5	136.0	165.0	74.9	55.1%	45.4%
	江门	15.6	275.5	305.0	100.6	36.5%	33.0%
	清远	3.9	145.8	175.0	43.8	30.1%	25.1%
	茂名	3.7	145.2	159.7	32.7	22.5%	20.5%
	湛江	1.9	77.3	91.7	36.5	47.2%	39.8%
深圳	深圳合计	39.1	930.0	1037.0	342.2	36.8%	33.0%
	福龙	21.4	510.0	582.0	176.3	34.6%	30.3%
	泰然	2.0	332.0	345.0	30.3	9.1%	8.8%
	直属业务部	15.7	88.0	110.0	135.6	154.1%	123.3%
	上海合计	9.5	651.7	782.0	74.7	11.5%	9.5%

图3–55 保费业绩快报表

注：图中数据为虚拟数据。

（五）过程分析表

过程分析表是指数据的过程分析，通常大部分的公式编辑均在此表完成，比如汇总、匹配等，当然是否需要过程分析表主要看基础数据的数量以及需要运算的步骤，如果基础数据的数量较少、运算比较简单，则未必一定需要过程分析表。也可以直接从基础数据表到汇总表。

（六）基础数据表

基础数据表主要指清单式的数据，需要注意清单数据不要有汇总的信息，就是不要在数据的最后增加合计数据，这样有利于清单数据的扩展和增加。有时候清单数据非常多，如果全部放在同一个表格，可能会导致Excel文件运算非常缓慢，这时，最好把清单数据和分析过程保存在另外一个文件中，汇总表做跨文件链接即可。

当然，不是每个表格都要有上述三个表格，在做分析的时候，注意数据表格大概是属于哪一类的表格，这样可以清楚需要注意的事项。当然有时很难分清楚清单与过程分析数据的差异，如有的数据已经是对清单做了一定程度的汇总，是作为过程数据还是清单数据，我们一般是根据数据的条数来划分的，过程数据是百条的数量，千条数据以上的一般作为清单数据处理。

（七）其他注意事项

1. 最重要的工作表放在最前面

有时一个Excel文件会包含多个工作表，既有汇总结果表，又有基础数据表和过程分析表，当工作表太多时，如果不加以区分或标注，则阅读者很难区分要看哪些表格，所以一般要把最重要的工作表放在最前面，以便于阅读。可以采用以下几种方式：如果对方不关注过程，则可以考虑只提供结果信息，计算过程放在另一个文件；也可以把过程工作表隐藏起来；如果确实需要提供过程工作表，可以给不同类别的工作表添加标签颜色（因印刷原因下图显示的是黑灰色），以方便阅读，如图3–56所示。

图3–56 工作表标签颜色示例截图

2. 不同类型表格要分开

有的人会把所有的数据放在同一个工作表中，这样给人感觉很不清晰，如图3–57

所示，目的是统计4个分支机构的保费收入，左边是汇总数据，右边是清单数据，一般我们关注的是汇总数据，但如果放在同一个表格，由于右边的清单数据条数较多，给人喧宾夺主的感觉。所以，要把汇总数据和清单数据分别放在两个工作表中。

	保费收入(万元)
广州	1,301
佛山	3,897
珠海	7,545
中山	6,772

分公司	保单号	险种	币种	保费收入	起保日期	终保日期
广州	PCBA20084409230000003	CBA	CNY	1,588.89	2008/7/7	2009/7/6
广州	PCBA20084409230000006	CBA	CNY	20,537.82	2008/9/8	2009/9/7
广州	PCBA20084409009200009	CBA	CNY	26,153.68	2008/9/1	2009/8/31
广州	PCAD20084401817000002	CAD	CNY	34,205.60	2008/7/3	2009/11/2
广州	PCAD20084401132000003	CAD	CNY	54,000.00	2008/6/26	2009/10/31
广州	PCAD20084401132000004	CAD	CNY	74,753.00	2008/6/26	2010/2/28
广州	PCAA20084494090000490	CAA	CNY	7,333.02	2008/9/14	2009/9/13
广州	PCAA20084494090000492	CAA	CNY	7,333.02	2008/9/14	2009/9/13
广州	PCAA20084494090000494	CAA	CNY	7,333.43	2008/9/14	2009/9/13
广州	PCAA20084494090000496	CAA	CNY	7,333.43	2008/9/14	2009/9/13
广州	PCAA20084494090000448	CAA	CNY	13,595.83	2008/7/1	2009/8/31
广州	PCAA20084494090000456	CAA	CNY	152,876.70	2008/7/1	2009/8/31
广州	PCAA20084494090000209	CAA	CNY	244.37	2008/1/1	2008/12/31
广州	PCAA20084494090000485	CAA	CNY	574,797.67	2008/9/28	2008/11/19
广州	PCAA20084494090000488	CAA	CNY	5,173.32	2008/9/14	2009/9/13
广州	PCAA20094494090000400	CAA	CNY	6,176.79	2008/9/12	2009/1/30
广州	PCAA20084494090000491	CAA	CNY	7,333.02	2008/9/14	2009/9/13
广州	PCAA20084494090000497	CAA	CNY	7,333.43	2008/9/14	2009/9/13
广州	PCAA20084494090000455	CAA	CNY	40,767.12	2008/7/1	2009/8/31
广州	PCAA20084494090000487	CAA	CNY	5,173.32	2008/9/14	2009/9/13
广州	PCAA20084494090000489	CAA	CNY	5,176.67	2008/9/14	2009/9/13
广州	PCAA20084494090000450	CAA	CNY	22,306.41	2008/7/1	2009/8/31
广州	PCAA20084494090000493	CAA	CNY	7,333.02	2008/9/14	2009/9/13
广州	PCAA20084494090000495	CAA	CNY	7,333.43	2008/9/14	2009/9/13
广州	PCAA20084494090000446	CAA	CNY	58,772.60	2008/7/1	2009/8/31
广州	PCAD20084420040000002	CAD	CNY	33,971.96	2008/4/9	2009/10/8
广州	PCAA20084494090000516	CAA	CNY	47,810.87	2008/11/17	2009/6/10
广州	PCAA20084494090000210	CAA	CNY	8.29	2008/1/1	2008/12/31
广州	PCAA20084494090000486	CAA	CNY	74,802.40	2008/9/28	2008/11/19
广州	PCAD2008440606F0000001	CAD	CNY	20,836.94	2008/8/26	2009/10/25
广州	PCBA2008440102E0000001	CBA	CNY	25,341.96	2008/1/1	2008/12/10

图3–57　清单汇总数据表截图

3. 表格设计要考虑到未来的需要

不要经常变动表格的格式，如分析不同分支机构的业务，有的分支机构的险种没有数据，但建议格式还是统一，没有数值的单元格可以空着，未来如有相应业务就不用再进一步修改。对比下面两个表格大家就会发现第一个表设计明细要好于第二个表：一方面，各家分支机构表格统一，虽然目前有的险种没有开展业务，但是未来如果开展业务，也不需要变动表格，同时也便于查看不同机构相同险种业务的比例；另一方面，尽管还没到4季度，但是先预留了4季度的表格，下个季度表格无须变动，甚至2017年只要修改年度就可以继续使用该表格。

2016年保费收入

广东	商业车险	交强险	企财险	家财险	工程险	信用保证险	责任险	货运险	船舶险	意外险	健康险
2016年1季度	8,551	131	838	945	7	650	939			106	248
2016年2季度	5,738	7,149	154	966	756	700	802			553	770
2016年3季度	1,054	4,923					329			817	845
2016年4季度											

深圳	商业车险	交强险	企财险	家财险	工程险	信用保证险	责任险	货运险	船舶险	意外险	健康险
2016年1季度	4,242	8,871		435						336	466
2016年2季度	8,417	9,131		685						461	460
2016年3季度	6,221	4,120								40	818
2016年4季度											

浙江	商业车险	交强险	企财险	家财险	工程险	信用保证险	责任险	货运险	船舶险	意外险	健康险
2016年1季度	8,722	1,973	245		977					984	893
2016年2季度	5,337	7,325	887		844					106	753
2016年3季度	9,559	170								230	210
2016年4季度											

图3–58　数据汇总格式表截图（一）

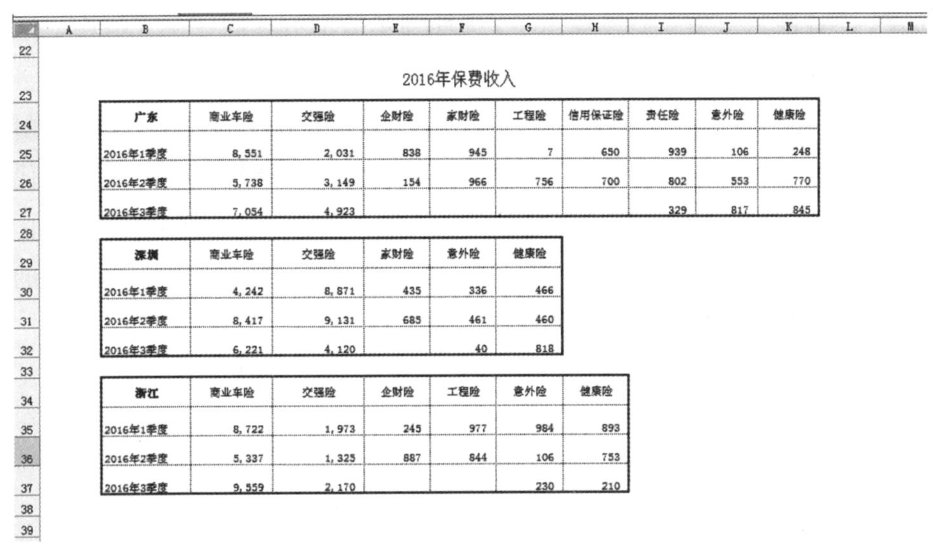

2016年保费收入

广东	商业车险	交强险	企财险	家财险	工程险	信用保证险	责任险	意外险	健康险
2016年1季度	8,551	2,031	838	945	7	650	939	106	248
2016年2季度	5,738	3,149	154	966	756	700	802	553	770
2016年3季度	7,054	4,923					329	817	845

深圳	商业车险	交强险	家财险	意外险	健康险
2016年1季度	4,242	8,871	435	336	466
2016年2季度	8,417	9,131	685	461	460
2016年3季度	6,221	4,120		40	818

浙江	商业车险	交强险	企财险	工程险	意外险	健康险
2016年1季度	8,722	1,973	245	977	984	893
2016年2季度	5,337	1,325	887	844	106	753
2016年3季度	9,559	2,170			230	210

图3-59　数据汇总格式表截图（二）

4. 可以增加颜色使表格更加可视化

人类对颜色的敏感度要远远超过数值，所以，在展示结果表时，可以通过增加颜色使表格更加可视化（因印刷原因，书中显示的是黑灰色），如图3-60所示，由于增加了数据条的条件格式，可以一目了然地看出各家分支机构在不同季度的保费对比情况。

2016年保费收入

广东	商业车险	交强险	企财险	家财险	工程险	信用保证险	责任险	货运险	船舶险	意外险	健康险
2016年1季度	8,551	2,031	838	945	7	650	939			106	248
2016年2季度	5,738	3,149	154	966	756	700	802			553	770
2016年3季度	7,054	2,923					329			817	845
2016年4季度											

深圳	商业车险	交强险	企财险	家财险	工程险	信用保证险	责任险	货运险	船舶险	意外险	健康险
2016年1季度	4,242	1,871		435						336	466
2016年2季度	8,417	2,131		685						461	460
2016年3季度	6,221	1,120								40	818
2016年4季度											

图3-60　数据条件格式显示截图

5. 单元格数据格式

在Excel表中，除非是打印需要，一个单元格只能包含一个元素，不要包含多个元素，比如“18岁女性”，单位不要放在单元格中，为了方便计算，能用数值表示的尽量用数值表示。

如图3-61所示，有4个表格，表1把性别年龄都放在同一单元格中，这是最不合理的；表2虽然把性别和年龄分开了，但是把年龄单位放在单元格中，不利于计算，如需要计算平均年龄时却无法运算；表3就是常用的格式了，把年龄单位（岁）放在标题栏中，以方便统计运算；表4则是另一种展现格式，用1、0代替性别，这样更便于计算，如性别的计数和就是人数总和，值的加总就是男性总人数，平均数就是男性占比。表3和表4哪种更好主要看需要，如果作为打印出来的结果则表3更合适，如果作为基础数据则表4更为合适。

此外，如果碰到表1和表2，要转换成表3是否需要重新录入呢，大可不必，可以采用分列操作将表格调整为合适的形式，具体如何使用在后面会加以说明。

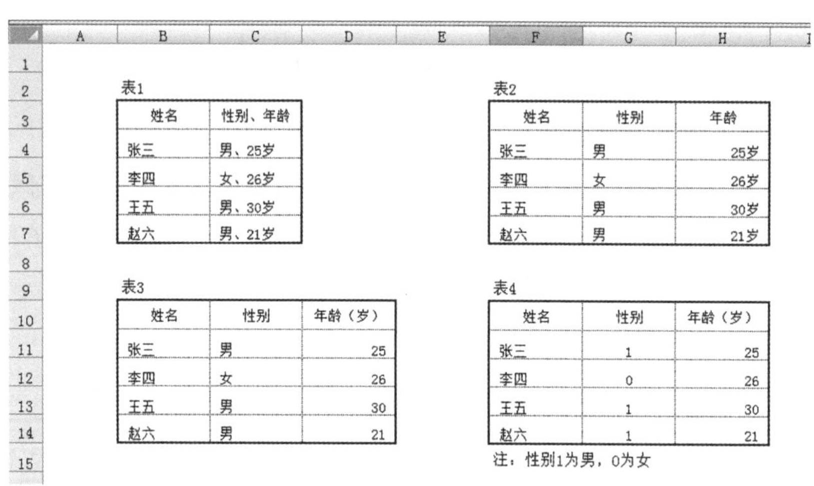

表1

姓名	性别、年龄
张三	男、25岁
李四	女、26岁
王五	男、30岁
赵六	男、21岁

表2

姓名	性别	年龄
张三	男	25岁
李四	女	26岁
王五	男	30岁
赵六	男	21岁

表3

姓名	性别	年龄（岁）
张三	男	25
李四	女	26
王五	男	30
赵六	男	21

表4

姓名	性别	年龄（岁）
张三	1	25
李四	0	26
王五	1	30
赵六	1	21

注：性别1为男，0为女

图3-61　单元格数据格式设计表截图

二、常用函数

Excel的函数总共包含11类函数，表3-3简要地列出了11类函数的作用，并对常用的函数进行简单举例。后面不再对各类函数一一进行介绍，主要是根据作者个人的工作经验，结合日常工作中常用到的公式和使用技巧进行说明。

为了便于理解，在举例中会将公式中的提示转换成中文，比如SUMIF（range,criteria,sum_range），会写成sumif（条件区域,条件,汇总区域），另外也会直接给出公式，比如=SUMIF（$G$1:$G$12279,B7,$Q$1:$Q$12279），就是指$G$1:$G$12279单元格是条件区域，B7单元格是条件的字段，$Q$1:$Q$12279是要汇总的区域，后面举例均相同，不再一一说明。

表3-3　常用函数表

序号	函数类型	作用	举例
1	数据库和清单管理函数	求和、计数、平均值、最大最小值等	sum、count
2	日期和时间函数	年、月、日、周等函数	year、month、day
3	财务函数	利率、内部收益率、现值等	pv、irr
4	信息函数	判断是否数字、文本，返回单元格信息等	iserror、isnumber、istext
5	逻辑函数	条件、和、或函数	if、and、or
6	查找和引用函数	查找、引用满足条件的数值，行、列号	vlookup、indirect
7	数学和三角函数	求和、条件求和、取整等	sumif
8	统计函数	排位、计数、增长率等	rank、count、growth
9	文本函数	字符串引用、文本转换、文本长度等	left、right
10	工程函数	二进制、八进制等转换	
11	自定义函数	自定义	

（一）数学与三角函数

数学与三角函数中主要有下面13个，如表3-4所示。由于有的函数相对简单，因此不一一介绍。

表3-4　数学与三角函数常用函数表

序号	函数	函数作用
1	POWER	返回数的乘幂结果
2	QUOTIENT	返回商的整数部分
3	RAND	返回0和1之间的随机数
4	RANDBETWEEN	返回指定数之间的随机数
5	ROMAN	将阿拉伯数字转换为文本形式的罗马数字
6	ROUND	将数取整至指定位数
7	ROUNDDOWN	将数向下0值取整
8	ROUNDUP	将数向上远离0值取整
9	SUM	求和
10	SUMIF	对满足条件的单元格求和
11	SUMIFS	对满足多个条件的单元格求和
12	SUMPRODUCT	返回相对应的数组部分的乘积和
13	TRUNC	将数截尾为整数

1.RAND

RAND是没有参数的，只要在单元格输入rand（ ），就会返回一个介于0和1之间的随机数，这可以用于模拟一些随机的情况，当然一般我们经常使用的模拟数可能不在0和1之间，如我们希望模拟0到100之间的数值，则可以在单元格中输入=100*RAND（ ），如我们希望模拟50到70之间的数值，则可以在单元格中输入=20*RAND（ ）+50。

需要注意的是，每次Excel重新计算，返回的随机数都会发生变化，如果希望数值不再变动，则要把它拷贝粘贴成数值。

2.ROUND

ROUND（数值,小数位数），经常会使用round将数值四舍五入到指定的小数位数，如在单元格中输入公式=ROUND（586.957,2），则得到586.96。特别有意思的是小数位数是可以输入负数的，如果输入公式=ROUND（586.957,-1），则得到590，也就是四舍五入到十位数。

3.SUMIF

SUMIF（条件区域,条件,汇总区域），这是个使用频率非常高的函数，经常用于汇总分支机构或者分险种的保费、赔款数据等，如要汇总各个分支机构的保费，其中G列是分支机构字段，Q列是保单保费，B7是分公司，在单元格输入公式=SUMIF（$G$1:$G$12279,B6,$Q$1:$Q$12279），可得到不同分支结构的保费收入合计数，如图3-62所示。

D3　=SUMIF($G$1:$G$12279,C3,$Q$1:$Q$12279)

	C	D	E	G	H	Q
1				分公司	险种产品	保费合计
2	分公司	保费收入		广东分公司	商业车险	4,816
3	广东分公司	34,308,155		广东分公司	商业车险	3,830
4	深圳分公司	3,984,927		广东分公司	交强险	665
5				广东分公司	商业车险	4,001
6				广东分公司	交强险	1,100

图3-62　SUMIF函数示例截图

4.SUMIFS

SUMIFS（汇总区域,条件区域1,条件1,条件区域2,条件2……），经常用于两个条件以上的保费、赔款等数据汇总，如要汇总分支机构、分险种的保费，其中G列是分支机构字段，H列是分险种字段，Q列是保单保费，B18是分公司，C17是险种，则在单元格输入公式=SUMIFS（$Q$1:$Q$12279,$G$1:$G$12279,$B18,$H$1:$H$12279,C$17），可得到不同分支机构、分险种的二维保费汇总表。如图3-63所示。

C3　=SUMIFS($Q$1:$Q$12279,$G$1:$G$12279,$B3,$H$1:$H$12279,C$2)

	B	C	D	E	G	H	Q
1					分公司	险种产品	保费合计
2	险种 分公司	商业车险	交强险	提车险	广东分公司	商业车险	4,816
3	广东分公司	29,021,334	5,283,850	2,972	广东分公司	商业车险	3,830
4	深圳分公司	3,457,845	527,082	-	广东分公司	交强险	665
5					广东分公司	商业车险	4,001

图3-63　SUMIFS函数示例截图

为了便于说明，上面只用了2个分支机构和3个险种，实务中一般会用更多的分支机构和险种，公式是一样的。

5.SUMPRODUCT

SUMPRODUCT（乘数区域,乘数区域……），经常用于计算加权平均数，比如已知分险种的已赚保费和赔付率，计算合计的赔付率，C列是已赚保费，D列是赔付率，C31是合计的已赚保费，可以在单元格输入公式=SUMPRODUCT（C29:C30,D29:D30）/C31，即可得到合计的赔付率。如图3-64所示。

D31　=SUMPRODUCT(C29:C30,D29:D30)/C31

	A	B	C	D	E
27					
28		险种	已赚保费	赔付率	
29		商业车险	1,500	55.3%	
30		交强险	390	65.6%	
31		合计	1,890	57.4%	
32					

图3-64　SUMPRODUCT函数示例截图

SUMPRODUCT不仅可用于两组数据的对应相乘，也可以用于多组数据的对应相乘，不过这个在实务中比较少用到。

（二）统计函数

毫无疑问统计函数在数据分析工作中使用频率非常高，如表3-5所示，很多函数大家非常熟悉，比如AVERAGE、MAX、MIN等，下面只是简单介绍两个函数。

表3-5　统计函数表

序号	函数	函数作用
1	AVERAGE	返回参数的平均值
2	AVERAGEA	返回参数的平均值，包括数字、文本和逻辑值

续表

序号	函数	函数作用
3	COUNT	计算上列数据中包含数字的单元格的个数
4	COUNTA	计算非空单元格的个数
5	COUNTIF	计算满足条件的单元格的个数
6	COUNTIFS	计算满足多个条件的单元格的个数
7	GROWTH	根据给定的数据预测指数增长值
8	HARMEAN	返回数据集合的调和平均值
9	MAX	返回参数列表中的最大值
10	MEDIAN	返回给定数字的中位数
11	MIN	返回参数列表的最小值
12	MODE	返回数据集中出现最多的值
13	RANK	返回某数在数字列表中的排位
14	SMALL	返回数据集中的第K个最小值
15	TREND	返回沿线性趋势的值

1.COUNTIF

COUNTIF（计数区域,条件），一般用于统计清单的数量，比如保单数量、赔案件数等，如要汇总各个分支机构的保单数量，其中G列是分支机构字段，B11是分公司，在单元格输入公式=COUNTIF（$G$1:$G$12279,B11），则可得到分支机构的保单数量，如图3-65所示。

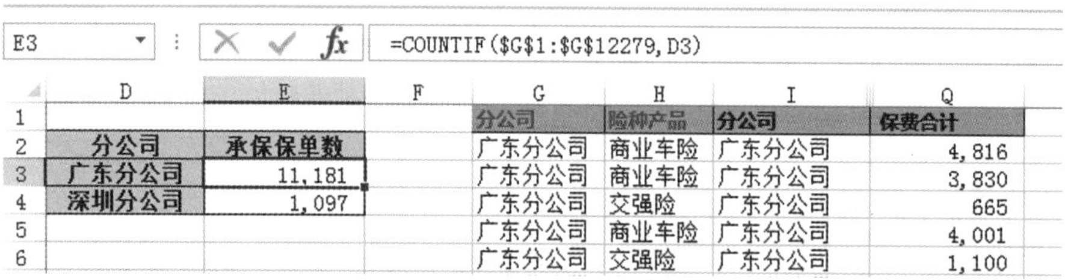

E3 =COUNTIF($G$1:$G$12279,D3)

	D	E	F	G	H	I	Q
1				分公司	险种产品	分公司	保费合计
2	分公司	承保保单数		广东分公司	商业车险	广东分公司	4,816
3	广东分公司	11,181		广东分公司	商业车险	广东分公司	3,830
4	深圳分公司	1,097		广东分公司	交强险	广东分公司	665
5				广东分公司	商业车险	广东分公司	4,001
6				广东分公司	交强险	广东分公司	1,100

图3-65 COUNTIF函数示例截图

2.COUNTIFS

COUNTIFS（计数区域1，条件1，计数区域2，条件2……），用于统计符合两个条件以上的保单、赔案等数量汇总，比如要汇总分支机构、分险种的保单数量，其中G列是分支机构字段，H列是分险种字段，Q列是保单保费，B18是分公司，C17是险种，则在单元格输入公式=COUNTIFS（$G$1:$G$12279,$B23,$H$1:$H$12279,C$22），可得到不同分支机构、分险种的二维保单数量汇总表，如图3–66所示。

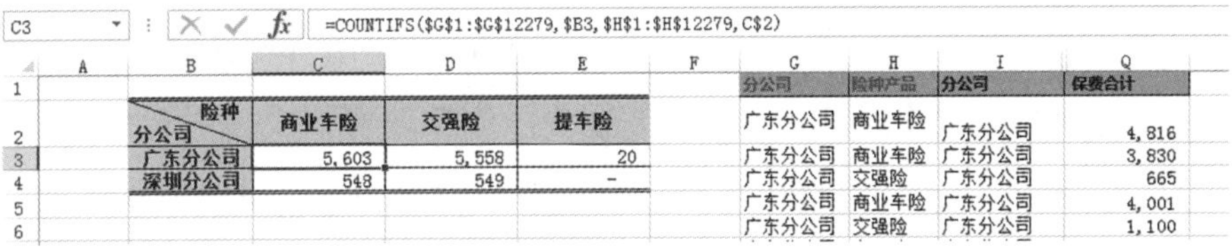

C3　=COUNTIFS($G$1:$G$12279,$B3,$H$1:$H$12279,C$2)

	A	B	C	D	E	F	G	H	I	Q
1							分公司	险种产品	分公司	保费合计
2		险种 分公司	商业车险	交强险	提车险		广东分公司	商业车险	广东分公司	4,816
3		广东分公司	5,603	5,558	20		广东分公司	商业车险	广东分公司	3,830
4		深圳分公司	548	549	-		广东分公司	交强险	广东分公司	665
5							广东分公司	商业车险	广东分公司	4,001
6							广东分公司	交强险	广东分公司	1,100

图3–66　COUNTIFS函数示例截图

总体而言，COUNTIF和COUNTIFS使用方法与SUMIF和SUMIFS基本一致，但需要注意的是统计数量和金额有一定的差别，比如统计保费时，对于金额为0的保单或者批单并不影响保费的合计数，但如果将0保费的保单进行数量统计则会增加保单的数量，所以在进行件数统计前一定要明确规则，对于退保、批单、零赔案等是否进行数量统计，如果不进行统计，则要提前删除，否则会影响件数计算的准确性。这种情况不仅在使用Excel进行数量统计会出现，用Access和SAS进行统计时也需要注意。

（三）逻辑函数

逻辑函数中用得最多的是IF函数，就是判断条件是否符合，如果符合，得到一种结果；不符合就得到另一种结果，如表3–6所示。

表3–6　　逻辑函数表

序号	函数	函数作用
1	AND	如果所有参数为TRUE，则返回TRUE
2	IF	指定要执行的逻辑检测
3	IFERROR	如果公式计算出错误则返回您指定的值；否则返回公式结果
4	OR	如果任何参数为TRUE，则返回TRUE

IF（判断条件,符合条件结果,不符合条件结果），如最常用的判断成绩是否合格，可在单元格中输入公式=IF（B21>=60",合格","不合格"），当成绩大于等于60分时就会显示合格，否则就是不合格。需要注意的是，使用if语句在Excel中显示文本时，要加半角的双引号，即""，否则会显示出错。

在实务应用中会经常使用多重IF语句，如手续费比例与每单保费档次等级挂钩，保费金额越高，手续费比例越高，如要实现下表的规则，其中G列是险种，P列是保费，可在单元格中输入公式=IF（G2="交强险"，4%，IF（P2<3000,10%，

IF（P2<5000,12%，14%））），即可得到对应的手续费等级，公式中使用了3个IF语句。上面的公式是为了简要说明而直接把数值录入公式中，一般使用时，通常采用引用单元格数值的形式，如=IF（G2=$B$10,$D$10,IF（P2<$E$11,$D$11,IF（P2<$E$12,$D$12,$D$13））），这样当手续费比例和保费档次规则发生变化时，只需修改对应规则表就可以得到新的结果，而无须修改公式，如表3-7所示。

表3-7 IF函数示例

险种	保费档次（元）	手续费比例
交强险		4%
商业险	<3000	10%
	3000～5000	12%
	>5000	14%

此外，实务应用中IF函数经常跟其他公式嵌套使用，使用原理是一样的，只是将上面的数值换成公式而已，后面函数介绍中会提到。

（四）日期和时间函数

日期和时间函数也是经常会用到的，而且也都是比较简单，如用year（起保日期）函数判断保单年度，但一般来说很少单独使用，通常跟其他函数一起使用。

另外，因为Excel中的日期函数可以进行加减，经常会用日期函数与数值进行运算，需要注意的是，Excel中的日期加减是以天为单位进行计算的，如果要计算年龄，用当天减去出生日期，得到的是天数，如果要得到具体是几岁，则要用year（截止日期）–year（出生日期）。表3-8列出了常用的日期和时间函数。

表3-8 日期和时间函数表

序号	函数	函数作用
1	DAY	将系列数转换为月份中的日
2	MONTH	将系列数转换为月
3	NOW	返回当前日期和时间的系列数
4	TODAY	返回当天日期的系列数
5	WEEKDAY	将系列数转换为星期
6	YEAR	将系列数转换为年

业务人员可以用TODAY函数来管理保单的续保，可用当天日期跟终保日期对比，判断保单是否需要进行续保提醒，如终保日期已过，则显示“脱保”，如离续保不到30天则显示“即将续保”，否则显示距续保的天数，如C列是终保日期，在单元格中输入公式=IF（C24-TODAY（）<0,"脱保",IF（C24-TODAY（）<30,"即将续保",C24-TODAY（）））。

（五）信息函数

信息函数主要用于判断“是”“否”，一般工作实务中不常用到，有时Excel表中会存在文本型数值，在计算时可能发生错误，这时可以用ISNUMBER进行检验，如果检验出文本需要转换成数值时，可以使用分列操作，后面“菜单命令”部分会进行介绍。表3-9列出了常用的信息函数。

表3-9　信息函数表

序号	函数	函数作用
1	CELL	返回有关单元格格式、位置或内容的信息
2	COUNTBLANK	计算区域中空单元格的个数
3	ISERROR	如果值为任何错误值，则返回TRUE
4	ISNUMBER	如果值为数字，则返回TRUE
5	ISTEXT	如果值为文本，则返回TRUE

（六）财务函数

财务函数一般工作实务中比较少用到，表3-10列出了常用的财务函数，如果工作中参与财务预测、投资测算的人员，可以自行上网查询或者使用Excel中的“帮助”进行学习。

表3-10　财务函数表

序号	函数	函数作用
1	EFFECT	返回实际年利率
2	FV	返回投资的未来值
3	IRR	返回一组现金流的内部收益率
4	PV	返回投资的现值

（七）查找和引用函数

查找和引用函数在工作实务中经常会使用，尤其VLOOKUP、HLOOKUP、INDIRECT、ADDRESS和OFFSET，熟悉查找和引用函数对于数据加工和整理效率有很大的帮助，比如原来有个同事，每个月要花差不多三天的时间整理客户信息，一条条查看上千个客户信息是否符合某个特征，我教她使用VLOOKUP函数，5分钟就解决了原来三天的工作。表3–11列出了常用的查找和引用函数。

表3–11 查找和引用函数表

序号	函数	函数作用
1	ADDRESS	以文本形式返回对工作表中单个单元格的引用
2	COLUMN	返回引用的列号
3	COLUMNS	返回引用中的列数
4	HLOOKUP	查找数组的顶行并返回指示单元格的值
5	INDEX	使用索引从引用或数组中选择值
6	INDIRECT	返回由文本值表示的引用
7	OFFSET	从给定引用中返回引用偏移量
8	ROW	返回引用的行号
9	ROWS	返回引用中的行数
10	TRANSPOSE	返回数组的转置
11	VLOOKUP	查找数组的第一列并移过行，然后返回单元格的值

1.VLOOKUP

是否能熟练使用VLOOKUP函数可以作为是否熟练使用Excel的标志之一。

VLOOKUP（查找目标,查找范围,查找第几列,是否精确匹配）。比如经常要将代码转换成具体的分支机构或者险种名称，如H列是机构代码，Index!$B$2:$C$55区域是机构代码对应的机构名称表，在单元格中输入公式=VLOOKUP（H2, Index!$B$2:$C$55,2），可以将机构代码转换成机构名称，比如“4400”为“广东分公司”。

VLOOKUP还经常用于两张清单表的信息匹配，如通过保单号或者赔案号进行起保日期、出险日期等信息匹配。

需要注意的是最后一个参数，false才是精确匹配，就是要完全一致才能返回匹配的信息，true是表示近似匹配，即使不完全一致也能返回匹配的信息，一般来说我们使用的是精确匹配；此外，可以用0或空值代表false，用1代表true；另外需要注意的是如果最后参数用空值，而前面的逗号不小心遗漏的话，返回的是近似匹配的信息。如=VLOOKUP（H2,Index!$B$2:$C$55,2），在使用中要注意。

HLOOKUP的使用和VLOOKUP的使用基本一致，稍有差异的是Hlookup是按行查找的，大家可以自己尝试，这里不再赘述。

2.INDIRECT和ADDRESS

INDIRECT和ADDRESS组合的函数是非常好用的函数，主要用于多表格操作，即将多个表格的信息汇总到其中一个表格，或者将一张表格的信息拆分到多张表格，可以极大地提高效率，减少错误。

INDIRECT（ADDRESS（行号,列号,,,工作表名称））,address函数用于获取单元格的地址，如在单元格中输入公式=ADDRESS（5,3,,,"保费清单"），则得到“保费清单!$C$5”，就是保费清单表中C5单元格的地址，INDIRECT是得到该单元格的信息，假设“保费清单!$C$5”单元格录入的是广东，输入公式=INDIRECT（ADDRESS（5,3,,,"保费清单"）），则得到“保费清单!$C$5”单元格的信息“广东”。

ADDRESS函数中的参数都是可以直接引用单元格信息的，这样改变“行号、列号和工作表名称”就可以获取不同表格、不同单元格的信息。

如我们让各家分支机构报送下面格式的信息，并希望汇总到同一张表格中，我们就可以用INDIRECT和ADDRESS函数进行汇总，如表3-12所示。

表3-12　INDIRECT和ADDRESS组合函数示例

	交强险	商业车险	提车险
非营业党政机关事业团体	24953	94753	—
非营业个人	3824044	22216757	2972
非营业企业	869886	4584891	—
摩托车	240	176	—
特种车	17442	92322	—
营业城市公交	55266	205244	—
营业公路客运	118658	242131	—
营业货运	68262	302142	—

只要在汇总表中输入公式=INDIRECT（ADDRESS（$A8,3,,,E$2）），即可将各家分支机构交强险的保费收入汇总到同一张表格中，其中需要注意，行号要引用下表中左边第一列的行号，表格名称要引用下表中第一行的表格名称（表格名称用的是代码），如表3-13所示。

表3-13　INDIRECT和ADDRESS组合函数示例

	表格代码	4401	4403	4405	4406	4413	4419
	交强险						
行号		广州	深圳	佛山	中山	惠州	梅州
4	非营业党政机关事业团体	24953	—	—	1070	—	—
5	非营业个人	3824044	472390	26880	24485	51780	99358
6	非营业企业	869886	42627	900	904	5901	11741
7	摩托车	240	—	—	—	—	—
8	特种车	17442	—	—	—	—	—
9	营业城市公交	55266	—	—	—	—	—
10	营业公路客运	118658	—	—	—	—	—
11	营业货运	68262	12065	—	—	—	—

反之，也可以用INDIRECT和ADDRESS将汇总的信息拆分到各个表格中去，如拆分成不同机构或者拆分成不同险种，这在实务工作中经常用到。

这两个组合函数灵活使用的关键是“行号、列号和表格名称”的灵活应用，一般不在公式中直接输入具体的“数字和表格名称”，而是引用单元格的“数字和名称”，结合引用单元格的变化，改变“行、列号和表格名称”，就可以获取不同表格、不同单元格的信息。

3.OFFSET

OFFSET（参照单元格，偏移行数，偏移列数，引用行数，引用列数），可以用于流量三角形的形式转换。

我们原始生成的流量三角形如下，是向右偏的，纵向是出险时间，横向是赔付时间，这种三角形便于汇总各个赔付区间的赔款，以便跟财务数据进行核对，如图3-67所示。

DM/PM	201401	201402	201403	201404	201405	201406	201407	201408	201409	201410	201411	201412
201401	5,316,092	2,768,212	2,943,602	1,221,845	767,121	142,825	198,939	39,806	34,742	25,020	420,377	126,140
201402	-	4,216,862	4,714,751	1,624,784	653,347	177,611	230,452	82,568	16,602	19,339	157,142	96,480
201403	-	-	4,710,600	3,982,391	1,952,947	607,926	332,900	141,000	102,790	60,278	44,197	34,903
201404	-	-	-	4,916,330	3,330,958	1,798,523	472,224	242,771	157,094	148,222	135,162	61,733
201405	-	-	-	-	6,182,054	5,544,515	2,307,558	686,844	411,245	232,131	227,002	54,786
201406	-	-	-	-	-	4,967,473	4,380,467	1,776,864	747,747	160,231	387,787	265,239
201407	-	-	-	-	-	-	6,004,447	4,529,920	1,908,244	445,477	546,483	673,699
201408	-	-	-	-	-	-	-	5,522,986	5,637,393	2,027,336	784,129	782,016
201409	-	-	-	-	-	-	-	-	5,848,724	4,487,817	2,380,920	1,522,453
201410	-	-	-	-	-	-	-	-	-	6,455,232	5,691,094	2,728,619
201411	-	-	-	-	-	-	-	-	-	-	5,892,990	6,489,173
201412	-	-	-	-	-	-	-	-	-	-	-	8,455,669

图3–67　OFFSET函数示例截图

但我们一般做准备金评估时，希望纵向是出险时间，横向是进展时间，如图3–68所示。

DM/PM	1	2	3	4	5	6	7	8	9	10	11	12
201401	5,316,092	2,768,212	2,943,602	1,221,845	767,121	142,825	198,939	39,806	34,742	25,020	420,377	126,140
201402	4,216,862	4,714,751	1,624,784	653,347	177,611	230,452	82,568	16,602	19,339	157,142	96,480	
201403	4,710,600	3,982,391	1,952,947	607,926	332,900	141,000	102,790	60,278	44,197	34,903		
201404	4,916,330	3,330,958	1,798,523	472,224	242,771	157,094	148,222	135,162	61,733			
201405	6,182,054	5,544,515	2,307,558	686,844	411,245	232,131	227,002	54,786				
201406	4,967,473	4,380,467	1,776,864	747,747	160,231	387,787	265,239					
201407	6,004,447	4,529,920	1,908,244	445,477	546,483	673,699						
201408	5,522,986	5,637,393	2,027,336	784,129	782,016							
201409	5,848,724	4,487,817	2,380,920	1,522,453								
201410	6,455,232	5,691,094	2,728,619									
201411	5,892,990	6,489,173										
201412	8,455,669											

图3–68　OFFSET函数示例截图

这时可以用OFFSET函数进行转换，我们观察到行的排列是不变的，只是把下一行往左移动一列，如此以原表的单元格作为参照单元格，每下移一行就往左移动一列，在相应表格中输入公式=OFFSET（C4,,$O18,,）并填充到三角形中，就可得到转换的三角形。注意参照单元格“C4”和偏移列数“$O18”引用相应的单元格信息，如图3–69所示。

=OFFSET(C4,,$O18,,)

B	C	D	E	F	G	H	I	J	K	L	M	N	O
DM/PM	201401	201402	201403	201404	201405	201406	201407	201408	201409	201410	201411	201412	
201401	5,316,092	2,768,212	2,943,602	1,221,845	767,121	142,825	198,939	39,806	34,742	25,020	420,377	126,140	
201402	-	4,216,862	4,714,751	1,624,784	653,347	177,611	230,452	82,568	16,602	19,339	157,142	96,480	
201403	-	-	4,710,600	3,982,391	1,952,947	607,926	332,900	141,000	102,790	60,278	44,197	34,903	
201404	-	-	-	4,916,330	3,330,958	1,798,523	472,224	242,771	157,094	148,222	135,162	61,733	
201405	-	-	-	-	6,182,054	5,544,515	2,307,558	686,844	411,245	232,131	227,002	54,786	
201406	-	-	-	-	-	4,967,473	4,380,467	1,776,864	747,747	160,231	387,787	265,239	
201407	-	-	-	-	-	-	6,004,447	4,529,920	1,908,244	445,477	546,483	673,699	
201408	-	-	-	-	-	-	-	5,522,986	5,637,393	2,027,336	784,129	782,016	
201409	-	-	-	-	-	-	-	-	5,848,724	4,487,817	2,380,920	1,522,453	
201410	-	-	-	-	-	-	-	-	-	6,455,232	5,691,094	2,728,619	
201411	-	-	-	-	-	-	-	-	-	-	5,892,990	6,489,173	
201412	-	-	-	-	-	-	-	-	-	-	-	8,455,669	

DM/PM	201401	201402	201403	201404	201405	201406	201407	201408	201409	201410	201411	201412	列偏移
201401	5,316,092	2,768,212	2,943,602	1,221,845	767,121	142,825	198,939	39,806	34,742	25,020	420,377	126,140	0
=OFFSET(C4,,$O18,,)		4,714,751	1,624,784	653,347	177,611	230,452	82,568	16,602	19,339	157,142	96,480	-	1
2(OFFSET(reference, rows, **cols**, [height], [width])	[illegible]	[illegible]	[illegible]	607,926	332,900	141,000	102,790	60,278	44,197	34,903	-	-	2
201404	4,916,330	3,330,958	1,798,523	472,224	242,771	157,094	148,222	135,162	61,733	-	-	-	3
201405	6,182,054	5,544,515	2,307,558	686,844	411,245	232,131	227,002	54,786	-	-	-	-	4
201406	4,967,473	4,380,467	1,776,864	747,747	160,231	387,787	265,239	-	-	-	-	-	5
201407	6,004,447	4,529,920	1,908,244	445,477	546,483	673,699	-	-	-	-	-	-	6
201408	5,522,986	5,637,393	2,027,336	784,129	782,016	-	-	-	-	-	-	-	7
201409	5,848,724	4,487,817	2,380,920	1,522,453	-	-	-	-	-	-	-	-	8
201410	6,455,232	5,691,094	2,728,619	-	-	-	-	-	-	-	-	-	9
201411	5,892,990	6,489,173	-	-	-	-	-	-	-	-	-	-	10
201412	8,455,669	-	-	-	-	-	-	-	-	-	-	-	11

图3–69　OFFSET函数示例截图

4.TRANSPOSE

TRANSPOSE用于数组行和列的转换，即可以将一列数转换成一行数，也可以将一行数转换成一列数，需要注意的是，输入公式的时候要同时选择同样的单元格数量，行和列的数量要一致，在公式编辑栏中输入公式，比如=TRANSPOSE（C17:C28）后要同时按“Ctrl+Shift+Enter”键才能完成转换，如果只按“Enter”键会出错。

5.ROW和COLUMN

ROW函数用于引用单元格的行号，如在C5单元格中输入=row（）得到5，我们在编辑公式时，有时需要在公式中添加参数，而参数的变动正好与行号的变动一致的时候，就可以直接引用单元格的行号作为参数。COLUMN的使用与ROW一样。

（八）文本函数

文本函数主要用于获取一段文本中的某几个字符，在实务中也会经常用到，比如在保单号中获取机构代码或者险种代码，在身份证号中获取出生年月日等。表3-14列出了常用的文本函数。

表3-14 文本函数表

序号	函数	函数作用
1	CHAR	返回由编码号码所指定的字符
2	CODE	返回文本串中第一个字符的数字编码
3	FIND	在其他文本值中查找文本值（区分大小写）
4	LEFT	返回文本值中最左边的字符
5	LEN	返回文本串中字符的个数
6	LOWER	将文本转换为小写
7	MID	从文本串中的指定位置开始返回特定数目的字符
8	PROPER	将文本值中每个单词的首字母设置为大写
9	RIGHT	返回文本值中最右边的字符
10	SEARCH	在其他文本值中查找文本值（不区分大小写）
11	TEXT	设置数字的格式并将其转换为文本
12	UPPER	将文本转换为大写
13	&	将两串字符连接

1.LEFT和RIGHT

LEFT（字符串,字符数），可用于获取一段文本中左边的字符，比如我们导出清单是机构代码显示“广东分公司、深圳分公司……”为了显示简洁，我们只需要显示“广东、深圳……”这时我们可以在单元格中输入公式=LEFT（C2,2），则可将L列中的分支机构名称进行简化，只得到前两个字符的名称。

RIGHT（字符串,字符数），获取的是文本右边的字符，使用方法跟LEFT完全一样。

2.MID

MID（字符串,开始字符位置,字符数），可用于获取一段文本中从指定位置开始的指定字符数，如我们需要获取身份证号中的出生年月日，如身份证号为“110203198503251123”，可以在单元格中输入公式=MID（B7,7,8），则可获取从第七个数字开始的8位数“19850325”。

3.&

与MID函数相反，&可将两个或者多个字符串连接起来成为文本，比如人力资源部在收集员工信息时，有时会将姓和名分开，在使用时如需要将姓名和起来，可以采用&函数。

如下表所示，姓和名，在单元格中输入公式=C2&C3即可将姓名连接起来。有的姓名是两个字，有的是三个字，为了美观经常会在两个字的中间空一格，这时可以输入公式=IF（LEN（C2&C3）<3,C2&”“&C3，C2&C3），先用IF函数判断，但姓名的长度小于3个字时，在中间增加一个空格“C2&”“&C3”，就得到最后一行的姓名，如表3-15所示。

表3-15　&函数示例

姓	宋	卢	吴	公孙	关	林	秦	呼延
名	江	俊义	用	胜	胜	冲	明	灼
姓名	宋江	卢俊义	吴用	公孙胜	关胜	林冲	秦明	呼延灼

（九）自定义函数

Excel有自带函数库，但有时候我们觉得函数不够用，或者需要由多个函数进行组合，输入的参数太多，比较麻烦，这时候可以通过自定义函数来使用，下面简单介绍使用自定义函数的步骤。

（1）点击“工具”中的“宏”，选择“Visual Basic编辑器”项（按“Alt+F11”

快捷键一样效果），如图3-70所示。

图3-70 自定义函数示例截图

（2）在执行步骤（1）后跳出“Visual Basic编辑器-Book1”窗口，如图3-71所示。

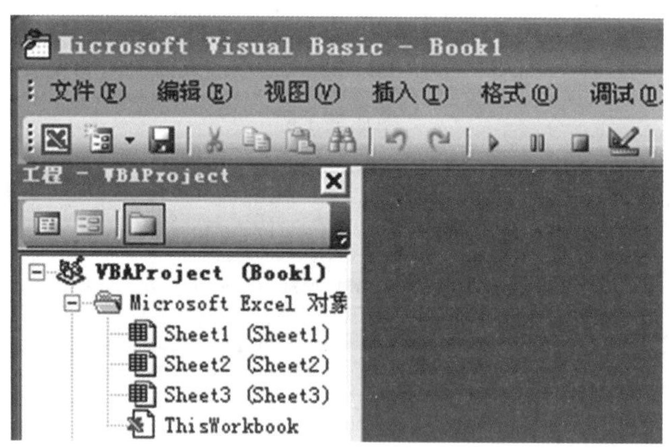

图3-71 自定义函数示例截图

（3）在“Visual Basic编辑器-Book1”窗口中，点击“插入”中的“模块”项，如图3-72所示。

图3–72　自定义函数示例截图

（4）执行步骤（3），会跳出如下命令窗口，如图3–73所示。

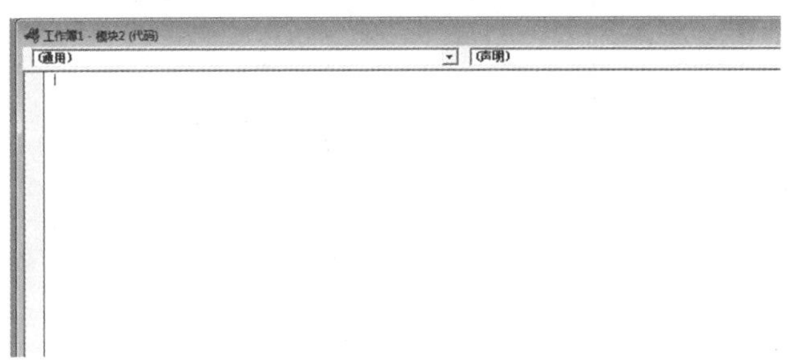

图3–73　自定义函数示例截图

（5）如图3–74所示，在“Book1–模块1（代码）”窗口里输入：

Function S（a,b）

S = a * b / 2

End Function

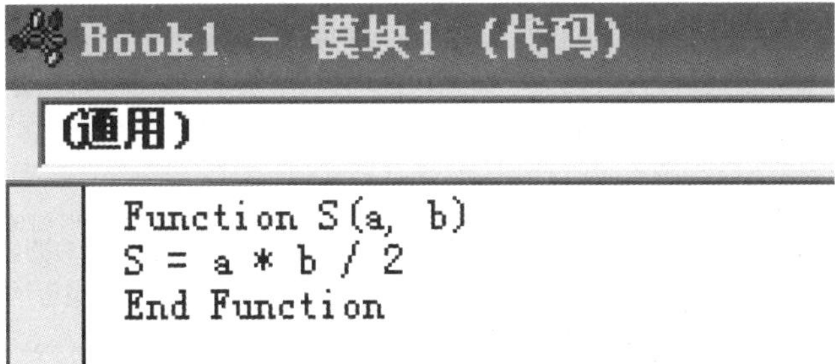

图3–74　自定义函数示例截图

（6）Function S（a,b）是定义函数及参数的，自定义函数必须首先这么定义自己的函数，然后以End Function作结束。输入完毕，关闭窗口，自定义的函数就完成了。

（7）自定义函数实际的运用，如图3–75所示的两组数据，我们来计算面积。

	A	B	C
1	直角三角形面积		
2	直角边1	直角边2	面积
3	1	2	
4	4	5	

图3–75　自定义函数示例截图

（8）表格中，点击C3单元格，在fx处输入“=S（A3,B3）”就行了，只要一回车确定，面积就出来了，如图3–76所示。

SUM　fx　=S (A3,B3)

	A	B	C	D
1	直角三角形面积			
2	直角边1	直角边2	面积	
3	1	2	(A3,B3)	
4	4	5		

图3–76　自定义函数示例截图

（9）C4单元格面积的确定，和C3单元格一样，只是“=S（A4,B4）”依次类推。其实，其他函数也差不多这样做，只是自定义复杂函数，需要更复杂的数学知识和VBA知识，这需要不断地学习和积累。

三、公式编辑的技巧

上面介绍了各类行数的用途，并举例介绍了常用函数的使用方法，除了各个函数的具体使用方法，还有一些通用的技巧，可以帮助大家提高Excel函数的使用技能。

（一）公式中数值或名称的引用

在函数公式编辑中，经常会输入数值或名称，比如要汇总保费清单中“广东分公司”的保费数据，可以输入公式=SUMIF（$G$1:$G$12279,"广东分公司",$Q$1:$Q$12279），这样可以将清单中广东分公司的保费进行汇总，过一天又需要汇总深圳分公司的数据，则把公式修改为=SUMIF（$G$1:$G$12279,"深圳分公司",$Q$1:$Q$12279），这可以达到我们的目的，但每次都要修改公式，而且看起来不够直观。因此，要确定汇总的数据到底是“广东分公司”还是“深圳分公司”时，需要查看公式才知道。

另一种方式是把公式中的名称“广东分公司”修改成引用单元格的信息，比如=SUMIF（$G$1:$G$12279,B1,$Q$1:$Q$12279），这样每次只要修改B1单元格中分公司的名称，就可以得到对应分公司的数据，如图3-77所示。

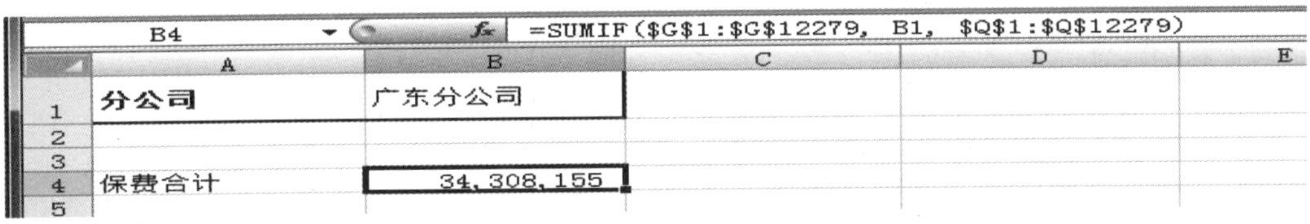

B4　=SUMIF($G$1:$G$12279, B1, $Q$1:$Q$12279)

	A	B	C	D	E
1	分公司	广东分公司			
2					
3					
4	保费合计	34,308,155			
5					

图3-77　公式中名称的引用示例截图

引用数值也会有同样的情况，通常编辑公式不能只考虑使用一次，为了以后方便修改，除了一般不会变动的数值和名称外，通常不建议在公式中输入具体的数值和名称，而是引用单元格的数值和名称，这样只要修改单元格的数值和名称就能得到新的结果。

（二）灵活使用单元格的绝对引用和相对引用

从上面的例子中，可以看到大部分函数都会引用表格中的单元格，有些单元格地址前面会有一个“$”符号，这时表示绝对引用的意思，一般而言编辑函数，不可能只填充在一个单元格，有可能用于一行或者一列，或者是一个二维区域，当公式在不同单元格时，如果我们希望引用的区域或者单元格不发生变化，就在前面增加一个“$”符号，每个单元格的地址都是一个二维的代码，就是由列和行组成的，Excel默认的单元格引用是相对引用的，就是当公式向下填充的时候行标会发生变化，向右填充的时候，列标会发生变化，如下表，我们看到公式向下填充的时候行标逐渐增加“C4→C5→C6→C7……”，向右填充的时候列标逐渐增加“C4→D4→E4……”，如表3-16所示。

表3-16　相对引用和绝对引用示例

=C4	=D4	=E4
=C5	=D5	=E5
=C6	=D6	=E6
=C7	=D7	=E7

如果要完全固定一个单元格地址，则要在列标和行标前都加上“$”符号，如

“$C$4”，这样公式在拖曳填充的过程中，“$C$4”单元格都是不变的，如表3–17所示。

表3–17　　相对引用和绝对引用示例

=$C$4	=$C$4	=$C$4
=$C$4	=$C$4	=$C$4
=$C$4	=$C$4	=$C$4
=$C$4	=$C$4	=$C$4

如果只在列标上加“$”符号，如“$C4”，则公式在向下拖曳填充的时候，行标是会发生变化的，但公式在向右拖曳填充时，列标由于使用了“绝对应用”，都不会发生变化，如表3–18所示。

表3–18　　相对引用和绝对引用示例

=$C4	=$C4	=$C4
=$C5	=$C5	=$C5
=$C6	=$C6	=$C6
=$C7	=$C7	=$C7

反之，列标变化，行标不变，如表3–19所示。

表3–19　　相对引用和绝对引用示例

=C$4	=D$4	=E$4
=C$4	=D$4	=E$4
=C$4	=D$4	=E$4
=C$4	=D$4	=E$4

比如公式=SUMIFS（$Q$1:$Q$12279，$G$1:$G$12279，$B18，$H$1:$H$12279，C$17），第一项“$Q$1:$Q$12279”是清单的保费，第二项“$G$1:$G$12279”和第四项“$H$1:$H$12279”是清单中的机构和险种，需要与保费一一对应，所以都不希望发生变动，列标和行标都加了“$”符号；第三项“$B18”是引用汇总表中的机构，因为一行代表一个机构，所以希望在不同行引用不同机构，但不同列仍然保持相同的机构，即行标可以变动、列标不变，所以在列标前加“$”符号，这样在同一行引用的都是“$B18”，而在下一行引用的是

“$B19”；第五项“C$17”是引用汇总表中的险种，每列代表不同险种，所以希望在不同列引用不同的险种，但不同行仍然保持相同的险种，即列标可以变动、行标不变，所以在行标前加“$”符号，这样在下一行仍然引用“C$17”，但在右边列引用的是“D$17”，如表3–20所示。

表3–20　相对引用和绝对引用示例

分公司/险种	商业车险	交强险
广东分公司	=SUMIFS（$Q$1:$Q$12279,$G$1:$G$12279,$B18,$H$1:$H$12279,C$17）	=SUMIFS（$Q$1:$Q$12279,$G$1:$G$12279,$B18,$H$1:$H$12279,D$17）
深圳分公司	=SUMIFS（$Q$1:$Q$12279,$G$1:$G$12279,$B19,$H$1:$H$12279,C$17）	=SUMIFS（$Q$1:$Q$12279,$G$1:$G$12279,$B19,$H$1:$H$12279,D$17）

Excel编辑公式引用单元格时，默认的是相对引用，如果要改成绝对引用，可以在公式编辑栏上直接输入“$”符号，即“shift+数字键4”，也可在公式编辑栏按“F4”进行转换，每按一下“F4”键，转换的过程分别是“相对引用→全绝对引用→行绝对引用→列绝对引用→相对引用”。

什么时候使用绝对引用？一般而言，清单或者原始数据因为希望汇总的清单区域是不变的，会用全绝对引用；对于汇总表或者合计表中行标签（行标签和列标签的区分参照数据透视表）对列使用绝对引用，对行使用相对引用；对于列标签对行使用绝对引用，对列使用相对引用；对于整个表的筛选条件使用全绝对引用。绝对引用和相对引用只要多用、多试，很快就会熟悉。

（三）对清单汇总区域预留更多的行

如前面提到的公式=SUMIF（$G$1:$G$12279,B1,$Q$1:$Q$12279），从公式中我们可以看出是对12279行的数据进行汇总，假如这是一个月的数据，未来我们都要按这个格式进行汇总，我们知道数据量都是1万多行，有时多一些，有时少一些，为了避免以后每次都要修改公式，我们可以在编辑公式时预留更多的行，如把公式写成=SUMIF（$G$1:$G$20000,B1,$Q$1:$Q$20000），这样只要数据不超过2万行，就不用再修改公式，只要更新清单数据就能得到结果了。

假如可能会用更多的数据，这时还有另一个方法，就是引用整列，如把公式修改为==SUMIF（G:G,B1,Q:Q），这样就是引用整个G列和Q列的数据，只要数据清单不超过Excel行数1048576行的数量，就不用修改数据，而且如果超过Excel的行数一般也不会再使用Excel进行汇总了。

既然可以引用整列，有的人可能会说那以后每次都引用整列就好了，这也会有一个问题，如果公式太过复杂，可能会导致运算速度下降，所以通常要有个取舍，一般还是不建议引用整列，预留的行次只要够用就行。

（四）不同公式可以实现同样功能

前面提到用Offset可以实现流量三角形的转换，实际上使用Index也可以实现同样的转换，Index（引用区域,区域行数,区域列数），就是可以按指定行、列返回引用区域内的数值，如图3-78、图3-79所示。

DM/PM	201401	201402	201403	201404	201405	201406	201407	201408	201409	201410	201411	201412
201401	5,316,092	2,768,212	2,943,602	1,221,845	767,121	142,825	198,939	39,806	34,742	25,020	420,377	126,140
201402	-	4,216,862	4,714,751	1,624,784	653,347	177,611	230,452	82,568	16,602	19,339	157,142	96,480
201403	-	-	4,710,600	3,982,391	1,952,947	607,926	332,900	141,000	102,790	60,278	44,197	34,903
201404	-	-	-	4,916,330	3,330,958	1,798,523	472,224	242,771	157,094	148,222	135,162	61,733
201405	-	-	-	-	6,182,054	5,544,515	2,307,558	686,844	411,245	232,131	227,002	54,786
201406	-	-	-	-	-	4,967,473	4,380,467	1,776,864	747,747	160,231	387,787	265,239
201407	-	-	-	-	-	-	6,004,447	4,529,920	1,908,244	445,477	546,483	673,699
201408	-	-	-	-	-	-	-	5,522,986	5,637,393	2,027,336	784,129	782,016
201409	-	-	-	-	-	-	-	-	5,848,724	4,487,817	2,380,920	1,522,453
201410	-	-	-	-	-	-	-	-	-	6,455,232	5,691,094	2,728,619
201411	-	-	-	-	-	-	-	-	-	-	5,892,990	6,489,173
201412	-	-	-	-	-	-	-	-	-	-	-	8,455,669

图3-78 不同公式实现同样功能示例截图

DM/PM	201401	201402	201403	201404	201405	201406	201407	201408	201409	201410	201411	201412
201401	5,316,092	2,768,212	2,943,602	1,221,845	767,121	142,825	198,939	39,806	34,742	25,020	420,377	126,140
201402	4,216,862	4,714,751	1,624,784	653,347	177,611	230,452	82,568	16,602	19,339	157,142	96,480	-
201403	4,710,600	3,982,391	1,952,947	607,926	332,900	141,000	102,790	60,278	44,197	34,903	-	-
201404	4,916,330	3,330,958	1,798,523	472,224	242,771	157,094	148,222	135,162	61,733	-	-	-
201405	6,182,054	5,544,515	2,307,558	686,844	411,245	232,131	227,002	54,786	-	-	-	-
201406	4,967,473	4,380,467	1,776,864	747,747	160,231	387,787	265,239	-	-	-	-	-
201407	6,004,447	4,529,920	1,908,244	445,477	546,483	673,699	-	-	-	-	-	-
201408	5,522,986	5,637,393	2,027,336	784,129	782,016	-	-	-	-	-	-	-
201409	5,848,724	4,487,817	2,380,920	1,522,453	-	-	-	-	-	-	-	-
201410	6,455,232	5,691,094	2,728,619	-	-	-	-	-	-	-	-	-
201411	5,892,990	6,489,173	-	-	-	-	-	-	-	-	-	-
201412	8,455,669	-	-	-	-	-	-	-	-	-	-	-

图3-79 不同公式实现同样功能示例截图

观察两个表格的差异，我们发现行的次序是没有变化的，列的次序每往下一行，则依次增加一列。由于第一行跟原表一样，对于这种情况，一般建议从第二行开始编辑公式，我们可以编辑公式=INDEX（$C$3:$N$14,$O33,C$30+$O33-1），“$C$3:$N$14”表示引用的区域，即原始流量三角形；“$O33”表示行序，因为不会变化，所以只有一个参数，每一行往下依次增加1；“C$30+$O33-1”表示列序，因为第二行的第一列引用的是原表中第二行的第二列，“C$30”表示原来的列序，也是依次增加的，“$O33-1”表示每往下一行需要增加的列序，如第二行就是“2-1=1”，表示需要在原来基础上增加一列，只要填充公式即可得到图3-80。

C33　=INDEX($C$3:$N$14,$O33,C$30+$O33-1)

列序	1	2	3	4	5	6	7	8	9	10	11	12	
DM/PM	201401	201402	201403	201404	201405	201406	201407	201408	201409	201410	201411	201412	行序
201401	5,316,092	2,768,212	2,943,602	1,221,845	767,121	142,825	198,939	39,806	34,742	25,020	420,377	126,140	1
201[illegible]	4,216,862	4,714,751	1,624,784	653,347	177,611	230,452	82,568	16,602	19,339	157,142	96,480	#REF!	2
201403	4,710,600	3,982,391	1,952,947	607,926	332,900	141,000	102,790	60,278	44,197	34,903	#REF!	#REF!	3
201404	4,916,330	3,330,958	1,798,523	472,224	242,771	157,094	148,222	135,162	61,733	#REF!	#REF!	#REF!	4
201405	6,182,054	5,544,515	2,307,558	686,844	411,245	232,131	227,002	54,786	#REF!	#REF!	#REF!	#REF!	5
201406	4,967,473	4,380,467	1,776,864	747,747	160,231	387,787	265,239	#REF!	#REF!	#REF!	#REF!	#REF!	6
201407	6,004,447	4,529,920	1,908,244	445,477	546,483	673,699	#REF!	#REF!	#REF!	#REF!	#REF!	#REF!	7
201408	5,522,986	5,637,393	2,027,336	784,129	782,016	#REF!	#REF!	#REF!	#REF!	#REF!	#REF!	#REF!	8
201409	5,848,724	4,487,817	2,380,920	1,522,453	#REF!	#REF!	#REF!	#REF!	#REF!	#REF!	#REF!	#REF!	9
201410	6,455,232	5,691,094	2,728,619	#REF!	#REF!	#REF!	#REF!	#REF!	#REF!	#REF!	#REF!	#REF!	10
201411	5,892,990	6,489,173	#REF!	#REF!	#REF!	#REF!	#REF!	#REF!	#REF!	#REF!	#REF!	#REF!	11
201412	8,455,669	#REF!	#REF!	#REF!	#REF!	#REF!	#REF!	#REF!	#REF!	#REF!	#REF!	#REF!	12

图3-80　不同公式实现同样功能示例截图

做完后，我们发现表格中出现了一些“#REF!”，这表示“无效的单元格引用”，因为原表只有12行×12列，我们引用的列序超过13的时候就会出现错误，这时可以在公式前增加iferror公式解决，输入公式=IFERROR（INDEX（$C$3:$N$14,$O49,C$30+$O49-1）,""），即出现错误时，显示空值，如图3-81所示。

C49　=IFERROR(INDEX($C$3:$N$14,$O49,C$30+$O49-1),"")

列序	1	2	3	4	5	6	7	8	9	10	11	12	
DM/PM	201401	201402	201403	201404	201405	201406	201407	201408	201409	201410	201411	201412	行序
201401	5,316,092	2,768,212	2,943,602	1,221,845	767,121	142,825	198,939	39,806	34,742	25,020	420,377	126,140	1
201[illegible]	4,216,862	4,714,751	1,624,784	653,347	177,611	230,452	82,568	16,602	19,339	157,142	96,480		2
201403	4,710,600	3,982,391	1,952,947	607,926	332,900	141,000	102,790	60,278	44,197	34,903			3
201404	4,916,330	3,330,958	1,798,523	472,224	242,771	157,094	148,222	135,162	61,733				4
201405	6,182,054	5,544,515	2,307,558	686,844	411,245	232,131	227,002	54,786					5
201406	4,967,473	4,380,467	1,776,864	747,747	160,231	387,787	265,239						6
201407	6,004,447	4,529,920	1,908,244	445,477	546,483	673,699							7
201408	5,522,986	5,637,393	2,027,336	784,129	782,016								8
201409	5,848,724	4,487,817	2,380,920	1,522,453									9
201410	6,455,232	5,691,094	2,728,619										10
201411	5,892,990	6,489,173											11
201412	8,455,669												12

图3-81　不同公式实现同样功能示例截图

对于采用哪个公式进行编辑，主要取决于每个人对不同函数公式的掌握程度和使用习惯，从前面的分析可以看出Offset看起来比Index简洁得多，但实际上Offset的引用数据也超出了原表的范围，只是正好超出的部分是空白的，所以显示为0，如果超出的表格部分是有数值的，也要修改公式才能符合要求。

同样道理，Excel的很多不同函数均可以实现同样的功能，有的函数本来就是其他函数的组合，如iferror就是if和iserror的组合，在2003版之前是没有的，2007版之后才增加该函数。大家通过不断地使用、积累经验，逐渐就能发现最合适、效率最高、形式最简化的函数。

（五）养成写操作说明的习惯

前面提到，我们在编辑函数公式时通常不是一次性的，一般会重复使用该表格，所以除了一目了然的公式之外，对于每个Excel表，建议在前面简要编辑公式说明及注意事项，比如对于前面根据分公司保费清单汇总的公式=SUMIF（$G$1:$G$20000,B1,$Q$1:$Q$20000），可以编辑更新说明：

（1）只要更改B1单元格中的分公司名称就能得到对应分公司的保费汇总数；

（2）更新清单数据，可以得到新的统计时点的分公司保费汇总数；

（3）如果清单数超过2万条，要注意修改公式中的行数，否则会遗漏部分数据。

这样既便于自己使用，也便于别人使用，如果自己临时有事，只要把表格发给同事，同事也可以帮你完成相应工作。

（六）在函数公式中输入文本的要加双引号

我们输入公式=IF（A1>=60,合格,不合格），即判断得分是否超过60分，超过60分的显示“合格”，不足60分的显示“不合格”，发现结果是“#NAME?”，原因是输入的文本“合格”和“不合格”未加双引号，正确的公式是=IF（A1>=60,"合格","不合格"），需要注意的Excel公式中的双引号是英文输入方式下的双引号，其他公式也是类似情况，如果公式中带有文本字段，当结果出现“#NAME?”时需要检查文本是否加了双引号。

四、菜单命令

大家对Excel等软件的菜单命令都比较熟悉，对于一些常用的菜单命令，比如字体、格式等跟Word同样功能的菜单命令不再一一赘述，下面是Excel特有且能提高Excel使用效率的常用菜单命令。下表列出了常用菜单命令所在的位置及简单的作用描述，如表3-21所示。

表3-21 菜单命令表

菜单命令	位置	作用
条件格式	开始—条件格式	按条件标示不同颜色
选择性粘贴	开始—粘贴—选择性粘贴	将内容粘贴成需要的格式
排序	数据—排序	按一定条件对单元格进行排序
分列	数据—分列	将整行内容分成几列
数据有效性	数据—数据有效性	允许输入数据的类型和范围
删除重复项	数据—删除重复项	删除重复的数据
编辑链接	数据—编辑链接—更改源	更改引用的“源文件”，将外部引用更新到最新的文件

续表

菜单命令	位置	作用
追踪引用单元格	公式—追踪引用单元格	追踪引用的单元格
显示公式	公式—显示公式	查看单元格的公式
公式	计算选项—手动	将Excel的自动计算切换成手动计算
打印区域	页面布局—打印区域	设置需要打印的区域
打印标题	页面布局—打印标题	打印时每页都打印标题
分页预览	视图—分页预览	突出显示打印的区域
保护工作表	审阅—保护工作表	对锁定的区域进行保护

下面就上表中的各项菜单命令做一个简要的介绍和举例说明。

（一）条件格式

尽管经常与数据打交道，但是在一组数据中找出最大值和最小值还是要花费较长的时间和精力，由于对图形的敏感性远高于对数据的敏感性，如果加上颜色或者图标则可以一目了然，条件格式就是为此而设置的。

条件格式包括突出显示单元格规则、项目选取规则、数据条、色阶、图标集等相关标识规则，可以为数据的大小做标识。其中比较常用的有突出显示单元格规则和数据条。

（1）突出显示单元格规则。就是设置一定的规则，符合规则的就会突出显示，可以设置字体或者单元格底色等突出显示，让使用者一眼就能看到符合规则的数据。如设置点播次数大于40000时填充不同的颜色和文本颜色，设置后就能轻松发现相应的数据，如图3–82所示。

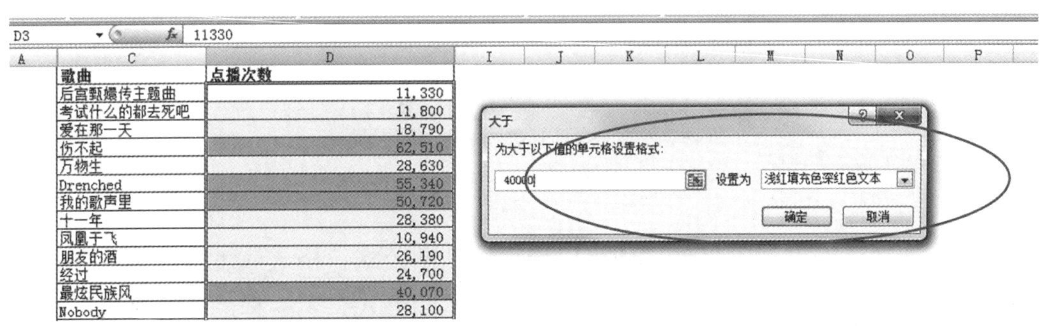

图3–82　条件格式使用示例截图

（2）数据条。通过设置数据条，能轻松地比较数据的大小，如图3-83所示。

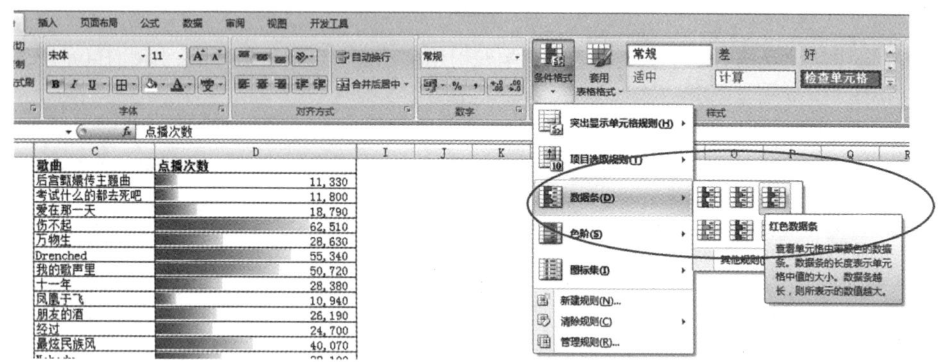

图3-83 条件格式使用示例截图

其他的设置类似，不再一一说明。

（二）选择性粘贴

有时在编辑公式得到计算结果后，把结果拷贝到另一个文件时，由于另一个文件没有基础数据，粘贴后显示的是错误的结果，这时我们可以采用选择性粘贴的功能。

即把结果选择性粘贴成数值，这样在另一个文件中显示的就是数值的结果，不会因为基础数据没有拷贝过去而显示错误的结果，如图3-84所示。

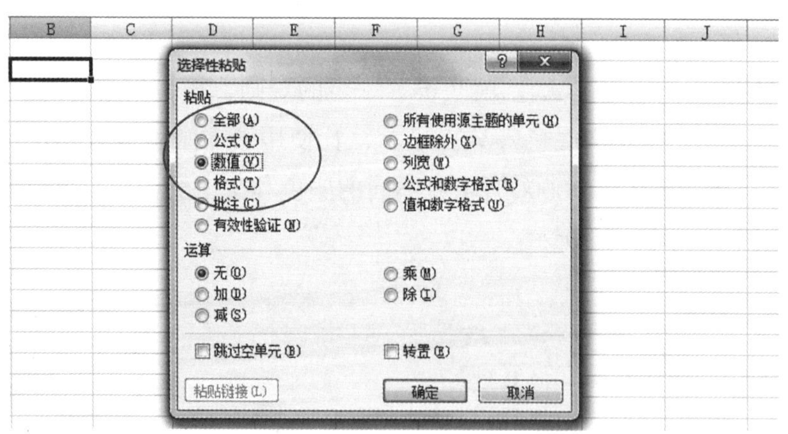

图3-84 选择性粘贴使用示例截图

除了选择性粘贴数值之外，还可以选择性粘贴公式、格式或者批注等，如我们要给另一个表格增加同样的批注内容，但单元格的公式是不一样的，这时可以选择性粘贴批注。

（三）排序

我们经常根据数据的大小进行排列，如要看看分支机构的保费收入高低排名，就可以通过“排序”命令进行排名，这个命令比较简单。Excel默认的排序是“升序”，就是“从小到大”进行排序，如果要“从大到小”进行排序，则要把选项改成“降序”，除此还可以进行自定义排序。

Excel2007以上版本除了根据数据大小和字母顺序进行排序外，还提供了根据颜色和图标进行排序的选择，这可以通过修改“排序依据”进行相应操作，如图3–85所示。

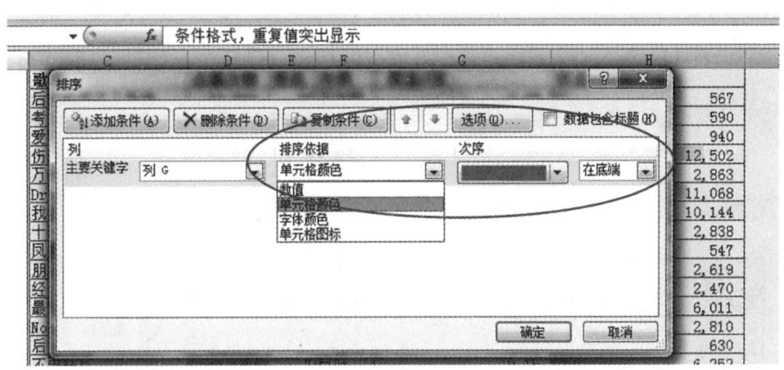

图3–85 排序使用示例截图

使用“排序”时，有两个注意事项：一方面，对数据排序是需要选择所有的数据，而不是只选择要排序的列，否则会出现数据类进行了新的排序，但其他字段没有变动，导致数据表出现错误，如图3–86所示，点击次数出现了排序，但歌手和歌名并没有跟着点击次数一起变化；另一方面，一般数据表都有标题，这时要勾选“数据包含标题”，不然排序时也会将标题进行排序。

H2 点播次数

	B	C	D	E	F	G	H
1							
2	歌手	歌曲	点播次数		歌手	歌曲	点播次数
3	凤凰传奇	最炫民族风	340070		姚贝娜	后宫甄嬛传主题曲	340070
4	王麟	伤不起	62510		徐良	考试什么的都去死吧	62510
5	曲婉婷	Drenched	55340		武艺	爱在那一天	55340
6	曲婉婷	我的歌声里	50720		王麟	伤不起	50720
7	夏天Alex	不再联系	41680		萨顶顶	万物生	41680
8	黄晓明	匹夫	41510		曲婉婷	Drenched	41510
9	汪峰	再见青春	31440		曲婉婷	我的歌声里	31440
10	萨顶顶	万物生	28630		邱永传	十一年	28630
11	邱永传	十一年	28380		刘欢	凤凰于飞	28380
12	Wonder Girls	Nobody	28100		李晓杰	朋友的酒	28100
13	李晓杰	朋友的酒	26190		何洁	经过	26190
14	何洁	经过	24700		凤凰传奇	最炫民族风	24700

图3–86 排序使用示例截图

（四）分列

前面提到有些数据录入不规范，如在单元格里同时录入了多个信息“张三，男，45岁”，一个单元格包含三个字段的信息，这时希望改成规范的信息，即把姓名、性别和年龄分开，最笨的办法就是将名单重新录入。如果名单只有三五个，采用这种方法也不会增加太多工作量，但如果名单是数百个、数千个，则工作量就会很大。实际上Excel提供了一个很好用的功能——分列，即把一列的数据根据需要分成多列。

首先，选中需要分列的表格，点击“分列”命令，选中分隔符号“逗号”这样就可以将所选的信息进行分列，如下图所示。

此外，看到年龄含有“岁”，这样不便于运算，也可以采用“分列”，把“岁”字去掉，即在“分隔符号”选中“其他”，在方框中输入“岁”，则可以把“岁”字去掉，如图3–87所示。

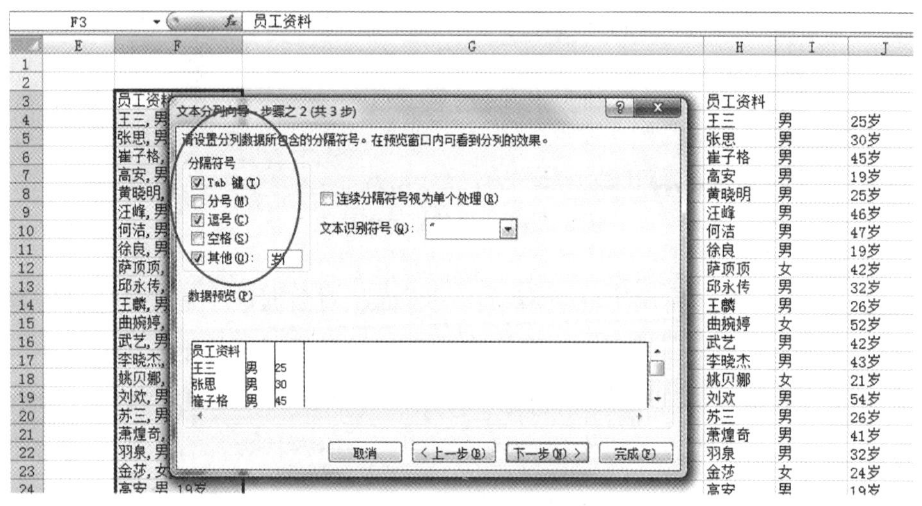

图3–87　分列使用示例截图

（五）数据有效性

在进行数据核对的过程中，经常发现保费或者赔款特别大的情况，这种情况经常是员工把身份证号码或者是工号当成保费进行录入导致的，这种情况可以通过“数据有效性”命令来限制单元格信息的范围。

仍然以员工信息表为例，如年龄的单元格，我们需要输入数字，同时年龄范围是18～60，则可以通过数据有效性进行设置，在数据有效性中，选择需要限制年龄范围的单元格，点击“数据有效性”菜单命令，设置有效性条件，如整数，介于18到60之间，则输入的值超过这个范围时，就会提醒输入了非法值，如图3–88、图3–89所示。

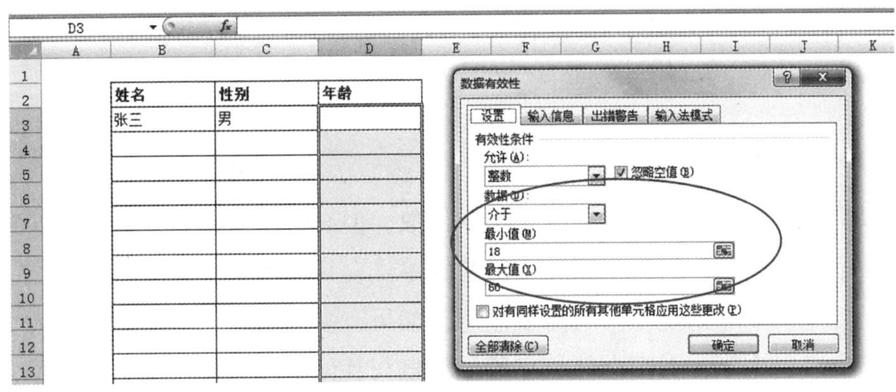

图3-88　数据有效性使用示例截图

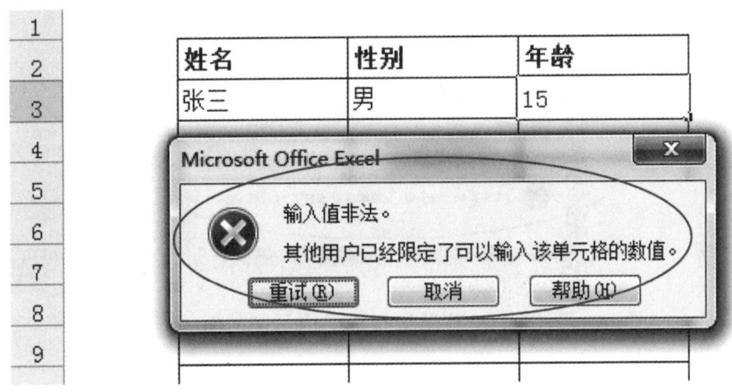

图3-89　数据有效性使用示例截图

有时由于特殊原因，年龄可能会超过18～60这个范围，这时可以选择警告的方式，在“出错警告”中选择“警告”，并输入警告信息如“请确认年龄是否有误？”，则当输入的年龄超过范围时，会提醒是否有误，如果确认无误则点击“是”即可，如图3-90所示。

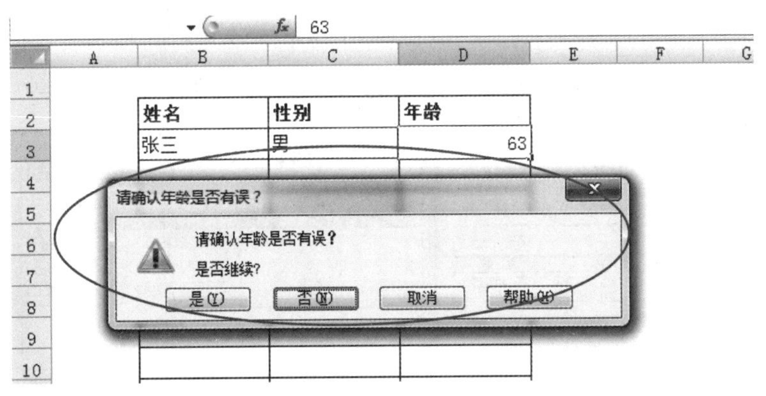

图3-90　数据有效性使用示例截图

如前所述，为了防止保费录入有误，我们也可以设置保费的范围，比如车险保费范围为0～20000元，超过的警告提示。

（六）删除重复项

可以通过统计保单号数量来统计保单件数，但有时候保单号是重复的，这时可以通过“删除重复项”的命令删除重复的保单号，只保留唯一的保单号。

但是使用“删除重复项”时需要注意，如果有多列信息，则不能简单地把该列重复的信息进行删除，否则会使该字段的信息与其他字段无法匹配。如下图，只删除保单号的部分信息，其他相应的信息不会删除，其他信息无法与保单号一一匹配，出现错误，如图3–91所示。

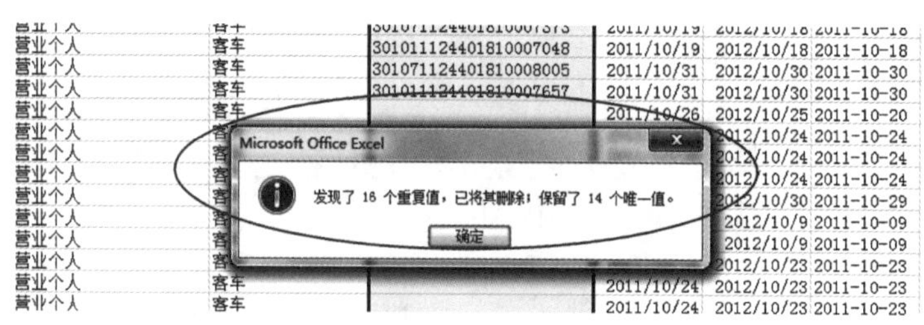

图3–91　删除重复项使用示例截图

（七）编辑链接

数据分析是重复性的工作，如根据最新的利润表，分析已赚保费、综合赔付率、综合费用率等数据，这时可以通过“编辑链接”命令，将引用的源文件更新到最新的状态。如我们之前已经分析了2012年1月份的数据，当有了2012年2月份的利润表后，并不需要重新打开2012年2月份的利润表，将数据一一引用，只需通过“编辑链接”即可生成最新的分析表。操作步骤为：（1）打开已有分析表，点击“编辑链接”；（2）点击“更新源”，打开相应的文件夹；（3）选择对应的2012年2月份的利润表，打开新的利润表，点击关闭，即可得到新的2012年2月份的相应数据，如图3–92、图3–93所示。

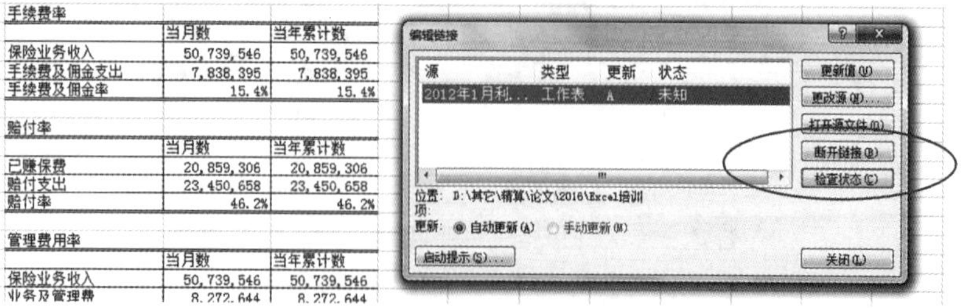

图3–92　编辑链接使用示例截图

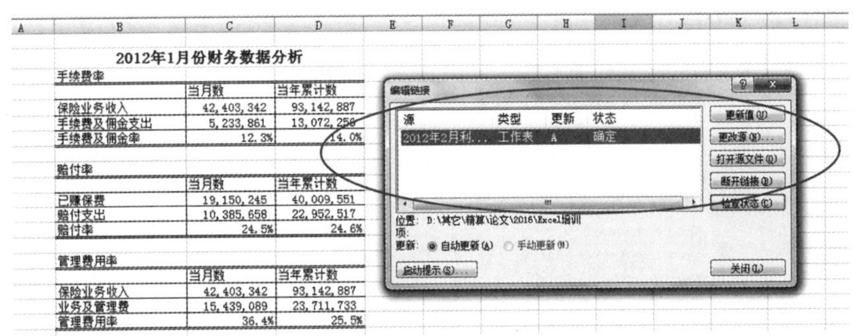

图3-93　编辑链接使用示例截图

需要注意的是，新的“源文件”格式需要跟原来的文件格式包括数据所在单元格一模一样，否则会产生错误的引用，如上例2012年2月份利润表的格式需要跟2012年1月份利润表的格式一样。通过“编辑链接”更改“源文件”，当引用数据越多时，效率提高越多。如果有多个链接文件时，需要注意更新的文件要跟原来的文件一致。

（八）追踪引用单元格

对于比较复杂的模型，Excel行数和列数比较多，公式引用的单元格距离目标单元格比较远，为了方便查看公式引用的单元格，可以选择目标单元格后点击“追踪引用单元格”，通过表格中蓝色（注：因印刷原因，下图显示黑色线）的引导线即可查看引用的具体单元格，通过双击蓝色引导线可以在引用单元格与目标单元格之间进行切换；如果引用的是另一张表格的单元格则会出现黑色的虚线，双击虚线就会出现引用单元格的具体表格，如图3-94所示。

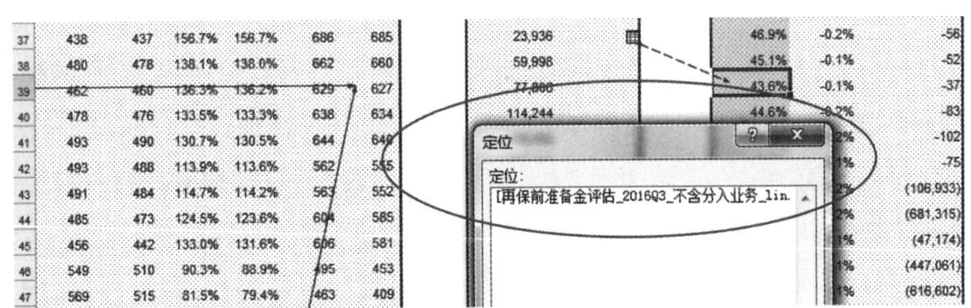

图3-94　追踪引用单元格使用示例截图

（九）显示公式

正常情况下，表格显示的都是编辑公式后的结果，如果需要查看表格的公式，则可以单击“显示公式”，则表格除了原始数值之外，其他有公式的全部以公式的形式显示，这样我们就可以一目了然地看到表格的公式，这也可以用于检查公式是否准确，如图3–95所示，其中一个公式长度与其他公式不一样，这时需要检查该公式是否正确。

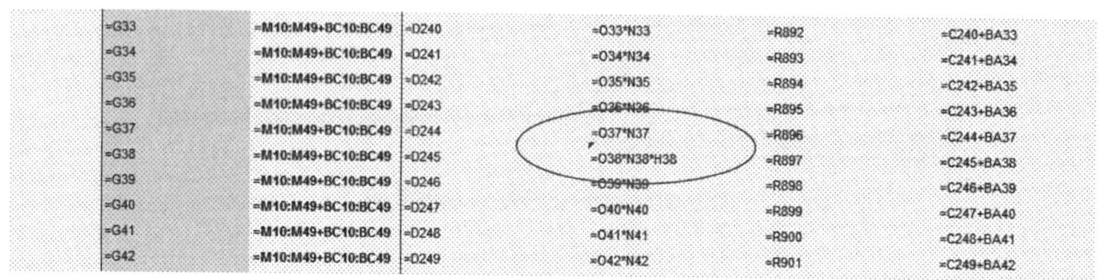

=G33	=M10:M49+BC10:BC49	=D240	=O33*N33	=R892	=C240+BA33
=G34	=M10:M49+BC10:BC49	=D241	=O34*N34	=R893	=C241+BA34
=G35	=M10:M49+BC10:BC49	=D242	=O35*N35	=R894	=C242+BA35
=G36	=M10:M49+BC10:BC49	=D243	=O36*N36	=R895	=C243+BA36
=G37	=M10:M49+BC10:BC49	=D244	=O37*N37	=R896	=C244+BA37
=G38	=M10:M49+BC10:BC49	=D245	=O38*N38*H38	=R897	=C245+BA38
=G39	=M10:M49+BC10:BC49	=D246	=O39*N39	=R898	=C246+BA39
=G40	=M10:M49+BC10:BC49	=D247	=O40*N40	=R899	=C247+BA40
=G41	=M10:M49+BC10:BC49	=D248	=O41*N41	=R900	=C248+BA41
=G42	=M10:M49+BC10:BC49	=D249	=O42*N42	=R901	=C249+BA42

图3–95 显示公式使用示例截图

（十）计算选项—手动

有时拿到一个Excel文件后，输入新的参数，但是结果仍然没有发生变化，这时需要检查“计算选项”是否被设置为“手动”模式，如果是，可以按功能键“Shift+F9”重新计算当前表格或者按功能键“F9”重新运行Excel计算，如图3–96所示。

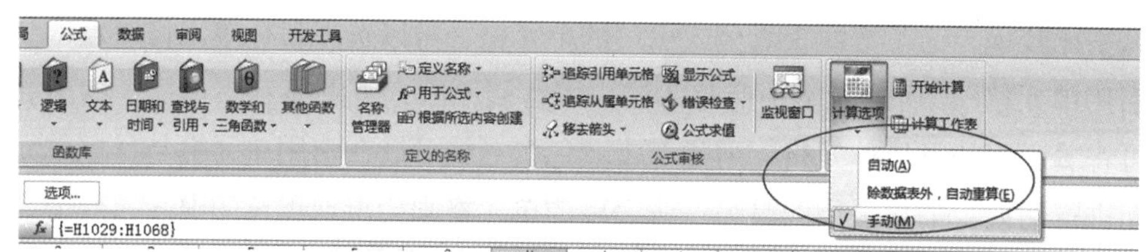

图3–96 计算选项—手动使用示例截图

当然，也可以把“计算选项”直接改成自动模式。但是有的表格重新运算一次需要花费的时间较长，如果改成自动预算，则每个单元格的数值改变都会引起重新计算，会降低工作效率，甚至发生“死机”的情况，使得新的文件无法保存。所以是否设置为手动计算模式，主要看每次重新运算的时间，如果重新运算的时间较长，则通常会设置为手动计算模式，如数据表中包含了数万条的清单数据，并且编辑了VLOOKUP或者SUMIF等比较复杂的公式。

（十一）打印区域

有时Excel表格较大，但是并不需要打印所有的信息，只需打印部分信息，这时可以通过“打印区域”进行设置，即先选择需要打印的区域，点击“打印区域”

设置打印区域即可，如图3–97所示。

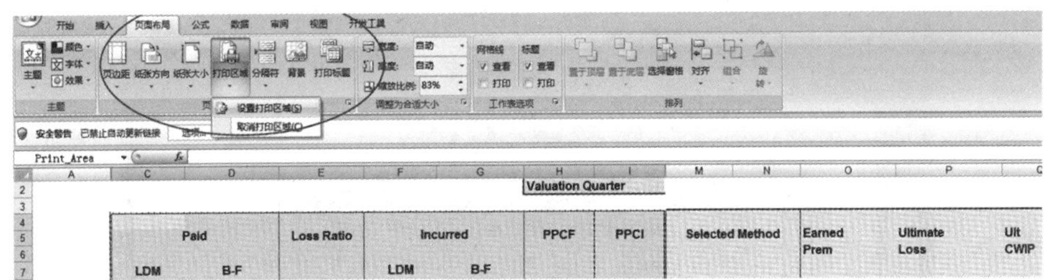

图3–97　打印区域使用示例截图

（十二）分页预览

选择打印区域后，在表格中并不能一眼就看出哪些区域是需要打印的，哪些区域是不需要打印的，这时可以通过“分页预览”进行查看，点击视图的“分页预览”后，可以看到需要打印的区域被蓝色（注：因印刷原因，下图显示黑色边框）线条框起来，并且还可以通过拉动蓝色的线条变更打印区域的范围，而不需要打印的区域底色变成了灰色，如图3–98所示。

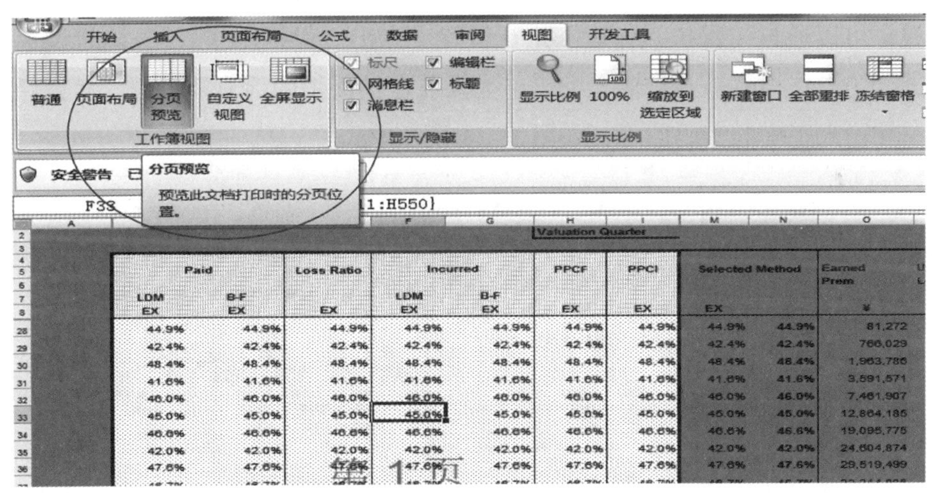

图3–98　分页预览使用示例截图

（十三）打印标题

Excel中标题行只有一行且一般放在最顶端或者最左端，通常我们希望打印出来的每一页都带标题，便于查阅，这时可以通过“打印标题”进行设置，点击“打印标题”并且选择标题的区域，如顶端标题行选择“$1:$1”，则第一行标题都会在每一页中打印出来，如图3–99所示。

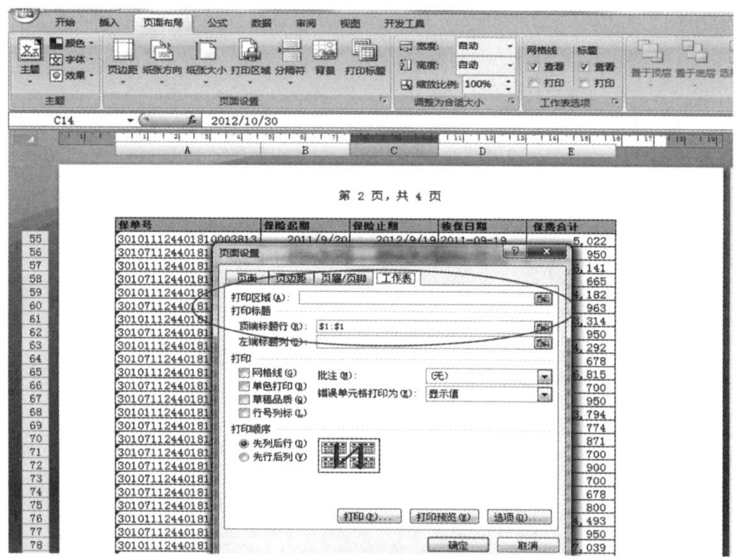

图3–99　打印标题使用示例截图

（十四）保护工作表

对于一些复杂的Excel表，如果担心由于其中的公式或者数据被更改后导致结果错误，可以通过“保护工作表”进行设置，点击“保护工作表”，同时设置允许用户进行的操作权限，并且输入密码，如果要撤销保护的话只要点击“撤销保护工作表”并输入正确的密码即可，如图3–100所示。

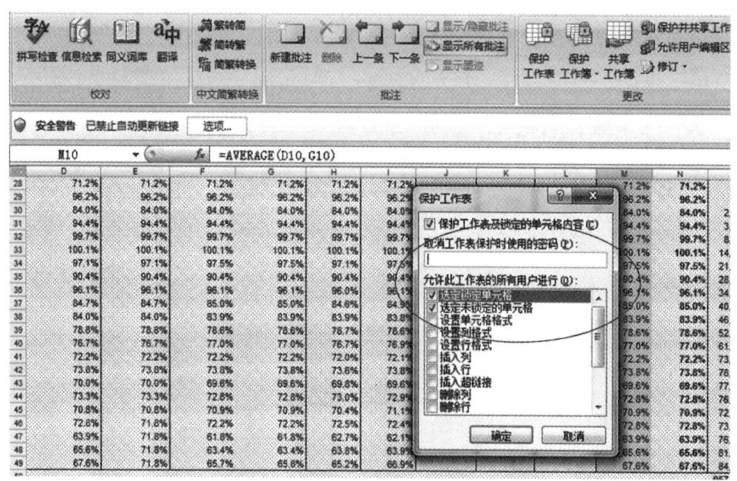

图3–100　保护工作表使用示例

以上只是一些常用的菜单命令，对于一些比较简单或者类似的菜单命令不再一一介绍。总之，只要经常使用，就会慢慢熟悉菜单命令，并且完成相应的设置。

五、常用快捷键

我经常跟同事说，衡量对Excel的熟练程度除了对公式的掌握外，另一个重要的衡量标准就是看对快捷键使用的熟练程度。

对于一些简单的快捷键，如“复制”“粘贴”等不再一一说明，由于Excel的单元格比较多，能够准确“定位”和“选择区域”对提高Excel编辑效率有极大的帮助，如我们经常看到有的同事为了选定一个区域花费很长的时间，特别是当表格较大的时候，用鼠标进行拖曳经常会拖过头，这时如果用“Shift+鼠标点击”就可以轻松完成，也不用担心因为误操作所导致单元格的定位发生改变，导致要重新进行选择。常用的快捷键和功能如表3-22所示，由于说明简单明了，不再一一详细介绍。

表3-22 常用快捷键表

快捷键	功能	作用
HOME	定位	移动到行首
CTRL+HOME	定位	移动到工作表的开头
CTRL+END	定位	移动到工作表的最后一个单元格
SHIFT+鼠标点击	选择区域	选择鼠标两次点击的区域
CTRL+鼠标点击	选择区域	多重选择鼠标点击的区域
SHIFT+方向键	选择区域	增加选择下一行或者下一列
CTRL+SHIFT+方向键	选择区域	选择工作表的整行或整列
CTRL+PAGEDOWN	选择工作表	移动到工作簿中下一个工作表
CTRL+PAGE UP	选择工作表	移动到工作簿中前一个工作表
ALT+TAB	选择文件	选择下一个文件
ALT+ENTER	换行	在同一个单元格中进行换行

上面的快捷键并不难，关键在于反复使用，不断熟悉。

六、图表

我们生活的这个世界是丰富多彩的，几乎所有的知识都来自视觉。人们一般很难记住一连串的数字，以及它们之间的关系和趋势。但是可以很轻松地记住一幅图画或者一条曲线。因此使用图表，会使得用Excel编制的工作表更易于理解和交流。下面简要介绍数据透视表/数据透视图和几种常用的图形。

（一）数据透视表/数据透视图

数据透视表是交互式报表，可快速合并和比较大量数据，可以旋转其行和列以看到源数据的不同汇总，而且可显示感兴趣区域的明细数据。

何时应使用数据透视表呢？如果要分析相关的汇总值，尤其是在要合计较大的数字清单并对每个数字进行多种比较时，可以使用数据透视表。

由于数据透视表是交互式的，因此，可以通过更改数据的视图以查看更多明细数据或计算不同的汇总额，如计数或平均。

下面通过一个简单的例子对数据透视表进行介绍，如要多维度分析一份承保清单的单均保费，打开承保清单后，点击菜单“插入”“数据透视表”，会生成一张新的空白透视表，如图3–101所示。

我们看到在右边有一个选择框，包含：“选择要添加到报表的字段”“报表筛选”“行标签”“列标签”和“数值”，如图3–102所示。

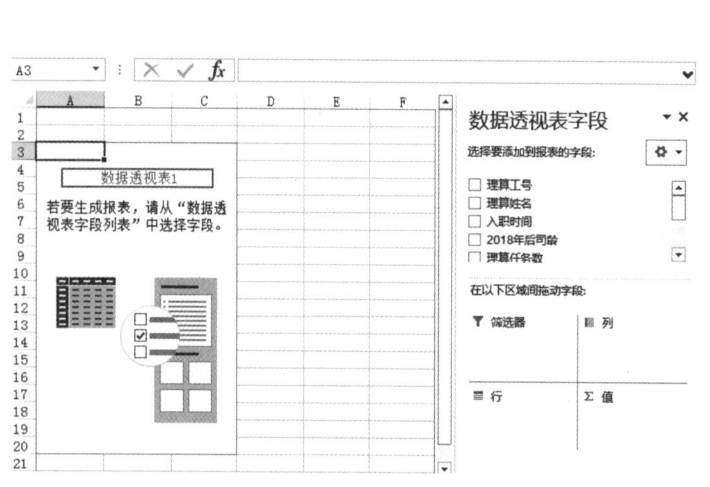

图3–101 数据透视表/数据透视图使用示例截图（一）

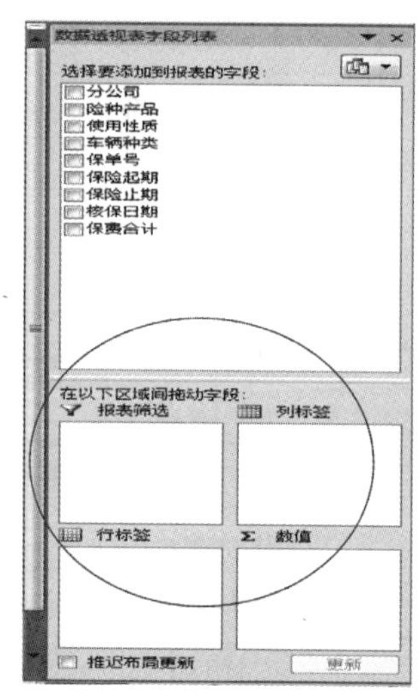

图3–102 数据透视表/数据透视图使用示例截图（二）

只要点击“选择要添加到报表的字段”下面方框的字段，就会看到相应的维度和数值会一一添加到报表中，除了数值外，其他类型的字段都会被默认添加到行标签中，如图3–103所示。

可以看到“保单号”也被放在行标签中，如果希望通过计算“保单号”的数量计算保单件数，则可以将相应的字段通过拖曳的方式拖到相应的位置，如把“保单号”拖到数值方框中就可以显示保单的数量，为了便于对比，我们再把“分公司”拖到“报表筛选”，把“险种产品”拖到“列标签”，这样就可以得到下面的二维表，点击数据透视表中分公司的下拉框，就可以分析不同的分公司，如图3–104所示。

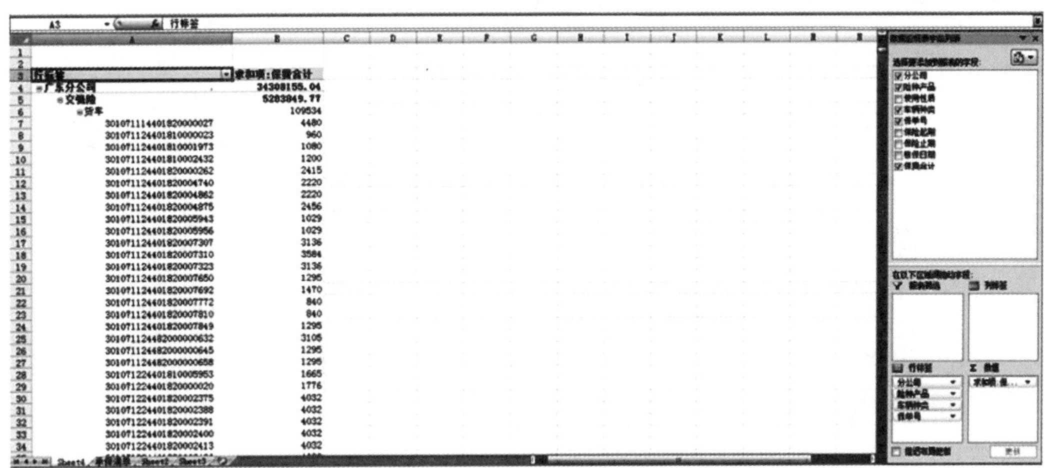

图3–103　数据透视表/数据透视图使用示例截图（三）

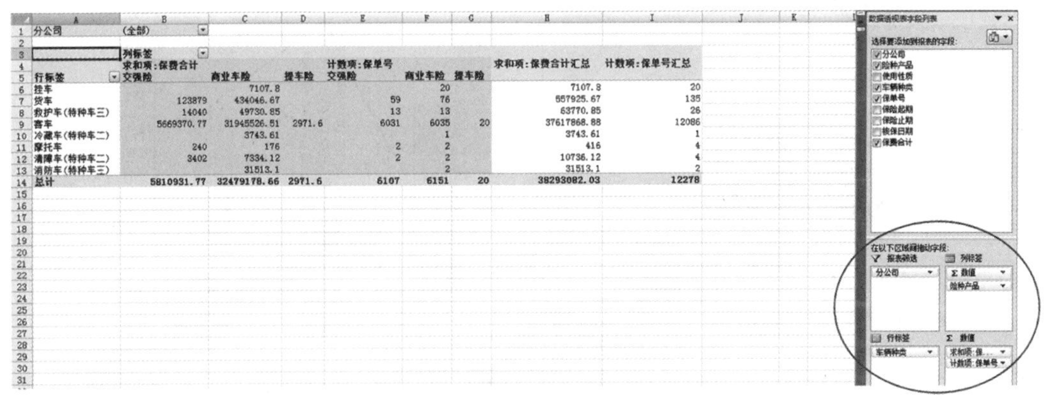

分公司　(全部)

行标签	求和项:保费合计 交强险	商业车险	拖车险	计数项:保单号 交强险	商业车险	拖车险	求和项:保费合计汇总	计数项:保单号汇总
挂车		7107.8			20		7107.8	20
货车	123879	434046.67		59	76		557925.67	135
救护车(特种车三)	14040	49730.85		13	13		63770.85	26
客车	5669370.77	31945526.51	2971.6	6031	6035	20	37617868.88	12086
冷藏车(特种车二)		3743.61			1		3743.61	1
摩托车	240	176		2	2		416	4
清障车(特种车二)	3402	7334.12		2	2		10736.12	4
消防车(特种车三)		31513.1			2		31513.1	2
总计	5810931.77	32479178.66	2971.6	6107	6151	20	38293082.03	12278

图3–104　数据透视表/数据透视图使用示例截图（四）

把哪个维度放在“报表筛选”“行标签”或者“列标签”主要看分析需要，大家可以进行不同的组合尝试，得到不同的组合结果。当然，如果只是分析单均保费，也可以通过数值的类型进行设置，如点击数值框中的“求和项：保费合计”，会弹出菜单，点击“值字段设置”，将“求和”改成“平均数”即可得到保费的平均值，如图3–105所示。

除此之外，数据透视表还提供了求“标准差”“方差”等相应的计算类型。

数据透视图的使用跟数据透视表的方法基本一致，只是同时会产生一张图表，可视化更强。

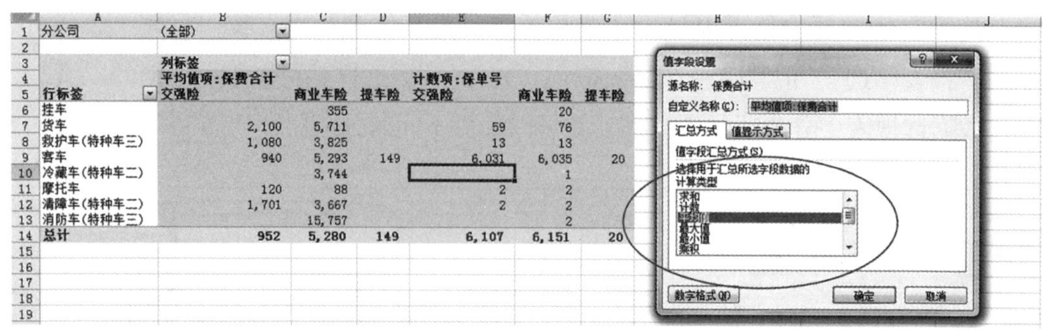

分公司	(全部)					
	列标签					
	平均值项:保费合计			计数项:保单号		
行标签	交强险	商业车险	提车险	交强险	商业车险	提车险
挂车		355			20	
货车	2,100	5,711		59	76	
救护车(特种车三)	1,080	3,825		13	13	
客车	940	5,293	149	6,031	6,035	20
冷藏车(特种车二)		3,744			1	
摩托车	120	88		2	2	
清障车(特种车二)	1,701	3,667		2	2	
消防车(特种车三)		15,757			2	
总计	952	5,280	149	6,107	6,151	20

图3-105 数据透视表/数据透视图使用示例截图（五）

（二）图表

Excel提供了11大类图表类型，先简要介绍最常见的柱状图和折线图，如果经常要分析已赚保费和赔付率之间的关系，如图3-106所示。

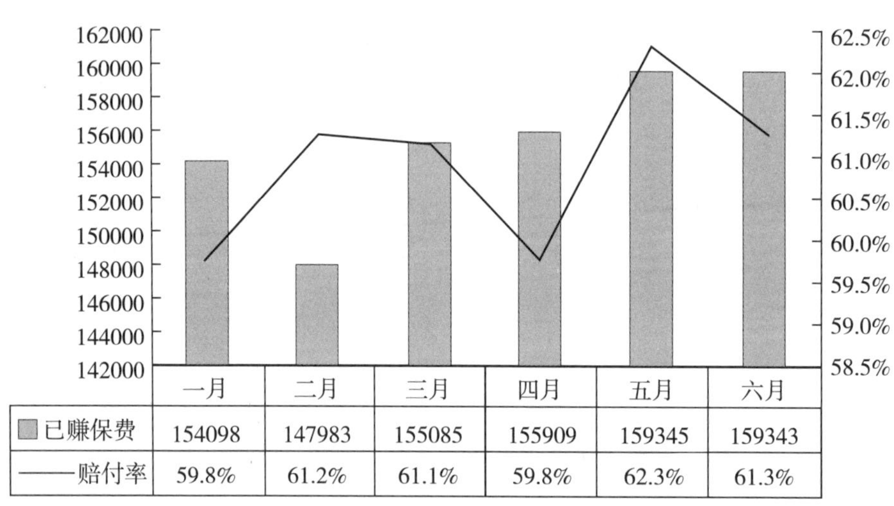

	一月	二月	三月	四月	五月	六月
已赚保费	154098	147983	155085	155909	159345	159343
赔付率	59.8%	61.2%	61.1%	59.8%	62.3%	61.3%

图3-106 图表设计示例①

选择数据区域，插入图表，我们发现只能插入一种类型的图表，如柱状图或折线图，如果插入的是"柱状图"，我们会发现由于赔付率跟已赚保费对比数值太小，这时，根本看不到已赚保费的图，所以，一般建议先生成"折线图"，这时尽管赔付率仍然在底部，但至少可以看到一条线，如图3-107所示。

① 数据为虚拟数据，下同。

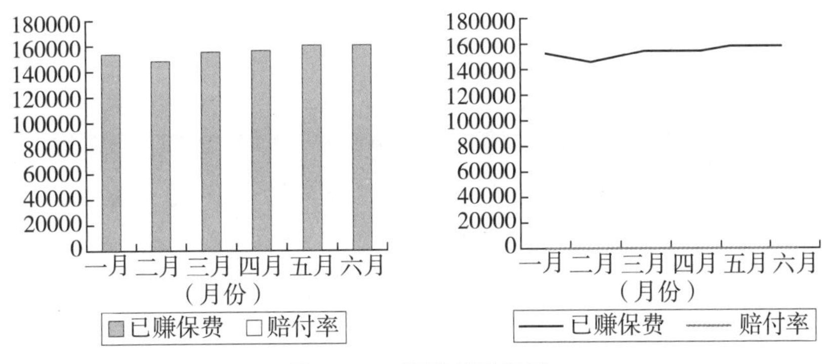

图3-107　图表设计示例

当然，这并不是我们想要的图表，如果希望能够看出赔付率的变化，要将赔付率设置成次坐标轴显示，用“右键”点击底部赔付率对应的“直线”，单击弹出对话框的“设置数据系列（F）格式……”，将“系列选项”设置为“次坐标轴”，这时就会看到下面的图表，赔付率从“直线”变成了对应次坐标轴的“曲线”，如图3-108所示。

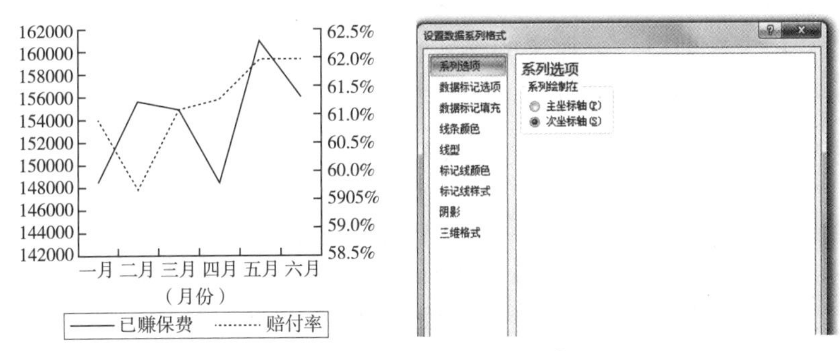

图3-108　图表设计示例

接下来，还要将已赚保费从“折线图”修改为“柱状图”，点击已赚保费对应的折线，再点击“柱状图”，已赚保费就从折线图变成柱状图了，为了使图表更有立体感，双击图表修改一下样式，就变成如图3-109的图形。

图3-109　图表设计示例截图

再双击图表，选择合适的布局，如布局5，输入标题“已赚保费—赔付率”，删除不需要的网络线就可得到相应的图表，如图 3 –110所示。

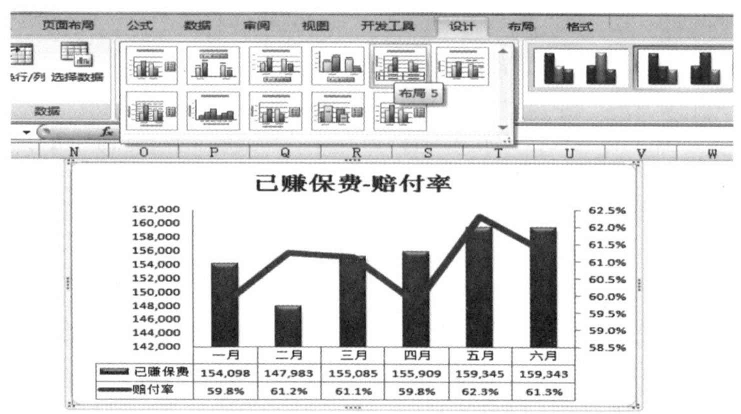

图3–110 图表设计示例截图

通过前面的说明，可以发现将图表修改成合适的样式需要经过较多的步骤，不过，如果得到的图表较为常用的话，可以将修改后的图表另存为模板，这样再次使用时，只要套用模板即可得到原来的样式。操作步骤为：①双击想保存为模板的图表；②点击左上角“另存为模板”图标；③将图表模板保存到Excel默认的文件夹中，修改模板名称如“已赚保费—赔付率”，保存即可，如图3–111所示。

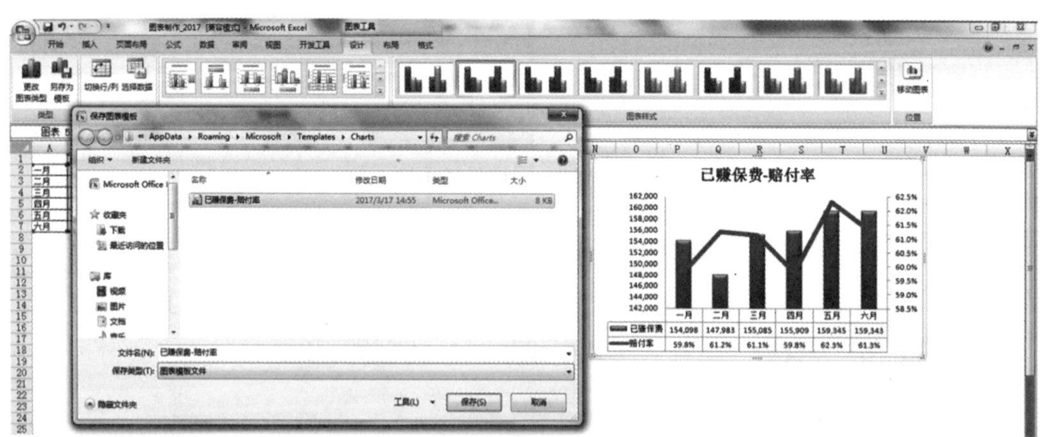

图3–111 图表设计示例截图

下次想得到相同样式的图表时，只要选择数据区域，插入图表类型，点击下拉箭头，选择“所有图表类型”，点击“模板”，即可看到之前保存的“已赚保费—赔付率”模板，点击即可生成相应的图表，除了标题有所不同之外，其他的都一致，只要修改标题即可得到相应的图表，如图3–112所示。

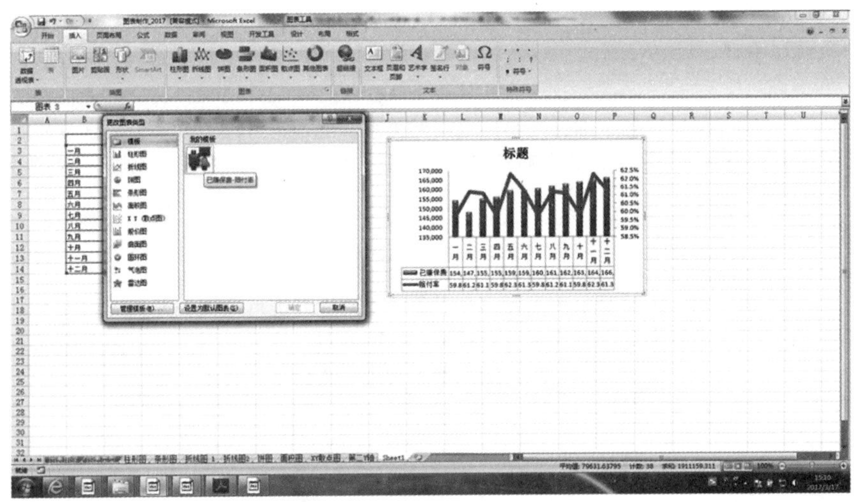

图3-112　图表设计示例截图

除了我们最常见的柱状图和折线图外，还有饼图、面积图、气泡图等，不再一一介绍，下面简要列出相应的用途介绍，通过不断学习尝试，你也能做出美观的图表，如表3-23所示。

表3-23　图表类型用途

图表类型	用途
柱形图	显示一段时期内数据变化或描述各项数据之间的差异。通常会用于比较保费、赔款等表示金额的数据
折线图	显示某个时期内，时间在相等时间间隔内的变化趋势，强调时间的变化率。通常会用于赔付率、保费增长率的分析
饼图	显示数据系列中每项占该系列数值总和的比例关系，只能显示一个数据系列。通常会用于表示机构或者险种的保费、赔款占比等
条形图	显示数据系列各项之间的差异。可以用于表示保费完成进度、客户满意度等分析
面积图	面积图是以阴影或颜色填充折线下方区域的折线图，适用于要突出部分时间系列时，特别适合于显示随时间改变的量。可以用于全年在不同季度的不同险种或者不同机构的保费、赔款随时间变化占比变动的分析等
XY（散点）图	适合于表示表格中数值之间的关系，常用于统计与科学数据的显示。特别适合用于比较两个可能互相关联的变量。可以用于分析费用率与赔付率之间的关系等
股价图	股价图用来显示股价的波动，即最高价、最低价和收盘价等数据。注意必须按正确的顺序组织数据才能创建股价图。可以用于不同时间段保费收入或者赔付率最大值、最小值和平均值的分析等
曲面图	曲面图用于找到两组数据之间的最佳组合。如用于交强险NCD和商业车险NCD之间关系的分析

续表

图表类型	用途
圆环图	圆环图显示各个部分与整体之间的关系，但是它可以包含多个数据系列。跟饼图类似，如可以用于分析业务结构占比，但圆环图可以同时对比多年的业务占比
气泡图	气泡图是一种特殊的XY散点图，可显示3个变量的关系，第三个变量确定气泡的大小。在赔付率和费用率的关系散点图的基础上增加气泡大小表示保费的规模等
雷达图	适合用于同时对单个或者多个对象的不同性能进行比较，尤其应用于不同对象的不同性能的对比以及单个对象不同性能的对比。可以用于分析多个指标的完成情况，如保费、费用、赔付率、费用率等

七、多表汇总

如分支机构报送了分险种的案件数量、赔款金额和案均赔款，需要进行汇总，则可以先将分支机构报送的表格汇总到同一个文件，接着设计汇总表的格式，然后用Indirect公式提取相应的数据到汇总表。具体公式为“=INDIRECT（ADDRESS（10,20,,,机构A））”，该公式即为获取“机构A”表中的第10行第20列单元格的数据，即“J20”单元格的数据，改变数“10”“20”“机构A”这三个参，即可实现不同组合的引用，如下图，就是直接引用“A5～A15”中的数值实现“列号”的变化，引用“B2”单元格中的行号，引用“D4～L4”单元格中的表格名称，即可实现多个工作表的汇总，如图3-113所示。

POISSON =INDIRECT(ADDRESS($A5, $B$2,,,D$4))

	A	B	D	E	F	G	H	I	J	K	L
1											
2	赔付率	39									
4		AY	整体车险	交强险	商业车险	车损险	三者险	车其他	意健险	意外险	健康险
5	31	2008Q1	=INDIRECT(ADDRESS($A5, $B$2,,,D$4))				46.2%	32.0%	98.2%	13.9%	83.8%
6	32	2008Q2	INDIRECT(ref_text, [a1])	67.3%	65.7%	96.2%	48.5%	42.4%	60.7%	23.2%	70.0%
7	32	2008Q3	60.1%	65.2%	65.7%	96.2%	48.5%	42.4%	60.7%	23.2%	70.0%
8	33	2008Q4	51.0%	63.6%	54.9%	84.4%	45.0%	48.4%	63.6%	23.3%	73.1%
9	33	2009Q1	51.0%	69.5%	54.9%	84.4%	53.0%	48.4%	63.6%	23.3%	73.1%
10	34	2009Q2	58.0%	68.5%	60.0%	95.9%	46.9%	41.0%	72.5%	23.4%	84.9%

图3-113 使用INDIRECT和ADDRESS进行多表汇总截图

另外两个空缺的参数分别为“绝对引用或者相对引用”和“引用样式”，空缺不影响公式的应用，大家有兴趣的可以另外参阅Excel的帮助说明。

在进行多表操作时，需要注意以下事项：

（1）不同sheet的格式要完全相同，也就是相同的行和相同的列填的数据要相同；

（2）进行多表操作时，要先选定所有需要编辑的表格，选定表格跟快捷键的多区域选定一致，即使用Ctrl+鼠标点击（不连续多张表格），Shift+鼠标点击（连续多张表格），选定表格后再选定需要编辑的区域，如图3-114所示。

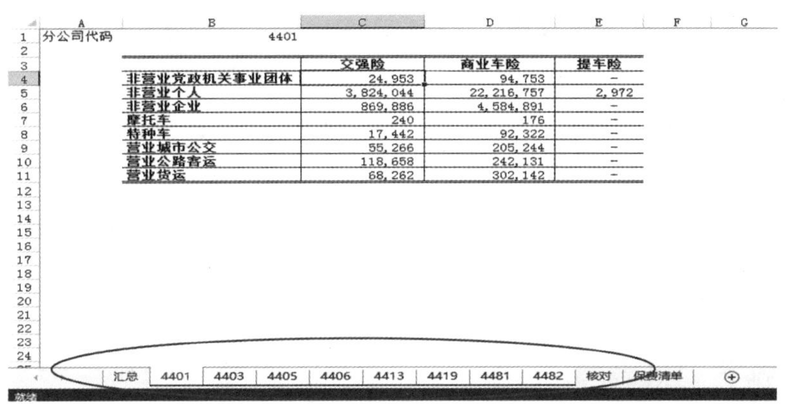

分公司代码 4401

	交强险	商业车险	提车险
非营业党政机关事业团体	24,953	94,753	-
非营业个人	3,824,044	22,216,757	2,972
非营业企业	869,886	4,584,891	-
摩托车	240	176	-
特种车	17,442	92,322	-
营业城市公交	55,266	205,244	-
营业公路客运	118,658	242,131	-
营业货运	68,262	302,142	-

图3-114　使用INDIRECT和ADDRESS进行多表汇总截图

八、VBA入门

Visual Basic for Applications（VBA）是Visual Basic的一种宏语言，是微软开发出来在其桌面应用程序中执行通用的自动化（OLE）任务的编程语言。主要能用来扩展Windows的应用程式功能，特别是Microsoft Office软件。也可说是一种应用程式视觉化的Basic脚本。实际上在Microsoft Office软件中，宏语言VBA适用于所有应用程序，包括Word、Excel、PowerPoint、Access、Outlook以及Project。

下面主要从初学者的角度出发，简单介绍VBA在Excel中的应用。

（一）录制宏

录制宏实际上就是用VBA语言记录你的操作，当你执行宏的时候就会按照你刚才的动作重复一遍。录制完毕后，你可以在Microsoft Visual Basic窗口中看到并编辑VBA代码。

1. 在功能区显示“开发工具”栏

要录制宏首先要能在功能区看到开发工具栏，如图3-115所示。

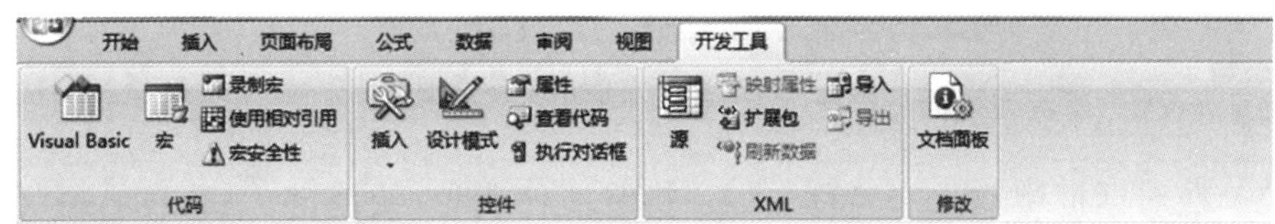

图3-115　录制宏使用示例截图

如果看不到开发工具栏，则要打开Excel选项进行设置，在常用标签中将“在功能区显示”开发工具”选项卡”前面的方框打钩即可，如图3-116所示。

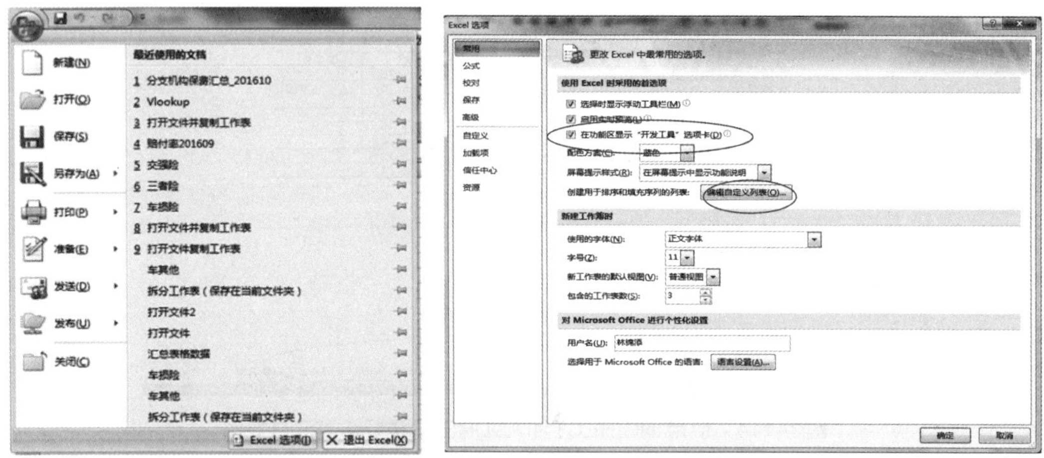

图3-116 录制宏使用示例截图

2. 录制宏

录制宏的步骤如下：

（1）点击“开发工具→录制宏”命令，打开“录制新宏”对话框，如图3-117所示。

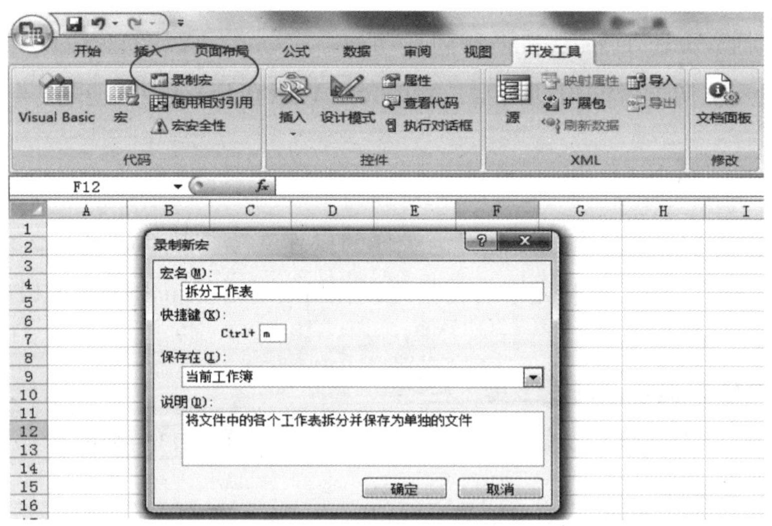

图3-117 录制宏使用示例截图

（2）在对话框中输入宏名称（如：拆分工作表）、快捷键（如Ctrl+m）和说明（如：将文件中的各个工作表拆分并保存为单独的文件），并设置好宏的保存位置。

注意：宏的保存位置有三种：当前工作簿——宏只对当前工作簿有效；个人宏工作簿——宏对所有工作簿都有效；新工作簿——录制的宏保存在一个新建工作簿中，对该工作簿有效。

（3）点击“确定”按钮即可开始录制宏。

（4）将“拆分工作表”的过程操作一遍，完成后，按一下“开发工具”栏上的“停止录制”按钮，宏录制完成。

（5）有些宏需要对任意单元格进行操作，这时，请在操作开始前，选中“停止录制”下面的“相对引用”按钮。

（二）使用举例

1.拆分工作表

我们经常会将分析数据发送给各个分支机构，通常只把该机构的数据给它们，这时需要把文件中的各个分支机构的工作表复制出来并另存为一个新的文件，比如有20家分支机构，需要重复20次相同的操作。虽然工作较为简单，但一方面工作重复操作会使人感觉烦躁，另一方面由于担心拷贝错数据需要反复核对，给数据操作人员造成较大的工作压力。而且这种工作一般都是需要定期完成的，如果用VBA来实现，则可以让工作变得很简单。如要把5家分公司的赔付率分发给各家分公司，如图3-118要拆分成5个文件，并按分公司的名称保存，可以按如下操作。

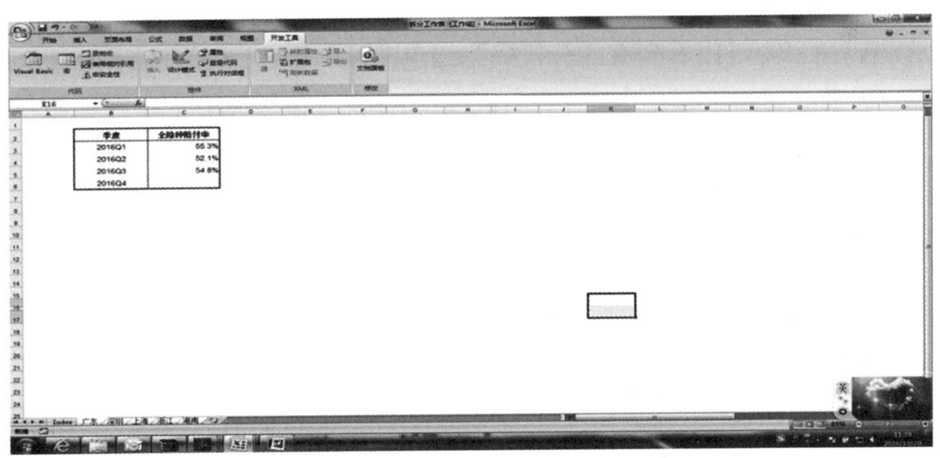

图3-118　用宏拆分工作表使用示例截图

（1）录制宏

如上面录制宏的步骤：

①我们打开工作表，点击“录制宏”，设置宏名称和快捷键；

②选中一个分公司的工作表，如“广东”，将“广东”工作表复制到一个新的工作簿；

③将新的工作簿命名为“广东”保存到原文件的文件夹；

④关闭复制的文件；

⑤点击“停止录制”。

点击开发工具的“Visual Basic”按钮进入VBA代码编辑窗口，可以看到以下代码，如果看不到可能是窗口隐藏了，可以点击“视图”——“工程资源管理器”再点击左上方小窗口的“模块”即可，如图3-119所示。

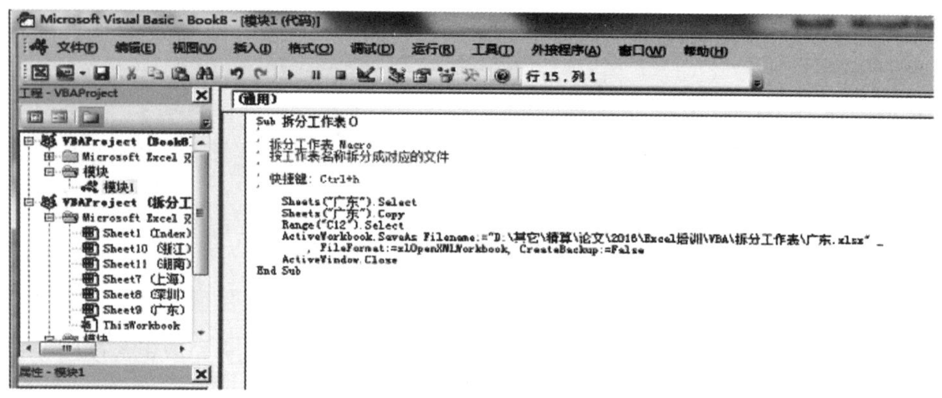

图3-119 用宏拆分工作表使用示例截图

（2）代码说明

在代码窗口中可以看到有部分代码是绿色（注：因印刷原因，书中显示黑灰色）的，这表示备注，不参与宏过程的执行，下面我们逐条对代码进行解释：

①Sub 拆分工作表（ ）

“Sub”表示宏过程开始，“拆分工作表”是之前录入的宏名称；

②浅色字体的备注

这是录制宏开始时输入对话框的备注和快捷键；

③Sheets（"广东"）.Select

表示选中文件中的“广东”工作表；

④Sheets（"广东"）.Copy

表示复制“广东”工作表；

⑤ActiveWorkbook.SaveAs Filename:="D:\其他\精算\论文\2016\Excel培训\VBA\拆分工作表\广东.xlsx"_，FileFormat:=xlOpenXMLWorkbook，CreateBackup:=False

表示将新的工作表保存到指定的文件夹，并命名为："广东.xlsx"；

⑥ ActiveWindow.Close

表示关闭活动的窗口，即把"广东.xlsx"关闭；

⑦ End Sub

结束宏。

（3）代码修改

①重复操作

前面只是复制了广东的工作表，还有4个工作表需要拆分，当然可以使用录制宏把5个工作表复制并另存为新的文件，重复5次全部录制完，也可以把复制广东工作表的代码复制五遍，并把广东修改为深圳、上海、浙江和湖南，即可拆分其他的表格。即执行宏后，新生成广东、深圳、上海、浙江和湖南5个文件，如图3–120所示。

图3–120　用宏拆分工作表使用示例截图

②路径修改

从上面的代码可以看出，文件是保存在"D:\其他\精算\论文\2016\Excel培训\VBA\拆分工作表\"，如果要保存在其他文件夹中，则可以输入相应的文件夹路径。

除了直接把路径修改为对应的文件夹路径，还可以修改代码把新的文件保存到原文件所在的文件夹中，即把：ActiveWorkbook.SaveAs Filename:="D:\其他\精算\论文\2016\Excel培训\VBA\拆分工作表\广东.xlsx" 修改为"ActiveWorkbook.SaveAs Filename:=ThisWorkbook.Path&"\"&ActiveSheet.Name&".xlsx""。"ThisWorkbook.Path"就是代表原文件所在的文件夹路径，"ActiveSheet.Name"表示保存的文件名与工作表的名称一致，修改后的代码如图3–121所示。

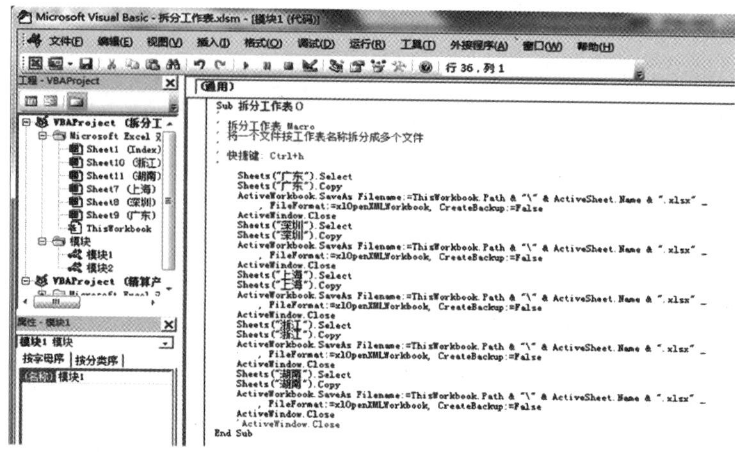

图3-121 用宏拆分工作表使用示例截图

这种方法是一劳永逸的，不论文件放在哪个文件夹，都可以使用，不用再修改路径名称。

2. 文件合并

同理，对于分支结构报送的文件，也需要进行汇总，如果要一一打开并复制过来也是存在重复操作同时又容易出错的问题，这时也可以采用录制宏的操作解决。

（1）录制宏

①同样打开需要汇总的文件，点击“录制宏”，设置宏名称和快捷键；

②打开文件如“广东.xlsx”，将“广东”工作表复制到该文件；

③关闭“广东.xlsx”，重复操作复制其他文件；

④点击“停止录制”。

这里需要注意的是打开“广东.xlsx”文件时，不要直接点击文件夹打开“广东.xlsx”，而是要从“Excel”中的打开命令中打开，这样打开的过程才能转换为VBA代码，如图3-122所示。

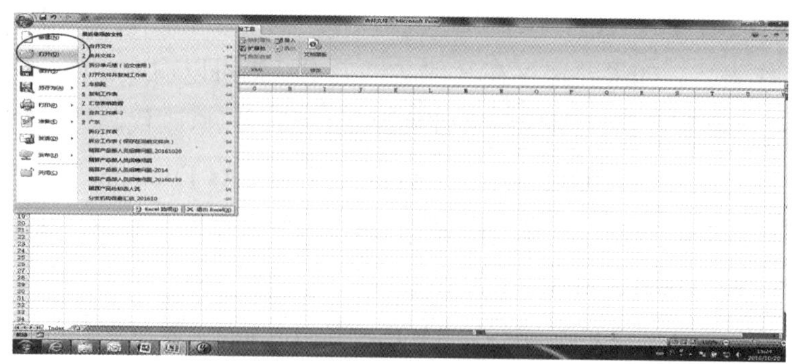

图3-122 用宏进行文件合并使用示例截图

（2）操作后得到下面的VBA代码，如图3-123所示。

```
(通用)
Sub 打开文件并复制工作表()
'
' 打开文件并复制工作表 Macro
'
' 快捷键: Ctrl+q
'
    ChDir "D:\其它\精算\论文\2016\Excel培训\VBA\合并工作表"
    Workbooks.Open Filename:="D:\其它\精算\论文\2016\Excel培训\VBA\合并工作表\广东.xlsx"
    Sheets("广东").Select
    Sheets("广东").Copy After:=Workbooks("合并文件.xlsm").Sheets(1)
    Windows("广东.xlsx").Activate
    ActiveWindow.Close

    ChDir "D:\其它\精算\论文\2016\Excel培训\VBA\合并工作表"
    Workbooks.Open Filename:="D:\其它\精算\论文\2016\Excel培训\VBA\合并工作表\深圳.xlsx"
    Sheets("深圳").Select
    Sheets("深圳").Copy After:=Workbooks("合并文件.xlsm").Sheets(1)
    Windows("深圳.xlsx").Activate
    ActiveWindow.Close

    ChDir "D:\其它\精算\论文\2016\Excel培训\VBA\合并工作表"
    Workbooks.Open Filename:="D:\其它\精算\论文\2016\Excel培训\VBA\合并工作表\上海.xlsx"
    Sheets("上海").Select
    Sheets("上海").Copy After:=Workbooks("合并文件.xlsm").Sheets(1)
    Windows("上海.xlsx").Activate
    ActiveWindow.Close

    ChDir "D:\其它\精算\论文\2016\Excel培训\VBA\合并工作表"
    Workbooks.Open Filename:="D:\其它\精算\论文\2016\Excel培训\VBA\合并工作表\浙江.xlsx"
    Sheets("浙江").Select
    Sheets("浙江").Copy After:=Workbooks("合并文件.xlsm").Sheets(1)
    Windows("浙江.xlsx").Activate
    ActiveWindow.Close
    ChDir "D:\其它\精算\论文\2016\Excel培训\VBA\合并工作表"
    Workbooks.Open Filename:="D:\其它\精算\论文\2016\Excel培训\VBA\合并工作表\湖南.xlsx"
    Sheets("湖南").Select
    Sheets("湖南").Copy After:=Workbooks("合并文件.xlsm").Sheets(1)
    Windows("湖南.xlsx").Activate
    ActiveWindow.Close
End Sub
```

图3-123 用宏进行文件合并使用示例截图

（3）同样，大家也可以根据需要对代码进行修改。

第四节 PPT

PPT是指微软公司的演示文稿软件。用户可以在投影仪或者计算机上进行演示，也可以将演示文稿打印出来，制作成胶片，应用到更广泛的领域中。

利用PPT不仅可以创建演示文稿，还可以在互联网上召开面对面会议、远程会议或在网上给观众展示演示文稿。演示文稿中的每一页叫幻灯片。

一套完整的PPT文件一般包含：片头、动画、PPT封面、前言、目录、过渡页、图表页、图片页、文字页、封底、片尾动画等；所采用的素材有：文字、图片、图表、动画、声音、影片等；PPT广泛应用于工作汇报、企业宣传、产品推介、婚礼庆典、项目竞标、管理咨询、教育培训等领域。

人在职场，工作汇报是避免不了的，PPT是工作汇报最好的展示工具，PPT制作是一项必备技能，做好PPT对于个人职场发展有很大的帮助。

一、版面设计

PPT页面排版非常重要，一个好的PPT版面给人一个好的印象，PPT排版要遵循四个原则：

第一，对比原则。对比是设计中最能抓住观众眼球的办法，就是重点要突出。

第二，重复原则。在设计过程中，重复可以使整个PPT风格统一，背景图案颜色尽量一致。

第三，对齐原则。对齐可以使PPT显得有条理，也可以使信息传达得更清晰。

第四，亲密原则。将有关联的页面放在一起，可以方便观众观看。

对于版面的布局有三个技巧：

第一，黄金分割法。在 PPT 中，黄金分割线的比例是0.618，我们一般选取页面的三分之一处即可，黄金比例用肉眼是很难看出来的，所以为了节省时间精力，我们一般选择页面的三分之一的位置进行排版即可。

第二，页面留白法。留白，是中国艺术作品创作中常用的一种手法，极具中国美学特色。留白一词指书画艺术创作中为使整个作品画面、章法更为协调精美而有意留下相应的空白，留有想象空间。同样的，留白也适用于我们的PPT 设计之中，如果把整页PPT填得太满，会显得很压抑，每页PPT要留有一定的空间。

第三，向上移动法。我们的视觉常常会有一个错觉，真正居中的图片或者文字，看起来会稍稍显得有些下沉。从另一个角度来说，当我们的 PPT 投影在屏幕上时，大部分情况下，实际的投影位置会比想象中的位置稍微向下移动，这时候居中的图文和文字会更让人感觉下沉。所以，我们进行居中排版的时候，适当把居中的主体——文字、图片等内容，向上移动一点点，会让整个页面设计看起来更加舒服，具有平衡感。

1.主题设计

偶尔会看到有人演示PPT，页面的底色居然是完全的空白，这简直是不可容忍的，这实际上是把PPT当成Word使用了。一般来说，我们还是会建议根据工作的性质结合公司和个人的偏好，设置相对固定的版面。如果从空白开始设计版面，对于没有设计基础的人来说还是太难了，一般而言，我们可以在PPT自带的主题中进行修改，生成符合要求的“主题”。

（1）选择主题。PPT本身自带了不少“主题”，点击【新建】就可以直接选择相应的“主题”，如图3-124所示。

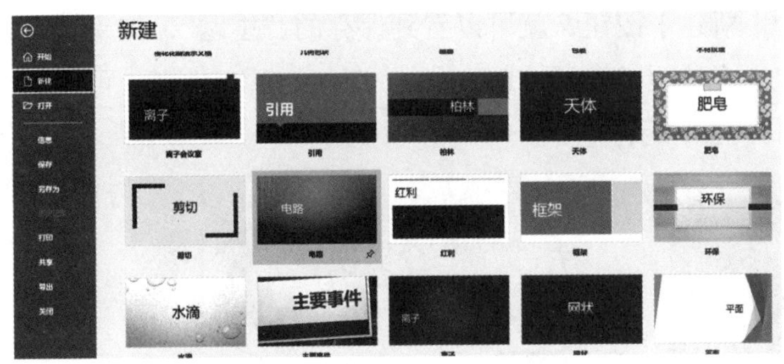

图3-124　选择主题对话框截图

（2）设置主题颜色。在【设计】界面中，点击【变体】下拉箭头的【颜色】选项，可以在弹出的颜色栏中选择主题颜色，如图3-125所示。

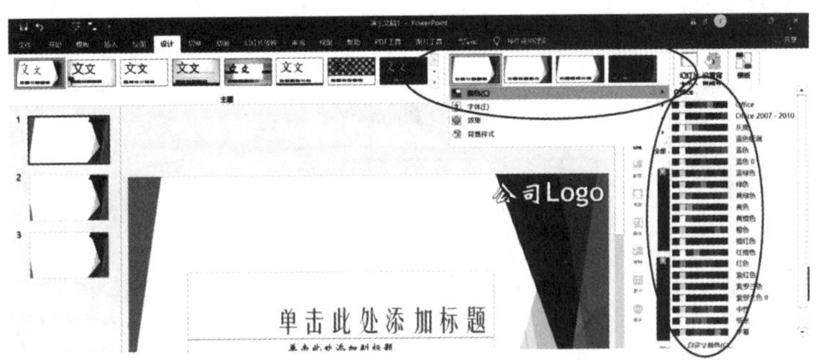

图3-125　设置主题对话框截图

（3）设置主题字体。点击【颜色】下面的【字体】选项，可以设置不同的字体。

（4）设置主题背景。同样，我们可以点击【背景样式】，在弹出的背景格式页面中选择主题的背景填充方式就可以了。我们还可以选择填充方式为纯色、渐变、纹理、图片及图案。

（5）保存主题。点击【设计】菜单【主题】下拉箭头中【保存当期主题】按钮，将当前主题命名，保存到默认位置，如图3-126所示。

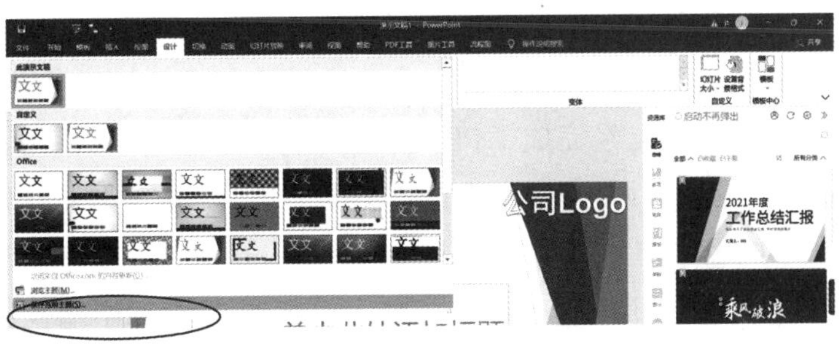

图3-126　保存主题截图

下次点击【新建】按钮，就可以看到保存的“主题”，如果看不到，可以点击下方的【自定义】选项，点开“Document Themes”文件夹，可以选择自己编辑的“主题”，如图3-127所示。

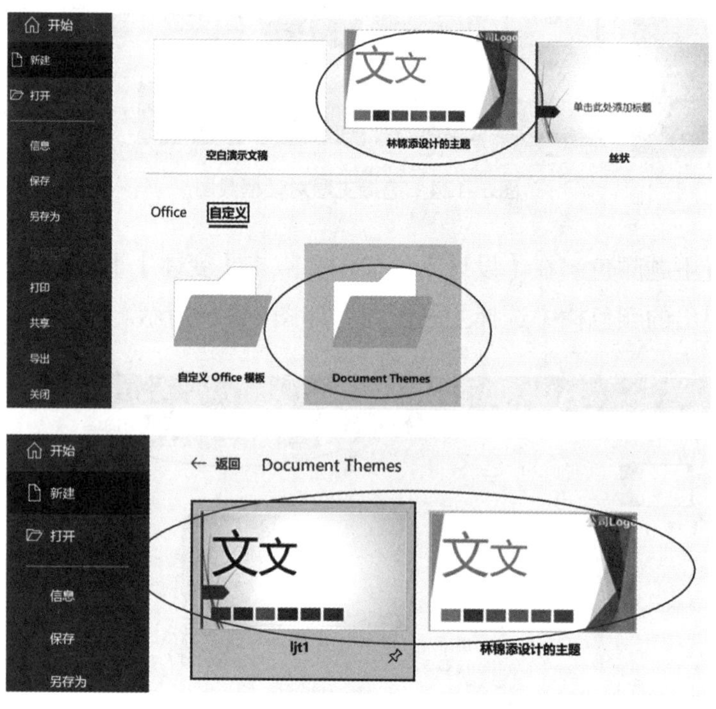

图3-127 查看主题对话框截图

2.套用模板

PPT模板是一个专门的页面格式，进去之后它会告诉你什么地方填什么，可以拖动修改。应用设计模板可快速生成风格统一的演示文稿。

PPT模板就是已经做好了页面的排版布局设计，但却没有实际内容的PPT。在应该写实际内容的地方，都只是放置了使用提示如“点击此处添加标题”或者“点击此处添加图片”等字样。

拿到这样的PPT模板之后，只需要更改里面的图片，以及在相应的位置写上文字，就可以完成PPT的制作。

由于使用模板等同于已经完成了PPT视觉设计方面的工作，使用者只需要填充内容，无须掌握太多的软件操作技巧以及平面设计知识，大大降低了制作PPT的难度，选择一个好的“模板”对于PPT新手而言，可以让PPT上升好几个档次。

（1）选择模板。点击【新建】菜单，在【Office】选项框中输入模板，就可以搜索免费的模板，比如，我们输入“总结报告模板”，可以搜索到下面的几个模板

（不同PPT版本可能搜索到的模板不尽相同），选择需要的模板，点击【创建】进入编辑，如图3–128所示。

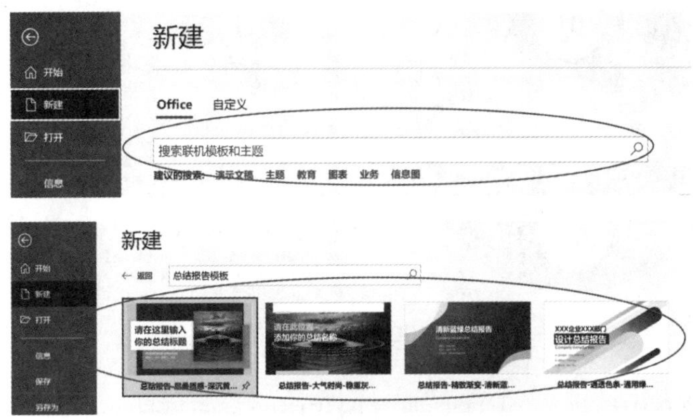

图3–128 新建报告模板对话框截图

（2）编辑模板。创建模板后，即可进入编辑模式，我们在相应的位置编辑文字、图片和内容，对于不需要的页面也可以删除，如果某些页面跟我们的要求出入比较大，可以点击【开始】菜单的【新建幻灯片】下拉箭头，选择合适的“幻灯片”页面。相比而言，下图的模板提供了比较多的“幻灯片”页面，包括“目录”页，提供了多个不同数量项目的页面，如图3–129所示。

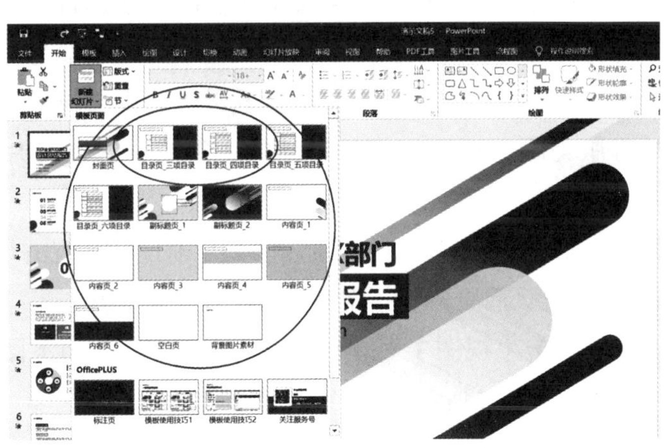

图3–129 新建幻灯片对话框截图

不过，由于要展示的内容在结构和“要点数量”上，一般并不都能刚好与模板吻合，往往需要在模板上增加或删减一些元素，通常会发现：要么新增出来的元素样式与原模板格格不入，要么是明明自己只讲“三点”，模板中却有“四个”空位，总不能无中生有增加“一点”吧，如图3–130所示。

图3-130　选择背景截图

所以即使“套用模板”，也还是要掌握相应的页面设计能力。

3.设计母版

很多人对“模板”和“母版”到底有什么区别并不清楚，甚至不少人以为两者是一回事，其实“模板”和“母版”是不一样的，从字面就能理解两者的区别，“模板”是别人做好的“模子”，我们可以在上面进行修改和编辑，就是依着别人的“模”画葫芦。“母版”则是公用的“版面”，设计到“母版”上面的内容在PPT页面编辑的时候是不能修改的。

母版规定了演示文稿（幻灯片、讲义及备注）的文本、背景、日期及页码格式。母版体现了演示文稿的外观，包含了演示文稿中的共有信息。每个演示文稿提供了一个母版集合，包括：幻灯片母版、标题母版、讲义母版、备注母版等母版集合。幻灯片母版为除“标题幻灯片”外的一组或全部幻灯片提供“统一的样式”。

母版是保证PPT风格整齐、统一的基础，写PPT前设计美观的母版可以省去为每张PPT粘贴Logo、设置页眉页脚、指定特殊标记等烦琐工作。

（1）创建母版。点击【视图】菜单的【幻灯片母版】，如下图，就会跳转到“模板”编辑页面，如图3-131所示。

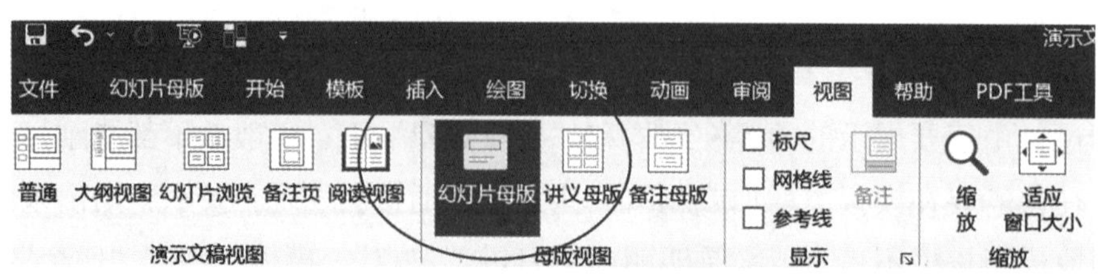

图3-131　幻灯片模板菜单截图

（2）套用主题。之前没有套用任何“主题”和“模板”，我们看到的是一个空白的母版，只有“文字和排版布局”，如图3–132所示。

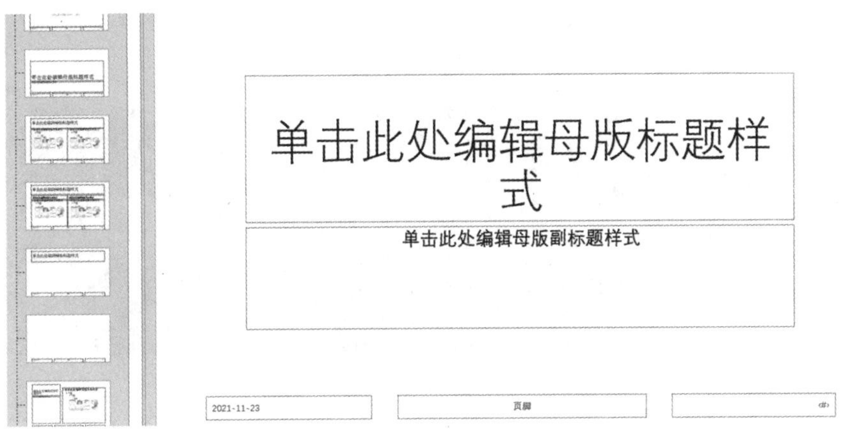

图3–132 空白幻灯片示例截图

为了美观，一般我们先套用一个合适的“主题”，这时，我们看到左边的“空白母版”全部套用了“主题的背景颜色”，如图3–133所示。

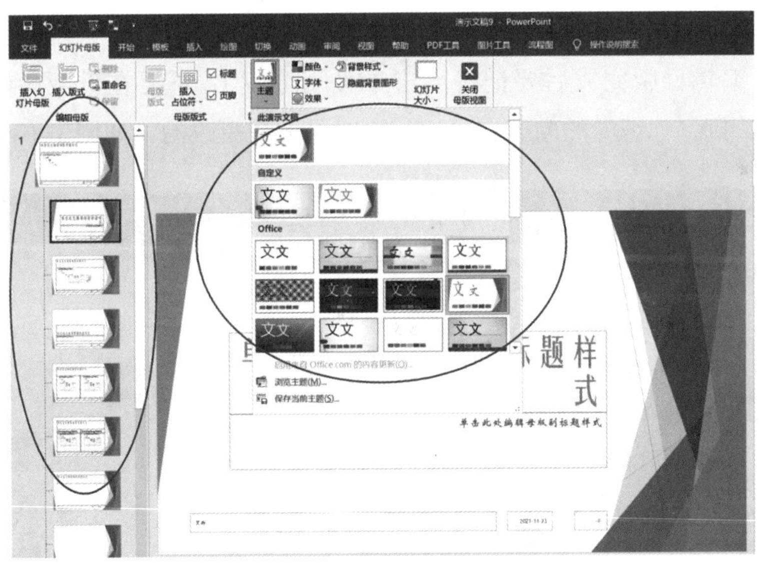

图3–133 套用主题背景颜色示例截图

（3）设置背景样式。套用“主题”后，我们发现所有的母版页面背景颜色都完全一样，这种情况还是太单调了一些，建议对不同的页面：标题页、目录页和内容页等设置不同的“背景样式”，这样我们看到的母版背景会丰富一些，如图3–134所示。

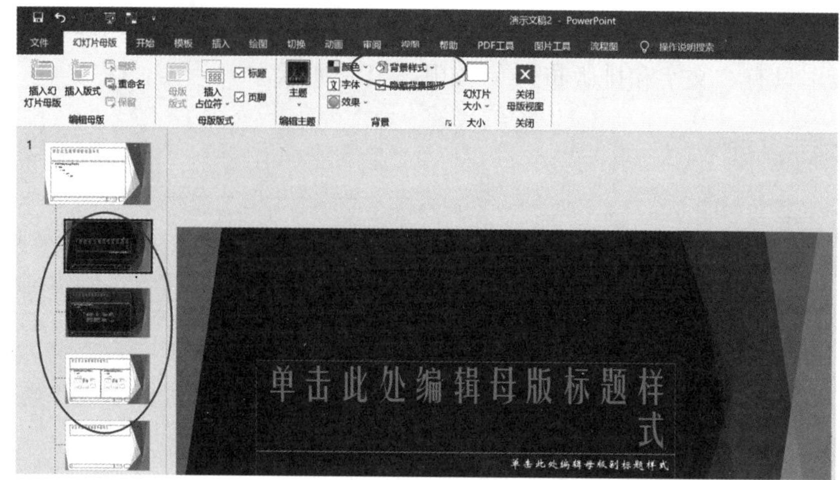

图3-134 设置背景样式示例截图

（4）设置母版。除了主题背景之外，一般我们还对“字体”“标题”“页面页脚”等进行调整，最关键的一般会添加“Logo”，比如公司名称或者水印等。编辑的Logo水印就会在新建幻灯片中显示。

母版提供的页面版式比较多，如果不想要的可以在母版编辑的时候进行删除，保留的“母版版式”会在【新建幻灯片】的下拉框中显示。

注意，编辑母版完成后要记得点击【关闭母版】，不要在母版中编辑实际的PPT内容，否则，你编辑的内容在页面编辑时是无法更改的，如图3-135所示。

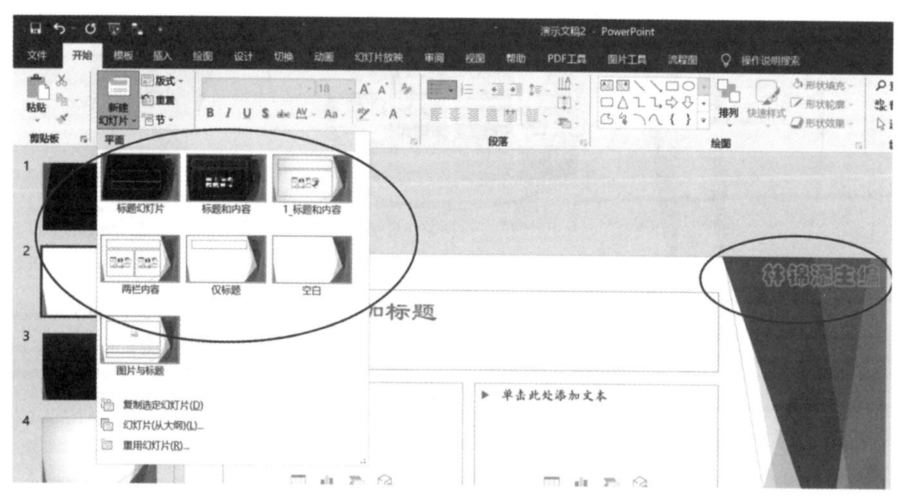

图3-135 编辑母版示例截图

一般而言，辛辛苦苦设计好的母版还是会重复使用的，这时记得通过点击【保存主题】将母版进行保存，下次需要用到该母版时直接调用就行。

版面设计好了，就可以进入内容的编辑，内容主要包括：文本编辑、图片编辑、音频编辑和视频编辑等。

二、文本编辑

几乎所有的文档编辑都离不开文本的编辑，前面Word也介绍了较多的文本编辑技巧，很多应用PPT也是适用的，这边主要介绍一些PPT特有的技巧。

1. 文本框

PPT的文本编辑最常用的就是文本框，文本的录入都要在文本框中操作。

（1）设置默认文本框。绝大多数人在PPT录入文字时，都是这样操作的，点击【插入】—【新建文本框】，输入文字，一般我们会发现显示的“字体”“字号”和“颜色”不符合我们的要求，这时我们会对“字体”“字号”和“颜色”进行一一设置。

每次反复操作会很麻烦，我们可以将最常用的“字体”“字号”和“颜色”设置为“默认文本框”，选择设置好的文本框，点击右键，弹出对话框，点击“设置为默认文本框”，下次插入文本框的时候，“字体”“字号”和“颜色”就跟设置的文本框一致了，如图3–136所示。

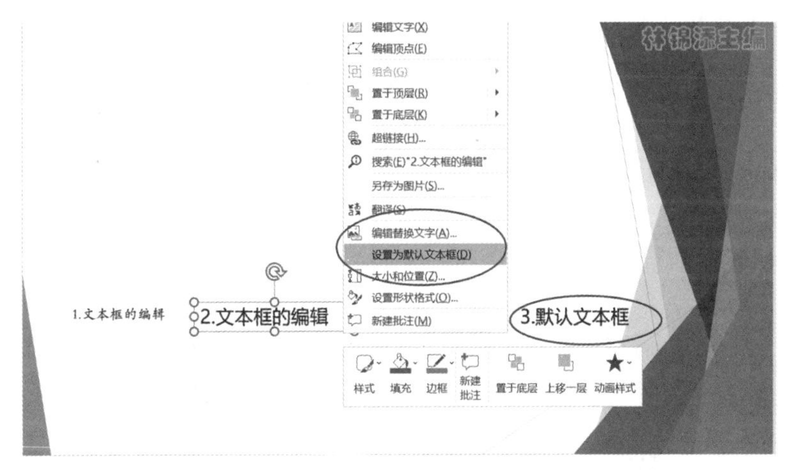

图3–136　设置默认文本框截图

（2）快速拆分文本框。当拿到一份全是大段文案的PPT时，要想排版美观，一般情况下，我们首先要做的就是将这些大段的文案分成多个文本框再进行排版美化。这时候，可能很多人都会用“Ctrl+X、Ctrl+V……”。如果文本框中需要分离的文字很多，这样操作的效率将大大下降。其实，利用鼠标直接将文本框中选中的内容拖出文本框，即可将其拆分，如图3–137所示。

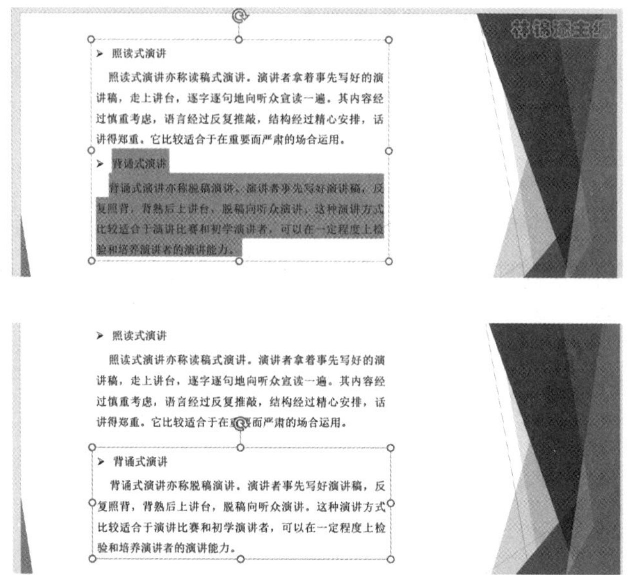

图3-137　分离文本框截图

2. 一次性替换整个PPT所有字体

完稿之后，主管或者合作方不满意使用的字体该怎么办呢？一页一页地更改字体太麻烦了。其实，PPT提供了替换字体的功能。

点击【开始】菜单的【替换】下拉箭头的【替换字体】选项，在打开的对话框中选择需要替换前后的字体，再单击“替换”按钮即可完成替换。下图的例子显示把“隶书”替换成“华文彩云”字体，替换的时候，我们发现所有的页面均进行了替换，如图3-138所示。

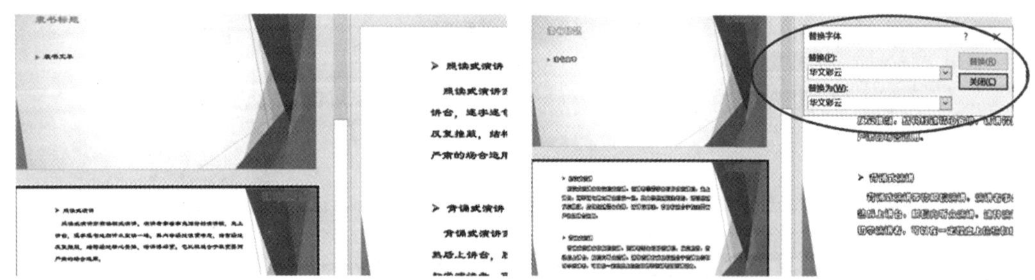

图3-138　替换字体对话框截图

3. 嵌入特殊字体

如果我们编辑PPT时，使用了一些特殊的字体，比如甲骨文，但别人的电脑字库中没有这个字体的话，那做好的文件中的“特殊字体”就会默认变成宋体，我们辛辛苦苦编辑的字体没有了不说，还影响页面的美观，此时我们可以将“字体嵌入文件”，防止“特殊字体”的丢失。

点击【文件】—【另存为】选项，弹出对话框，点击【工具】下拉框的【保存选项】，弹出对话框，勾选“将字体嵌入文件”即可，如图3-139所示。

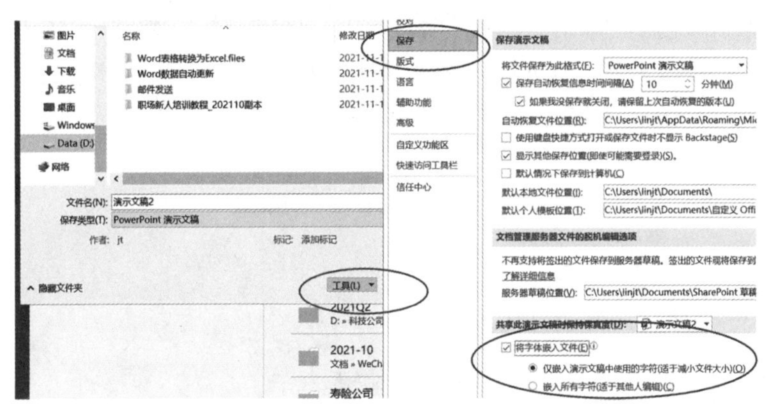

图3-139 嵌入特殊字体对话框截图

4.编辑备注

我们经常会看到有些PPT放置了大量的文字，这其实非常影响PPT的美观程度，但是有人可能会说，因为需要讲的内容很多，如果不把文字放在上面的话，根本就记不住。

实际上，讲的内容不一定要全部体现在幻灯片中，也可以放在备注里。如何给页面添加“备注”呢？

正常打开PPT，我们就可以看到底下有个灰底的长条框，显示“单击此处添加备注”，只需要在文本框里输入备注的内容即可。

如果没有看到添加备注的文本框，是因为被隐藏了，可以点击右下角的【备注】折叠按钮，或者点击【视图】—【备注】即可。添加的备注，在PPT放映时，使用“演示者视图”则本人可以看到，而观众看不到，既满足了页面美观的需要，又满足了演讲者需要录入大量文字的需要，如图3-140所示。

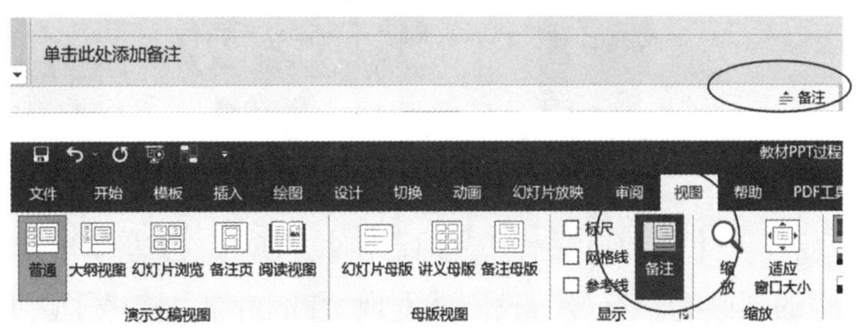

图3-140 备注菜单截图

如果需要添加的文字特别多，可以把长条框的边沿向上拉，如图3-141所示。

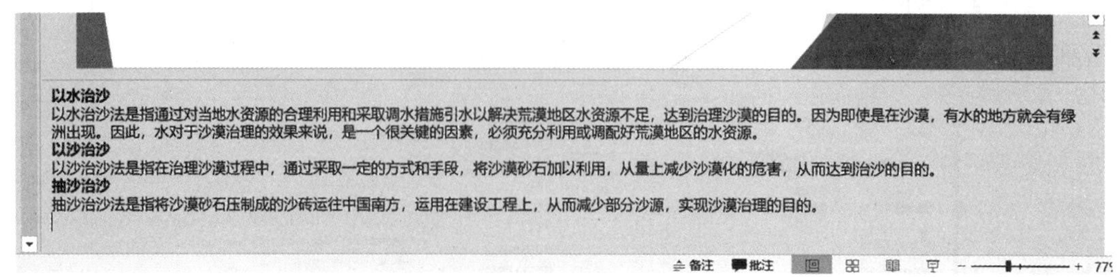

图3-141　编辑备注示例截图

三、图片编辑

编辑PPT文件，自然避免不了图片的编辑。

1.图层

指PPT单个页面中所有元素的层级关系。当某一页PPT元素过多时，我们编辑起来会很麻烦，知道了图层的概念，我们就可以分层编辑，暂时不需要编辑的层可以选择隐藏。

如图3-142所示，在同一张PPT页面中有“三个文本框”和“三个图片”，在编辑其中一项的时候，可能不小心会误选择另一项，而且过多的项目也会互相影响，不利于编辑。

图3-142　编辑图层示例截图

点击【开始】—【选择】—【选择窗格】选项，右边弹出对话框，点击“Picture4”右边的“眼睛”符号，我们就发现“Picture4”隐藏了。同样，我们可以根据需要显示或者隐藏相应的图片或者文本框，如图3-143所示。

图3-143　隐藏图片示例截图

同理，如果我们插入过多动画的时候，同样可以采取这个方法进行操作。但是需要注意的是，当编辑完成后，需要取消隐藏，否则在放映幻灯片的时候被隐藏的内容也是不显示的，可以点击“全部显示”即可。

2. 图片快速对齐

做PPT时对齐很重要，如图3-144所示，我们希望图片能在中间一字排开，很多人会采用将图片一个个选中，并拖曳到想要的位置的方法，虽然有“参考线”，但可能还是很难达到满意的程度。

图3-144　图片快速对齐示例截图

可以使用【对齐】功能进行对齐，同时选中三个图片，“双击图片”，跳转到图片格式，先后点击【对齐】—【垂直居中】和【横向分布】，就可以发现图片横向一字排开，而且间隔完全一致，显得很整齐，如图3-145所示。

图3-145 图片横向对齐示例截图

3. 图片裁剪

布尔运算指的是形状之间的联合、组合、拆分、相交、减除。在PPT中，我们称之为合并形状工具。通过两个以上形状的布尔运算，我们可以得到新的形状。接下来我们具体看一看，布尔运算在PPT中的实际应用。

有时候，我们插入的图片素材并不能直接拿来用，原图片是长宽高不一样的图片，我们希望裁剪成形状和大小一样的图片，如图3-146所示。

图3-146 图片裁剪示例截图

先插入需要裁剪的形状，比如“圆形”，注意一般我们裁剪的尺寸要小于原始图片的尺寸，具体步骤如下：

第一步：插入3个圆，然后将圆摆放在图片中的合适位置，如图3-147所示。

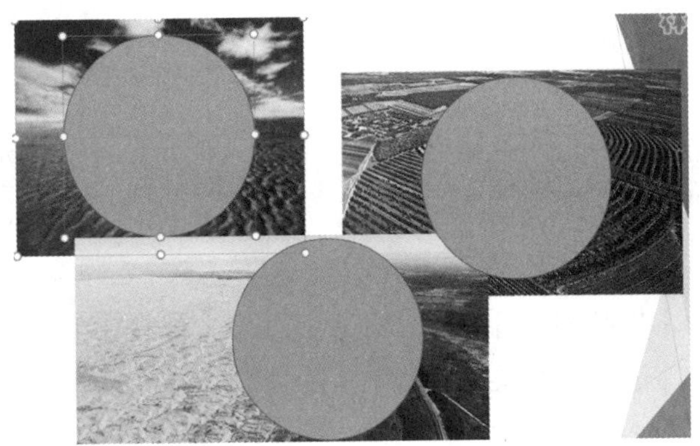

图3–147 图片裁剪过程截图

第二步：先选中其中一张图片，再选中圆，注意一定要先选中图片，再选中形状。

第三步：点击【形状格式】—【合并形状】—【相交】选项，就可以得到下图的效果，如图3–148所示。

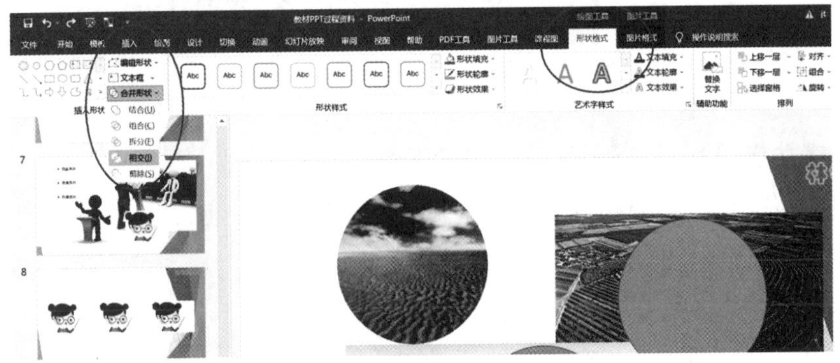

图3–148 合并图片形状示例截图

剪裁后，我们做一个简单的对齐，视觉效果就比原来好很多，如图3–149所示。

图3–149 图片裁剪效果示例截图

4. 镂空文字

镂空文字就是把文字和形状进行一个组合运算，让形状中的文字呈现出一种被掏空的形态。

具体步骤如下：

第一步：首先插入一张图片做背景，然后插入形状，比如矩形，在矩形的上方插入文本框输入“镂空文字”。

第二步：先选中矩形和文字。

第三步：点击【形状格式】—【合并形状】—【组合】选项，就可以得到下图中的镂空效果（相等于透视效果），如图3-150所示。

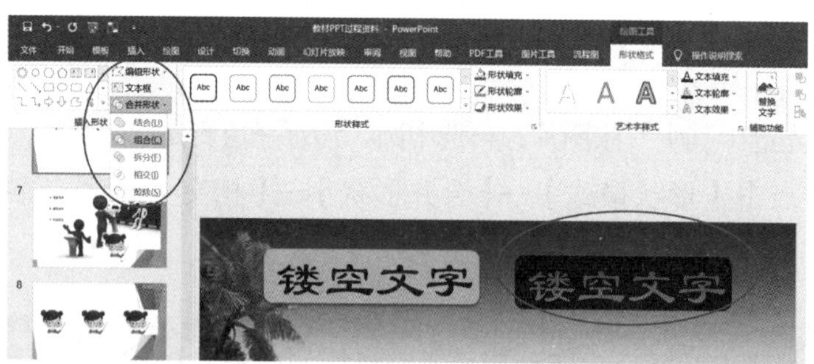

图3-150 镂空文字示例截图

5. 质感文字

质感文字就是将文字和背景图片进行一个相交运算，让图片背景呈现在文字内部的一种效果。

具体步骤：

第一步：首先插入一张有质感的背景图片，然后插入文本，并移动到背景图片上方。

第二步：先选中背景图片，再选中文字，注意这里选中的先后顺序很重要。

第三步：点击【形状格式】—【合并形状】—【相交】选项；就可以得到下图中的质感文字，如图3-151所示。

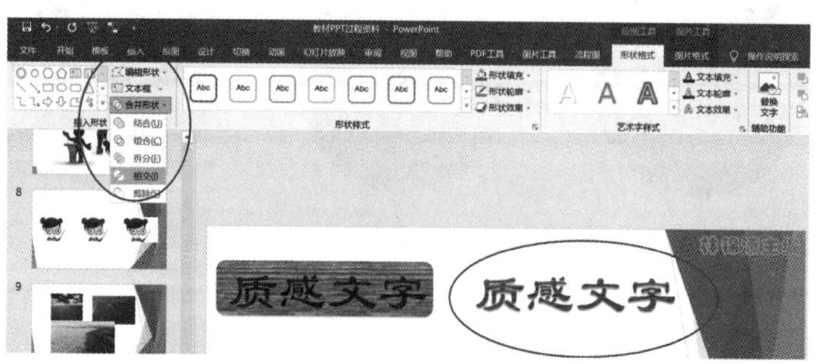

图3-151 质感文字示例截图

6.SmartArt排版图片

编辑PPT图片时，经常会遇到PPT排版问题，图片大小一般都不同，于是辛辛苦苦在电脑前对齐、调整，一不小心又挪动了图片位置。使用PPT中的SmartArt可以一键完成设置，下面就给大家详细介绍下制作步骤。

同样，有上面“图片裁剪”中介绍的三张大小不同位置比较凌乱的图片（下图右边），希望有一个比较美观的排版，具体步骤如下：

第一步：选中所有图片。

第二步：点击【图片格式】—【图片版式】下拉箭头的“六边形群集”选项。

即可得到下图左上角的图片布局，如果选择的是“垂直图片列表”选项，即可得到下图左下角的图片布局。

如果希望排列图片的顺序，要注意选择图片的顺序，比如“垂直图片列表”，从上到下的顺序是依照选择图片的顺序排列的，如图3-152所示。

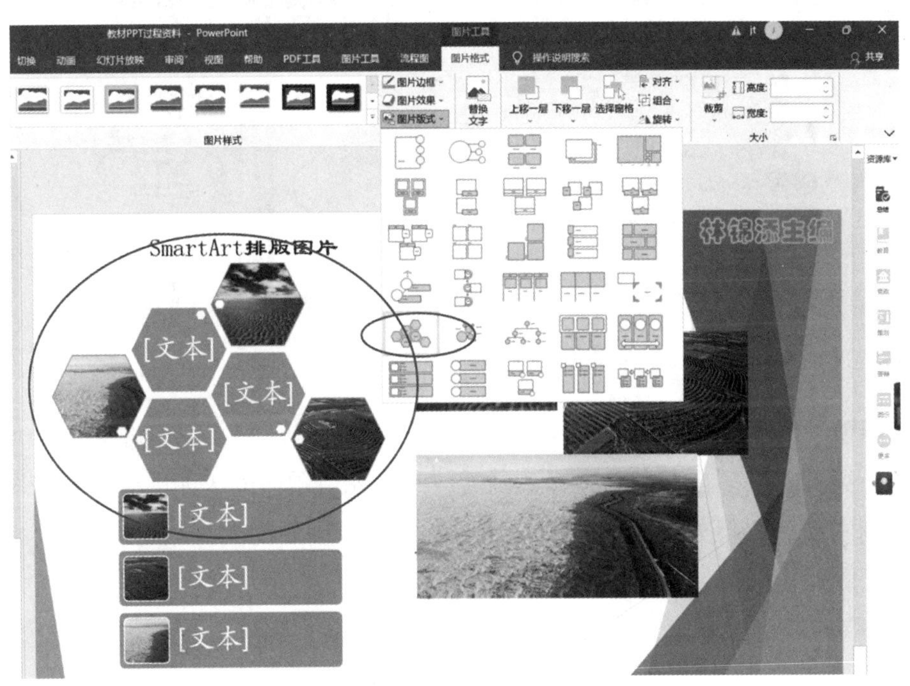

图3-152 SmartArt排版图片示例截图

四、动画编辑

有时我们会看到一个PPT文档从头到尾居然都没有动画，这是非常奇怪的。除了非常严肃的政府工作报告或者其他工作报告，建议做PPT编辑还是增加动画设计，这样可以更容易吸引观众的注意力，特别是重要的PPT页面。

1. 文字动画

我们看到过别人PPT中的一段文字，每个字都像打字一样一个个生动地显现出来，感觉很不错。我们可以通过“文字动画”来实现这样的效果。具体步骤如下：

第一步：选择“文字段落”，点击【动画】选择需要的方式，比如“出现”。

第二步：点击【动画】—【动画窗格】，弹出右边的【动画窗格】对话框。

第三步：选中编辑的“动画”，出现“下拉箭头”，点击下拉箭头。

第四步：点击“效果选项”。

第五步：出现“效果”对话框，【设置文本动画】选择“按字母顺序”，设置“字母之间延迟秒数”（如果字数较多建议选0.1秒，否则延迟太明显），如果需要还可以对声音进行设置，比如“打字机”或者“鼓掌”声。

由于步骤较多，下图分别在圆圈中用数字标出了对应的步骤，如图3–153所示。

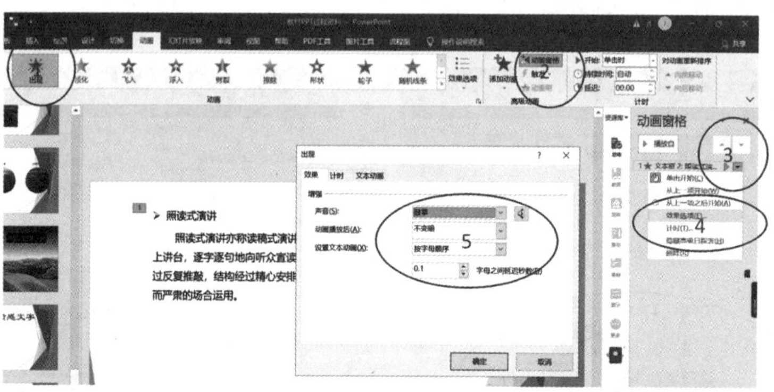

图3–153 文字动画示例截图

2. 调整动画顺序

一个页面如果存在多个动画，动画播放是有先后顺序的，如下图，三张图片依次从左到右播放，但如果我们希望先播放右边“治理后的图片”，并不需要把前面两个动画删除再设置，如图3–154所示。

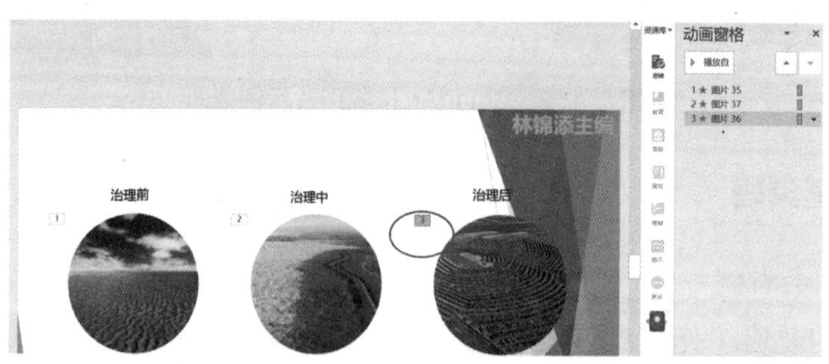

图3–154 调整动画顺序示例截图

只需要打开【动画窗格】，用鼠标选中最下面的动画，拖曳到最上面，我们就会发现其播放顺序调整到了第一个。

同理，我们如果觉得某个动画是多余的，在【动画窗格】中将其删除即可，如图3–155所示。

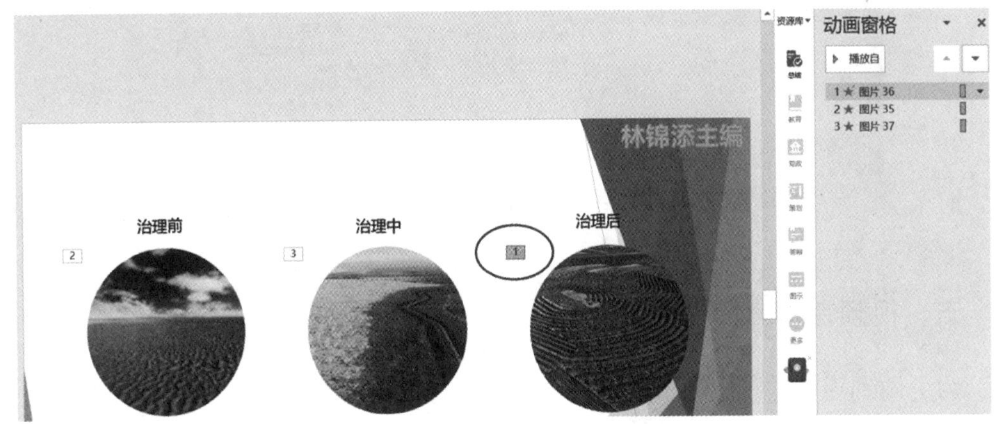

图3–155　删除动画示例截图

3. 动画刷

在一个PPT中经常会用同一种动画格式，比如常用的“出现”，如果一个个进行设置比较麻烦，可以用“动画刷”进行批量设置。

先选中第一个设置好的动画，点击【动画】—【动画刷】，再点击要应用的对象即可，“动画刷”和“格式刷”的应用是一样的，“单击”应用一次，“双击”可以重复刷，如图3–156所示。

图3–156　动画刷菜单截图

4. 批量删除动画

我们辛辛苦苦制作了动画，但主管看完之后，可能会告诉我们，不需要播放动画了，这时我们要将动画一一删除吗？万一后面又需要动画呢？

实际上，你只需要设置“放映时不加动画”即可。点击【幻灯片放映】—【设置幻灯片放映】弹出对话框，勾选“放映时不加动画”即可，如图3–157所示。

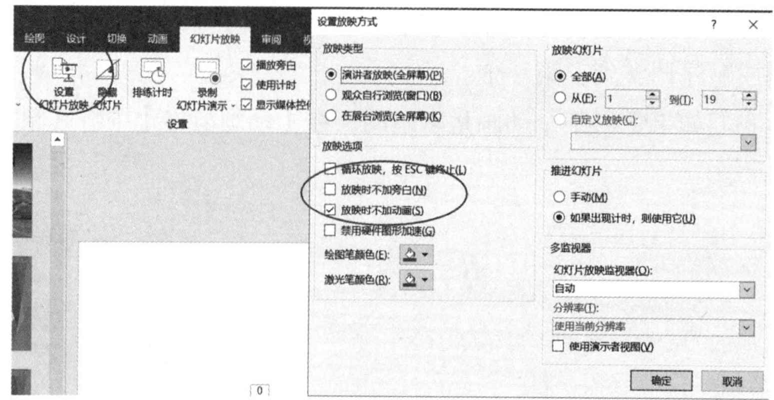

图3-157 批量删除动画示例截图

五、视频音频编辑

为了做到声情并茂，PPT中也经常会添加视频或者音频，视频和音频既可以来自文件，也可以现场编辑。

1. 插入视频音频文件

插入现有的视频文件比较简单，点击【插入】—【视频】—【此设备】打开浏览文件对话框，插入想要的视频文件即可。同样，点击右边【音频】可以插入音频文件，如图3-158所示。

图3-158 插入视频音频示例截图

插入的视频可以像图片一样进行编辑，点击【视频格式】—【视频形状】选择“椭圆形”，视频就会被裁剪成“椭圆形”的形状。

也可以根据需要对视频的亮度和颜色进行调整，如图3-159所示。

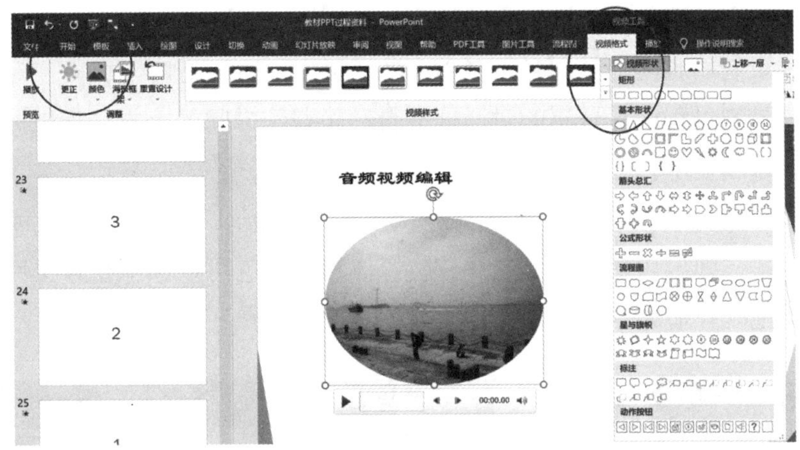

图3-159　编辑视频示例截图

2. 录制音频

录制音频比较简单，点击【插入】—【音频】下拉箭头，选择【录制音频】，弹出对话框，点击“红色按钮”就可以开始录制，可以根据需要录入“阅读、唱歌”等声音，点击“方块按钮”完成，点击“确定”就插入了录制好的音频，如图3-160所示。

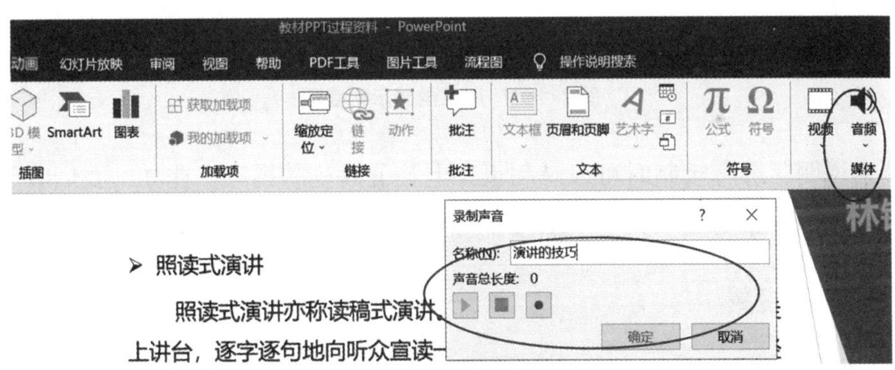

图3-160　录制音频对话框截图

3. 屏幕录制

如果你要做一个PPT介绍某个“软件产品”或者演示“某个操作”，这时可以采用屏幕录制的功能。

点击【插入】—【屏幕录制】，上面会弹出一个录制的对话框，有几个功能：

第一，点击“红色按钮”开始录制，录制全部屏幕；

第二，录制的过程中可以点击“暂停”，再点击“录制”，继续录制；

第三，录制可以选择区域，不选择的话，默认全屏录制，选择区域后会显示

“红色区域”，视频展示的是区域内的操作，如图3–161；

第四，录制的时候，是同时录制声音的，可以同时进行解说；

第五，录制过程中，录制的对话框会自动隐藏到中间的上方，把鼠标指针指向中间上方，重新显示；

第六，视频文件可保存，点击“方块按钮”停止录制，在页面显示录制的视频，右键点击，弹出快捷菜单，选择“将媒体另存为”可以保存视频文件，视频文件可以在其他视频播放软件正常播放，如图3–161所示。

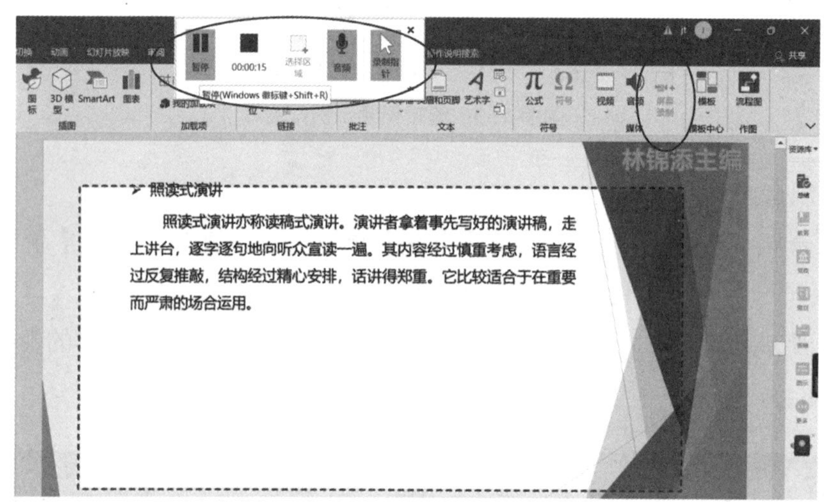

图3–161 屏幕录制示例截图

特别说明，屏幕录制时可以录制正在电脑上播放的视频，比如，我们看到网上播放一段视频，希望截取其中一小段作为素材，也可以采用“屏幕录制”的功能。

六、放映设置

PPT编辑好了，我们得看看放映效果。有的人觉得放映幻灯片还不简单吗？点击放映不就行了吗？即使是单纯的放映，是否熟练也是很重要的，我经常看到不少人放映幻灯片找放映按钮都找很久，这给人的感觉就不太好。

放映幻灯片除了菜单【幻灯片放映】的【从头开始】和【从当前幻灯片开始】之外，还可以点击右下角的“幻灯片放映”图标，点击后是从当前位置开始放映，这个在编辑过程中如果需要看编辑的效果，会常用这个按钮，另外还可以按快捷键“F5”进行播放，按“F5”之后，会“从头开始”播放幻灯片。

除了放映之外，还有些“放映设置”的技巧，如果掌握了，对编辑PPT的水平也会有很大的提升。

1. 隐藏幻灯片

我们编辑了一份很详细的PPT文档，但由于时间关系，只能讲解“重点”部分，对于细节不能一一讲解，我们如果把不需要讲解的PPT删除，担心以后还要用到，这时我们可以把这部分不需要讲解的PPT页面隐藏，下次还需要用时，取消隐藏即可。隐藏幻灯片有两种方式：

第一种：在左边的导航窗口，选中不需要放映的页面，点击【幻灯片放映】—【隐藏幻灯片】；

第二种：选中不需要放映的页面，点击右键，弹出下拉菜单，点击【隐藏幻灯片】选项。

选择页面的时候可以选择一张也可以同时选中多张页面。

隐藏后幻灯片在导航窗格中“亮度”较低，同时“隐藏幻灯片”按钮也是灰色的，幻灯片列表中仍然能够看到，而且也可以编辑，但是在播放时无法看到，如图3-162所示。

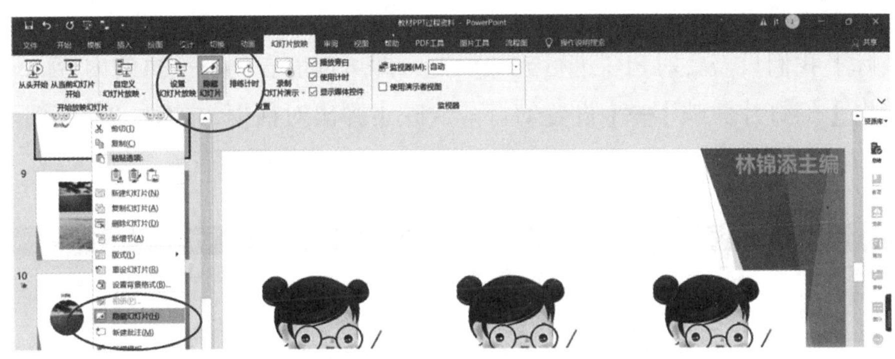

图3-162　隐藏幻灯片示例截图

2. 指针设置

我们看到别人演示PPT的时候，在讲解过程中还可以在上面画“线条”或者“圆圈”，有的人以为对方使用的设备特别先进，其实只需要在PPT中“设置指针”形式即可。

荧光笔设置。PPT点击播放后，在页面点击“右键”，弹出菜单，选择“指针选项”，出现下一级菜单，点击“荧光笔”，这时鼠标即可在幻灯片页面进行“涂画”。

激光笔设置。为了强调重点，在讲解PPT时，有的人经常会带上“激光笔”，对重点进行指示，有些领导讲解的时候发现没有激光笔还批评会议布置人员，实际上，只需要将“指针选项”设置为“激光笔”即可，如图3-163所示。

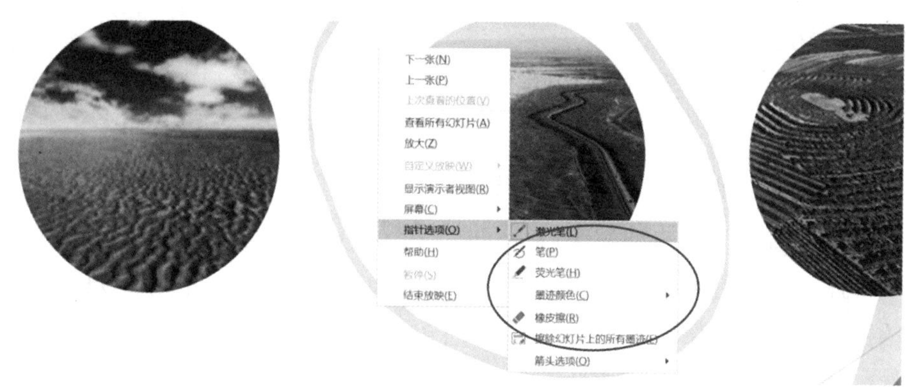

图3-163　指针设置示例截图

3. 使用演讲者视图

我们看到有些人在台上讲解PPT的时候，磕磕绊绊，衔接很不连贯，PPT出现下一页的时候先要看看该页的内容才能继续讲解。相反，我们也看到有些人的讲解非常流畅，下一页要讲什么非常清楚，感觉好像是把PPT的所有内容都背下来一样，令人十分佩服。

实际上我们只需要对PPT进行放映设置，即可提前看到下一页的内容。

点击【幻灯片放映】—【设置幻灯片放映】弹出对话框，勾选“使用演示者视图”选项即可，如图3-164所示。

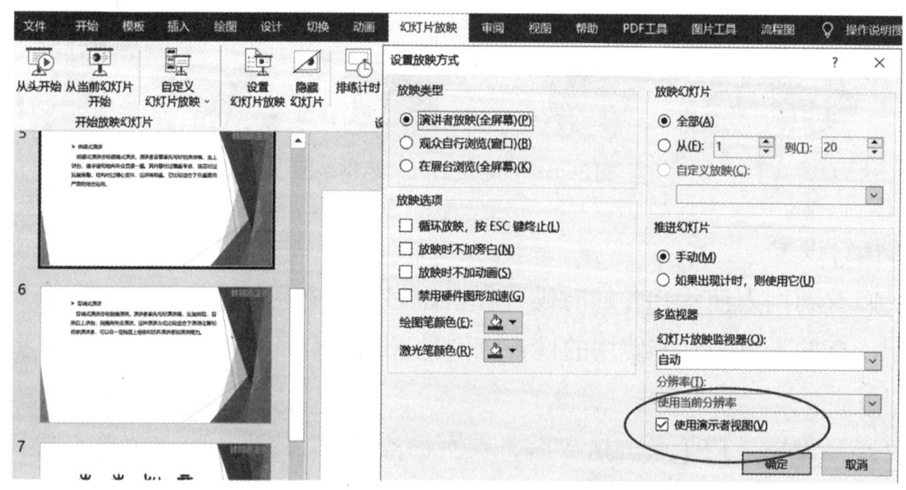

图3-164　设置演示者模式对话框截图

设置后，在放映的时候，我们就会看到窗口分成左右“两个窗口”，大的窗口显示的就是我们当前页讲解的内容，“右边上方”显示的是“下一页”的内容，“右边下方”显示的是“当前页”的备注，如图3-165所示。

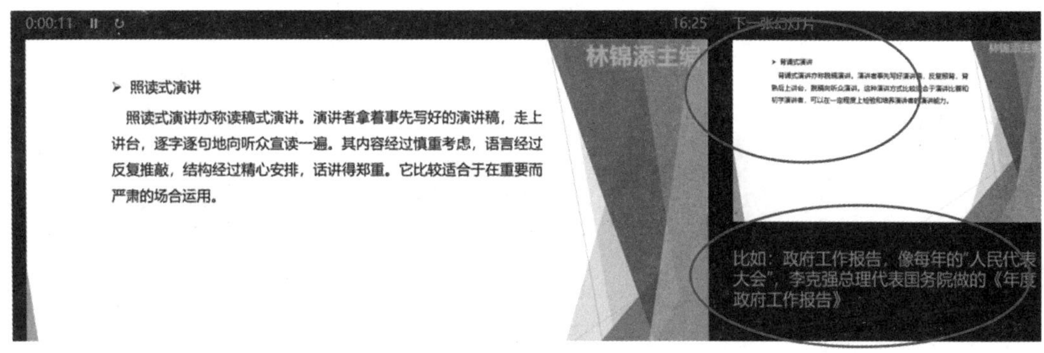

图3–165　演示者模式示例截图

4. 设置自动换片时间

指对PPT中页面切换方式的设置，包含自动定时换片和手动换片。

当我们想让PPT某些页面自动播放，有些页面手动播放时，可以对相关页面【设置自动换片时间】。

如果想自动播放，就【设置自动换片时间】，如果想手动播放，就选择【点击鼠标时】。

比如我们经常看到的倒计时，我们可以在五张页面中分别输入大字体的“5、4、3、2、1”，每页【设置自动换片时间】为“1秒”。这样就可以实现倒计时的功能，如图3–166所示。

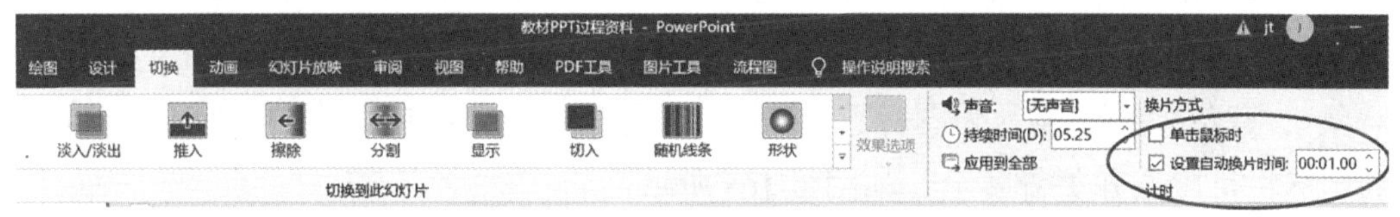

图3–166　设置自动换片菜单截图

需要注意，为了让“自动换片”生效，需要在【幻灯片放映】—【设置幻灯片放映】中将“推进幻灯片”设置为“如果出现计时，则使用它”，否则无法实现自动放映，如图3–167所示。

5. 控制PPT总时间

我们在进行“年度述职”或者“正式报告”时，经常有时间限制，比如10分钟或者15分钟，超时会给观众留下不好的印象，有时还会导致扣分，这时，我们可以通过设置“自动换片时间”，给每一张PPT设置强制换片的时间，把总时间分配到各张PPT中，经过几次练习和调整，即可实现“整体时间”的控制，把时间误差控制在“1分钟以内”，可以给观众留下良好的印象。

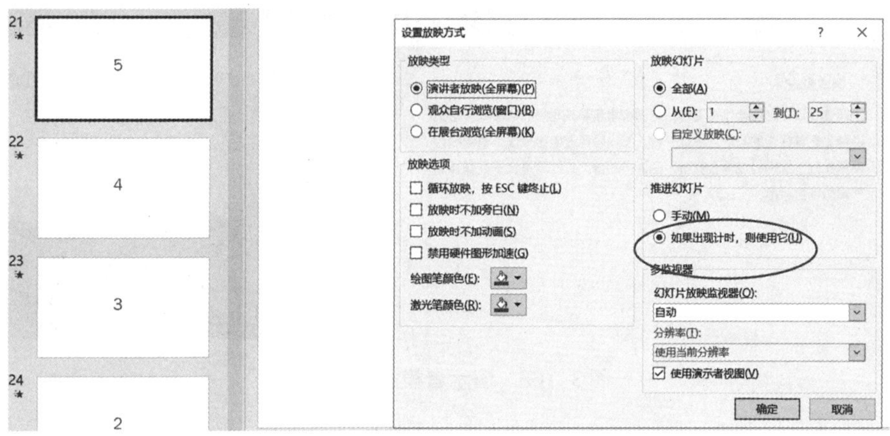

图3-167 设置自动播放示例截图

七、插入对象

有时我们希望在PPT中展示其他文件的内容，比如有一个计算过程比较复杂的Excel文件，希望一起展示，就可以使用“插入对象”功能把Excel文件插入PPT页面中。

操作比较简单，点击【插入】—【对象】弹出浏览文件对话框，选择需要插入的文件即可。

这边介绍另一种操作方式，直接复制该文件，点击对象需要放置的页面，点击【开始】—【粘贴】—【选择性粘贴】，弹出对话框，选择“Microsoft Excel Worksheet对象”，建议勾选“显示为图标”，点击“确定”后，即可在页面中显示Excel文件的图标，可以点开进行展示，如图3-168所示。

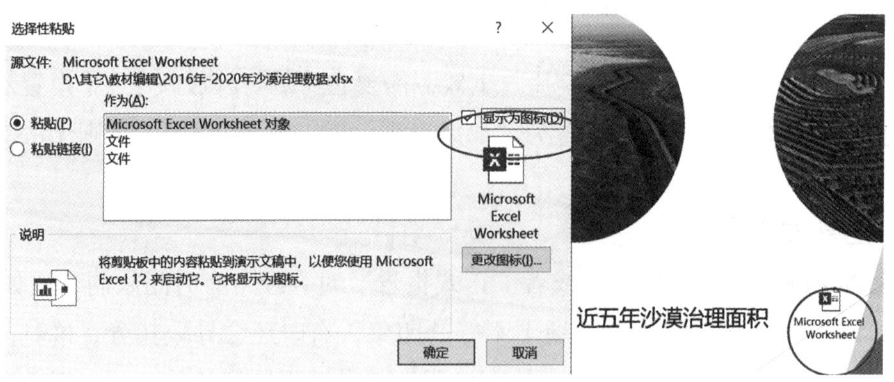

图3-168 插入对象示例截图

其他文件，比如Word、PDF甚至PPT本身都可以作为对象插入PPT页面中。

有些人说，何必这么麻烦呢？需要其他文件的时候，我把相应文件打开不就行了吗？实际上还是不一样的，插入对象的优点有：现场演示，不需要寻找其他文件；不用担心“对象”文件没有带着；不需要同时拷贝“对象”文件，比如我们把文件给同事，采用“插入对象”，就不需要同时把文件复制给他/她。

八、引用幻灯片

有时，随着工作经验的积累，我们手上会有比较多的资料，我们做PPT并不总是从空白开始做，比如我们需要引用另一个PPT中大量的内容，这时可以采用“重用幻灯片”功能实现。

点击【开始】—【新建幻灯片】下拉箭头，点击“重用幻灯片”，弹出右边的“重用幻灯片”对话框，浏览需要引用的PPT文件，选择文件后，我们发现所有的幻灯片均在“右边对话框”中显示，但左边“导航窗口”没有显示，需要引用哪个页面，点击对应页面即可，被选中的页面即会显示到新的PPT中，如图3–169所示。

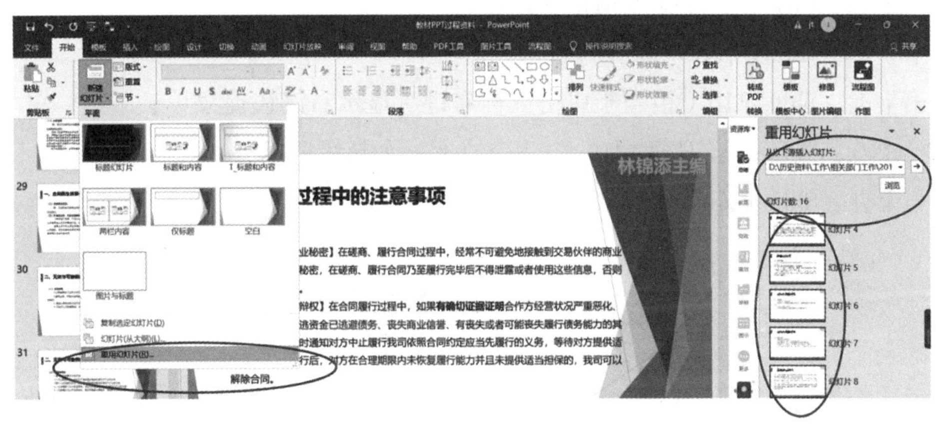

图3–169　引用幻灯片示例截图

九、PPT放映快捷键

有时候在PPT放映时我们要进行一些操作，这样会增加演示的时间，同时也使得演示的效果变差了，如果能掌握PPT放映时的快捷键，在不中断演示的情况下即可完成操作，给观众的体验会很好。注意，下面的快捷键只在PPT放映时才会起作用。

第一，N、Enter、Page Down、右箭头（→）、下箭头（↓）或空格键 行下一个动画或换页到下一张幻灯片；

第二，P、Page Up、左箭头（←）、上箭头（↑）或Backspace 行上一个动画或返回到上一个幻灯片；

第三，B或句号黑屏或从黑屏返回幻灯片放映；

第四，W或逗号白屏或从白屏返回幻灯片放映；

第五，S或加号停止或重新启动自动幻灯片放映；

第六，Esc、Ctrl+Break或连字符（-）退出幻灯片放映；

第七，E擦除屏幕上的注释；

第八，H到下一张隐藏幻灯片；

第九，T排练时设置新的时间；

第十，O排练时使用原设置时间；

第十一，M排练时使用鼠标单击切换到下一张幻灯片；

第十二，同时按下两个鼠标按钮几秒钟返回第一张幻灯片；

第十三，Ctrl+P重新显示隐藏的指针或将指针改变成绘图笔；

第十四，Ctrl+A重新显示隐藏的指针和将指针改变成箭头；

第十五，Ctrl+H立即隐藏指针和按钮；

第十六，Ctrl+U在15秒内隐藏指针和按钮；

第十七，Shift+F10（相当于单击鼠标右键）显示右键快捷菜单；

第十八，Tab转到幻灯片上的第一个或下一个超级链接；

第十九，Shift+Tab转到幻灯片上的最后一个或上一个超级链接。

第五节　文件转换和协作

每一个软件都有各自所擅长的领域，比如Word的文字处理、Excel的数据处理、PPT的图像处理。不要强行用一个工具去做它不擅长的领域的工作，想要高效办公，首先要选对工具。如果能把一种工具的擅长领域使用到另一种工具中，你会发现你的办公效率远远超过你的同事。

本节，我们主要介绍几种不同办公工具的转换和协作。

一、PDF文件转换为Word文件

为了整理报告或者分析，我们会收集各种资料，每个资料的格式不一样，一般都不是我们想要的格式，比如我们在网上下载的资料以PDF文件格式居多，有时也会拿到纸质的资料，很多人会花几天的时间把这些资料通过手工整理的方式，打

字、画图，慢慢整理成想要的格式，殊不知，通过办公软件，可以轻松地将PDF转换成Word。

为了防止编辑或者修改，我们对外提供的文件经常会转换成PDF格式，这个大家都知道，不管是Word、Excel或者是PPT文件，都可以通过另存的方式直接转换成PDF格式。

PDF文件能转换成Word文件吗？很多人不一定知道，实际上Word也提供了相应的功能，而且操作非常简单：在Word单击【文件】—【打开】，浏览PDF文件的存储位置，然后打开它。Word将打开一个对话框，确认它将尝试导入PDF文件的文本。单击“确定”进行确认，Word导入文本。Word将尽力保留文本在PDF中显示的格式，如图3–170所示。

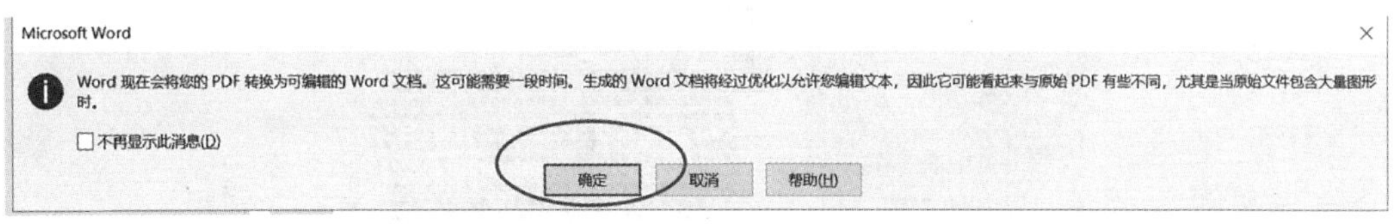

图3–170　PDF转换为Word示例截图

需要注意：①word会重新新建一份文件，记得要“另存为”。②文本识别的准确性取决于扫描对象的质量以及扫描文本的清晰度。因此直接生成的PDF识别效果最好、扫描打印的文件次之、手写文本很少被识别。③整体而言，规范文档的识别度还是很高的，识别可能出现偏差的情况主要有：字体较小或者较为复杂的文字、数字（千分位可能被识别为逗号）、标点符号、英文（比如i和j可能混淆）。④无论如何，打开文本后一定要进行校对Word，以确保文本的准确性。

二、Word转换成PPT

开会、演讲等场合用到PPT比较多，有时候需要将Word转成PPT，大部分人想到的方法是把Word中的文字一段一段地复制到PPT中对应的页面，但实际上Word提供了直接转换的方式。

将一份Word文档，通过在Word中选择【发送到Microsoft PowerPoint】功能，可以快速生成一份结构清晰的PPT，大量减少复制粘贴文本的时间。

如何实现这个操作，具体分两步：

第一步，在大纲视图内，对Word文档设置大纲级别。点击【视图】菜单的【大纲】，如图3–171所示。

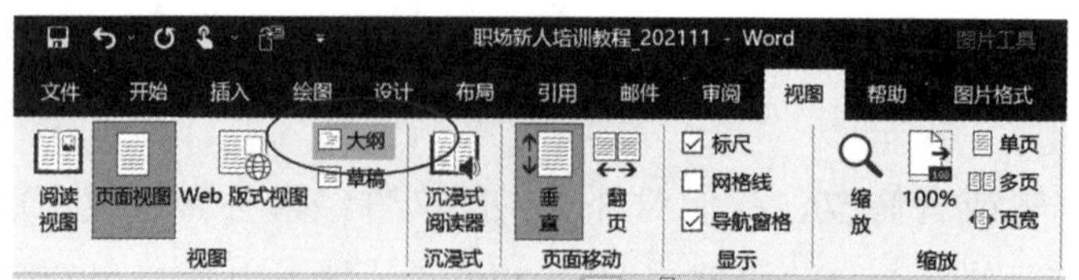

图3–171 Word设置大纲菜单截图

然后，为各段设置大纲级别。需要在PPT显示的内容均要设置大纲级别，需要单独放置一页的标题均要设置为“1级”，设置为“1级”的标题及其下面的内容会在同一页显示，如图3–172所示。

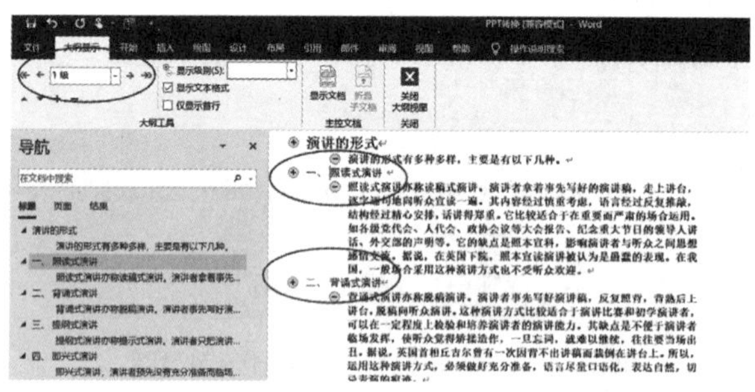

图3–172 Word设置大纲级别示例截图

第二步，将Word大纲文本转化成PPT。如果【自定义快速访问工具栏】没有【发送到Microsoft PowerPoint】按钮，需要提前设置。具体有如下几个步骤：

（1）点击【文件】菜单，选择最下方的【选项】。出现下面对话框，再点击【快速访问工具栏】，在上面的下拉框中选择【不在功能区中的命令】，一直往下找到【发送到Microsoft PowerPoint】，如图3–173所示。

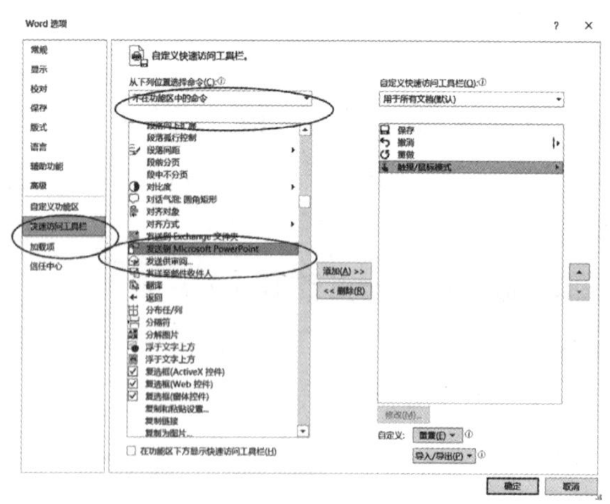

图3–173 快速访问工具栏对话框截图

（2）点击【添加】按钮，在右边【自定义快速访问工具栏】的下方就会出现【发送到 Microsoft PowerPoint】功能，点击确定，在Word窗口左上角【自定义快速访问工具栏】就会出现【发送到 Microsoft PowerPoint】按钮，进行Word文档转换成PPT操作可随时使用，如图3–174所示。

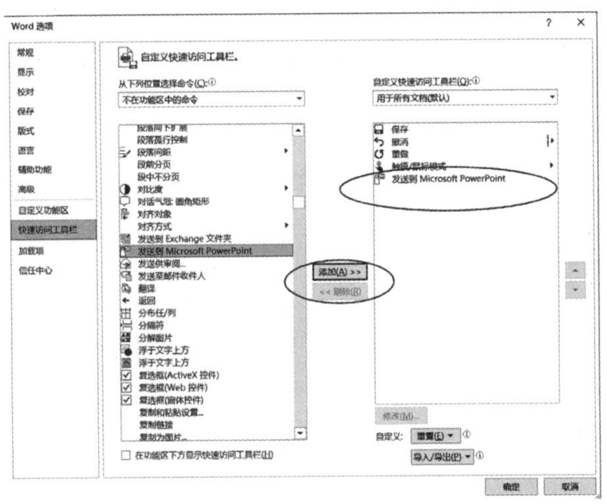

图3–174 发送到 Microsoft PowerPoint工具栏设置截图

（3）点击左上角的【自定义快速访问工具栏】的【发送到 Microsoft PowerPoint】按钮，如图3–175所示。

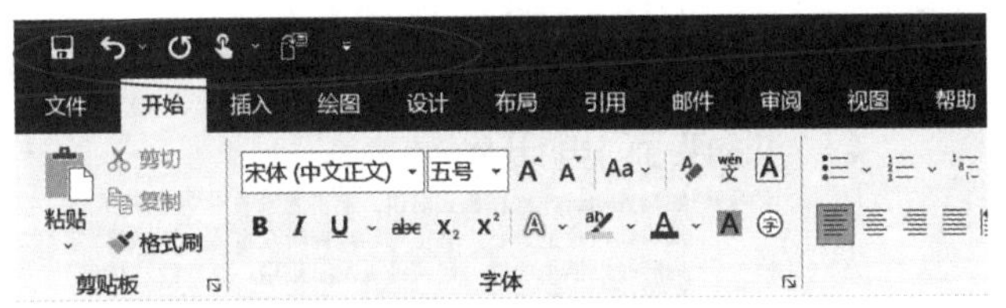

图3–175 发送到 Microsoft PowerPoint菜单截图

这样一来就可以生成一个空白的PPT，如图3–176所示。

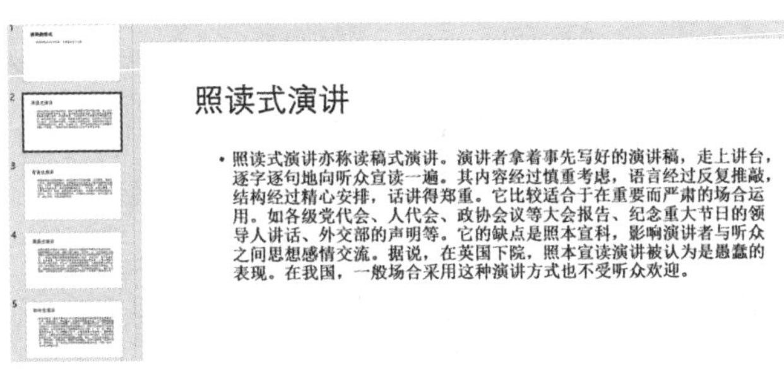

图3–176 Word转化为PPT示例截图

（4）套用一个自己喜欢的模板，一个大致的PPT就完成了，如图3-177所示。

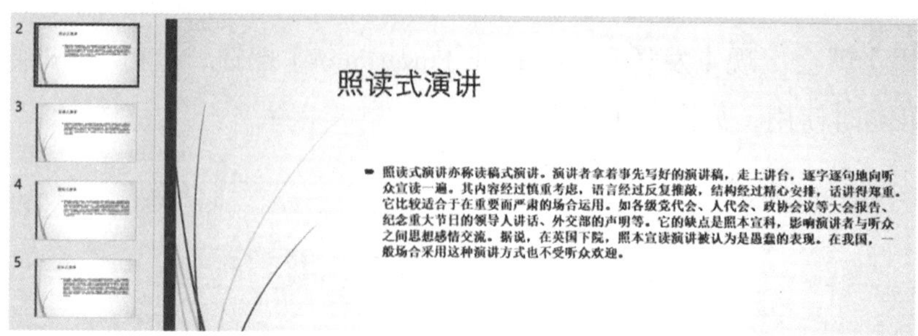

图3-177　PPT套用模板截图

三、PPT转换成Word

Word可以转换成PPT，反之PPT也可以转换成Word，开会或者培训，有时候需要把课件或者会议的PPT内容转换成Word打印出来。如果一页一页复制到Word，那就太麻烦了，PPT转换成Word更简单：

将PPT另存为“大纲/RTF文件”格式，用Word打开文件即可得到大纲形式，如图3-178所示。

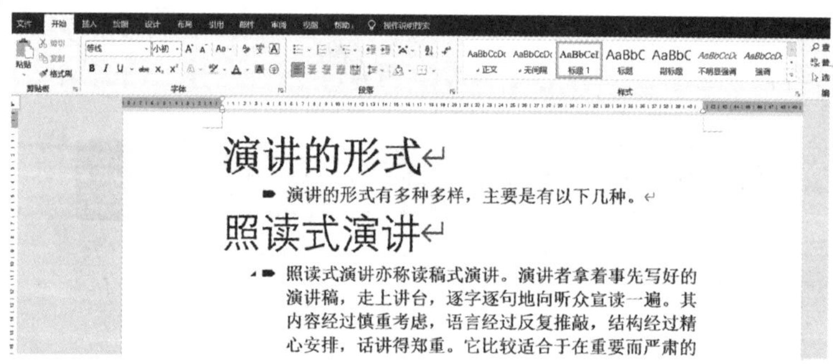

图3-178　PPT转换为Word示例截图

四、Word数据随Excel自动更新

写报告一般都会引用数据，特别是年度、季度、月度分析报告总是要用到数据，数据一般先在Excel中整理，后面再引用到Word报告中，如果采用复制粘贴的方式，担心数据出错不说，还经常要对格式和字体进行调整。

要是Word中的数据能随Excel自动更新，那就太好了。

选中Excel中需要复制到Word的数据，在Word中点击【开始】菜单中【粘贴】下面的【选择性粘贴】选项，弹出对话框，选择“粘贴链接”，点击【Microsoft

Excel工作表对象】，如图3–179所示。

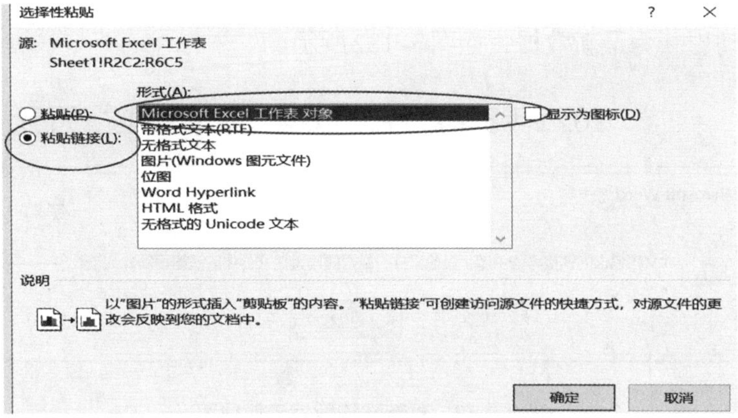

图3–179　选择性粘贴对话框截图

点击“确定”后，就把Excel中的数据复制到Word中了，如图3–180所示。

2021年3季度经营数据　　单位：万元			
项目	本季度	上季度	环比
保费收入	15,000	12,000	25%
员工人数	35	30	17%
人均产能	429	400	7%

图3–180　Excel数据表示例截图

如果Excel的表格数据更新，Word中的数据也会随着更新，包括Excel中格式的变化，比如4季度人均产生环比负增长，突出显示，如图3–181所示。

2021年4季度经营数据　　单位：万元			
项目	本季度	上季度	环比
保费收入	16,000	15,000	7%
员工人数	40	35	14%
人均产能	400	429	-7%

图3–181　Excel数据表粘贴对象示例截图

有时我们发现Word数据不会随着Excel更新，这时我们可以把Word关闭（关闭的时候一定记得保存），重新打开后看是否出现这个对话框，点击“是”按钮，数据即可自动更新为最新数据，如图3-182所示。

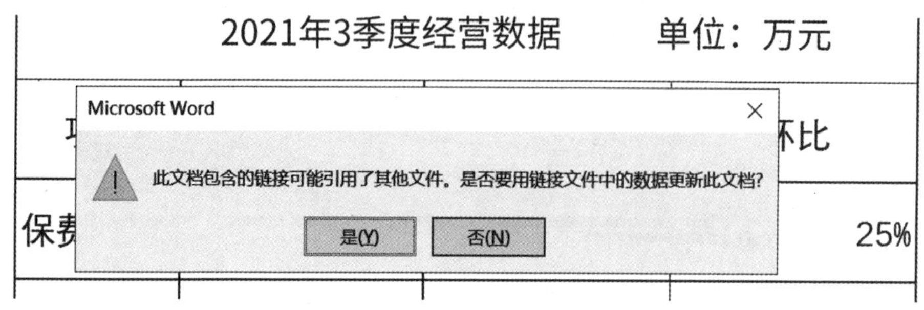

图3-182 更新链接数据示例截图

如果未出现上述对话框，需要对Word进行设置，点击【文件】菜单左下角的【选项】，弹出对话框，点击【高级】，拖动“滚动条”到下方的【常规】，勾选【打开时更新自动链接】选项，点击“确定”按钮即可，如图3-183所示。

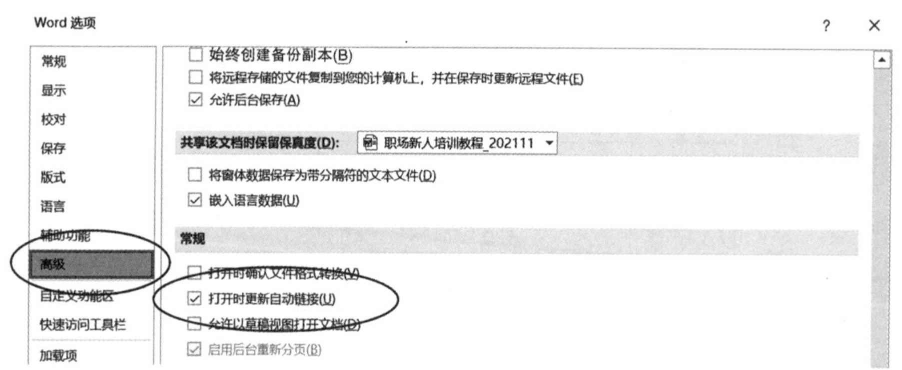

图3-183 设置自动更新链接对话框截图

顺便说一句，PPT的数据也可以随Excel同时变化，这个操作跟Word的操作类似。

五、Word、Excel协作

一般新员工总是被要求做重复的工作，比如工资条、邀请函或者奖状之类的，如果懂得通过Word和Excel协作，可能三天的工作半小时就搞定了。

年底快到了，公司要表彰表现优秀的员工，需要制作奖状。

先在Excel中编辑获奖名单，如图3-184所示。

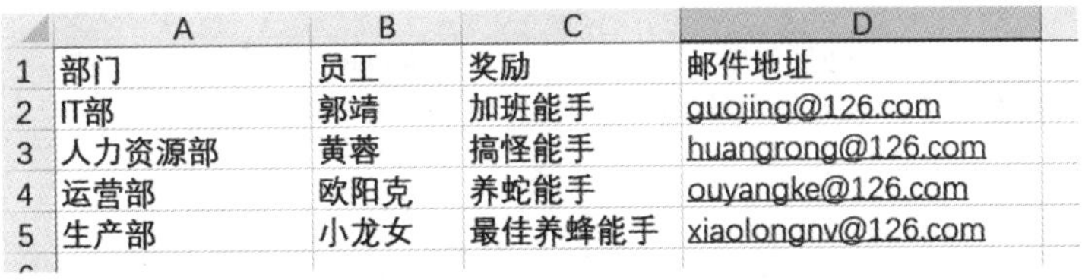

	A	B	C	D
1	部门	员工	奖励	邮件地址
2	IT部	郭靖	加班能手	guojing@126.com
3	人力资源部	黄蓉	搞怪能手	huangrong@126.com
4	运营部	欧阳克	养蛇能手	ouyangke@126.com
5	生产部	小龙女	最佳养蜂能手	xiaolongnv@126.com

图3–184　Excel编辑获奖名单截图

在word中制作奖状格式，获奖名和奖项留空，如图3–185所示。

图3–185　奖状格式示例截图

点击【邮件】菜单的【选择收件人】下拉箭头，点击【使用现有列表】，选择编辑好的Excel获奖名单文件，点击“打开”按钮，如图3–186所示。

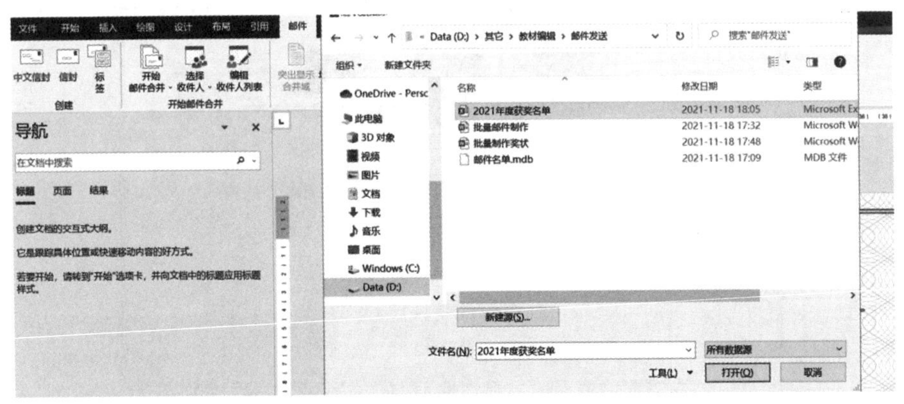

图3–186　选择收件人名单对话框截图

出现下面对话框，注意，要勾选【数据首行包含列标题】，点击“确定”按钮，如图3–187所示。

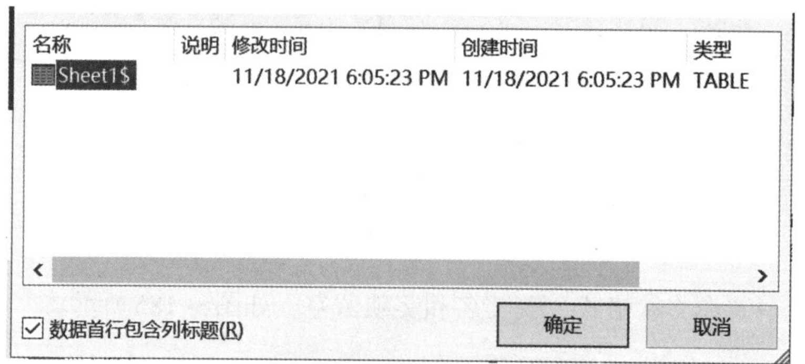

图3–187　设置数据首行包含列标题对话框截图

鼠标放在获奖名单的空白处，点击【邮件】菜单中的【插入合并域】下拉箭头，如图3–188所示。

图3–188　插入合并域菜单截图

选择“员工”，同样重复操作，在奖项中选择“奖励”，“员工”和“奖励”的字体可以根据需要进行调整，如图3–189所示。

图3–189　插入合并域选项截图

点击【邮件】菜单中【完成并合并】下拉箭头，选择【编辑单个文档】，如图3–190所示。

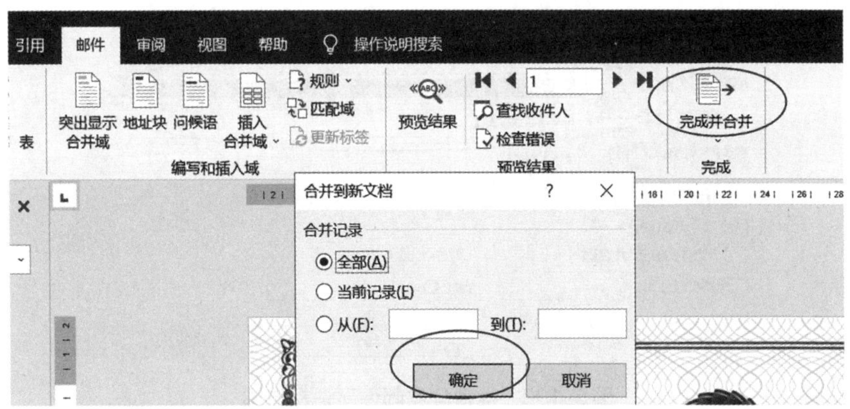

图3-190　完成并合并对话框截图

再点击“确定”按钮，即可生成如下文档，记得保存。

如果你想通过电子文档将获奖通知发送给对方，只需要点击【邮件】菜单的【完成并合并】下拉箭头，选择【电子邮件】，弹出对话框，点击【收件人】下拉箭头，选择Excel中编辑的“邮件地址”，在【主体行】输入邮件主体“获奖通知”，点击确定，即可把“奖状的电子版”发送到各个获奖人的邮箱中（需要在【通过电子邮件发送】提前设置Word关联的发件箱），如图3-191、图3-192所示。

图3-191　批量生成奖状示例截图

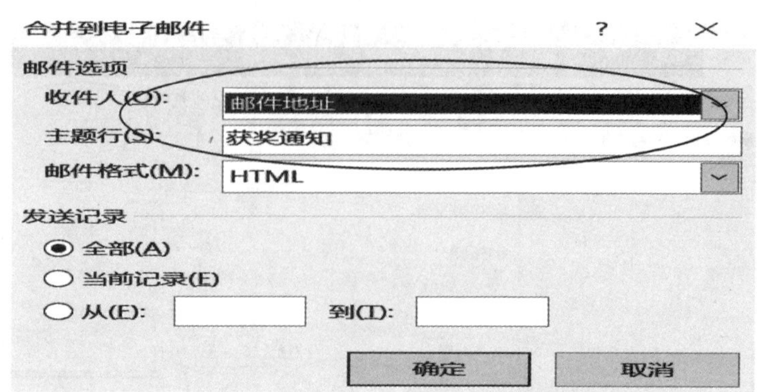

图3-192 批量分发邮件对话框截图

同样，包括邀请函、工资条等都是可以按这种方法进行编辑的，原理就是：

第一，所有相同的内容，做一份Word模板；

第二，所有不同的内容，做一份Excel列表；

第三，将Excel中的列标题，以【插入合并域】的方式插入Word模板中相应的位置，最终通过【完成并合并】批量生成或者打印即可。

六、PPT快速更新数据

公司一般每个月或者每个季度都会召开分析会议，这时需要用到每个月或者每个季度的数据，基本上数据格式都是一致的，通常我们都是在Excel中加工数据，再复制到PPT中，如果Excel数据完成后PPT的数据能自动更新，那就太好了。PPT正好提供了这项功能。

先在Excel中选择需要复制的表格，如图3-193所示。

利润表	2021年1季度	2021年2季度
一、营业收入	1, 161, 500. 00	10, 228, 000. 00
减：营业成本	802, 275. 70	6, 353, 418. 54
营业税金及附加	4, 102. 21	14, 010. 98
销售费用	2, 854, 232. 99	1, 757, 597. 74
管理费用	3, 737, 584. 02	6, 360, 080. 40
财务费用	-2, 120. 87	-12, 631. 85
二、营业利润（亏损以“”号填列）	-6, 234, 574. 05	-4, 244, 475. 81
加：营业外收入	3. 68	354, 305. 04
减：营业外支出	17, 383. 17	0. 03
其中：非流动资产处置损失	0. 00	0. 00
三、利润总额（亏损总额以“”号填列）	-6, 251, 953. 54	-3, 890, 170. 80
减：所得税费用	0. 00	0. 00
四、净利润（净亏损以“”号填列）	-6, 251, 953. 54	-3, 890, 170. 80

图3-193 数据示例截图

点击【开始】—【粘贴】—【选择性粘贴】，弹出对话框，选择“粘贴链接”“工作表对象”，点击“确定”按钮，即可在PPT页面中显示数据表格，表格的格式和颜色都跟Excel中完全一致。除了粘贴数据表格，还可以粘贴图形，如图3-194所示。

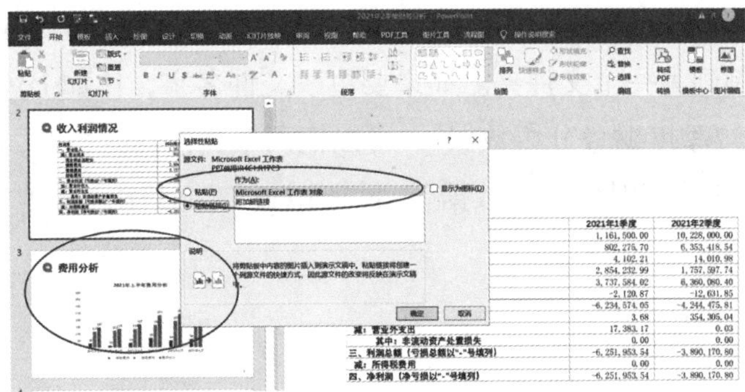

图3–194　选择性粘贴工作表对象对话框截图

在下季度只要Excel的数据有更新，PPT中的表格和相应的图表也会一起更新，如图3–195所示。

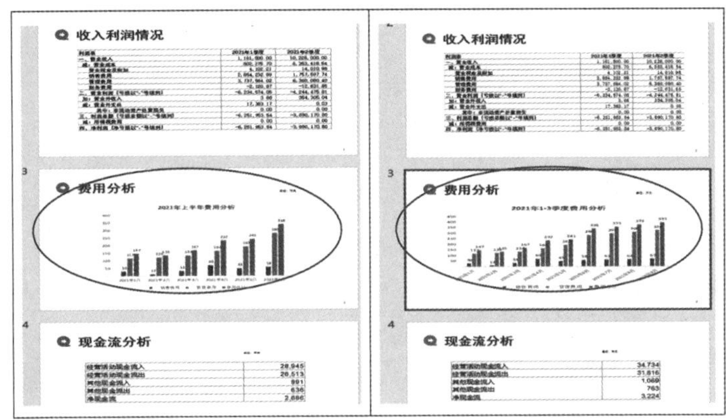

图3–195　PPT引用Excel数据示例截图

每次打开PPT的时候都会弹出下面的对话框，只要点击“更新链接”即可，如图3–196所示。

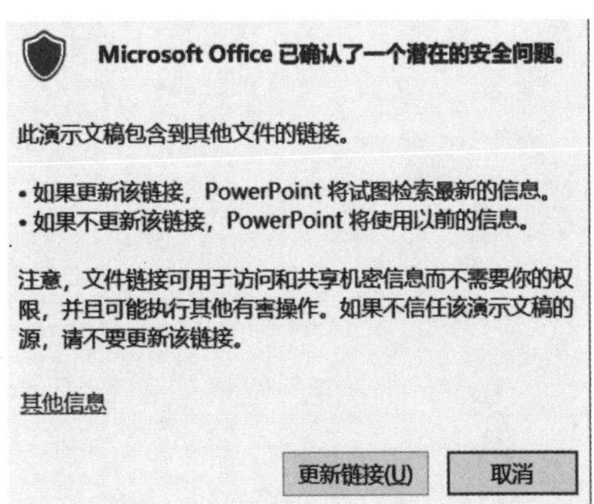

图3–196　更新链接对话框截图

为了避免原有Excel或者PPT的数据修改变动，每次更新时建议把对应的PPT和Excel文件复制到另一个文件夹。如果要更改文件名字，比如上述例子，Excel文件名是“2021年2季度财务分析数据”，可以把两个文件同时打开，先把Excel文件另存为“2021年3季度财务分析数据”，再把PPT文件另存，这样才不会导致数据丢失。

第四章 工作方法

工作中我们会运用到很多工作方法，这些工作方法形成了我们分析问题、解决问题的习惯和步骤，但我们很少有人对工作方法进行标准化，即对特定的事项采用特定的工作方法，或者对某项工作明确采用某种工作方法。工作方法标准化会有助于我们提高发现问题、分析问题和解决问题的能力和效率。下面结合个人经验介绍几种工作中常用的方法，包括：问题清单管理法、SWOT分析法、5W1H分析法、鱼骨图分析法和PDCA工作法，这些方法都比较成熟，能够掌握这些工作方法对提升个人的综合能力有极大的帮助。

第一节 问题清单管理法

管理学中提到了“问题清单”和“清单式管理”，问题清单是指一个组织建立的所面临的或需要解决的问题的列表；清单式管理最初是为了配合ISO9001质量管理体系认证标准的实施、由日出东方管理咨询有限公司首创推出的支持性管理工具，由于它突出了全面提醒、细节提醒等特点，而且简单实用，后来慢慢推广至整个项目管理，并渗透到企业管理的方方面面，被越来越多的管理层所接受。

目前暂未查到“问题清单管理法”这种提法，只是结合个人的工作经验，认为“问题清单管理法”这种提法比较贴切，其实质的管理方式跟清单式管理基本一致，就是将问题按清单的方式罗列出来，但与清单式管理有差别，“问题清单管理法”的着重点在于提出问题和解决问题，这边的问题指的是广义的问题，就是指需要解决的事项和完成的工作。

一、问题清单管理法的步骤

包括：问题列示、问题排序、问题解决和回溯。

1. 问题列示

将需要解决的问题按清单的形式罗列出来，在罗列问题的时候，可以不分重要性，不分完成期限进行列示，只要是待解决的事项都可以列出来，列示的问题需要包含的信息主要有：

（1）问题类别：为了便于进行分类管理，问题分类最好不超过10类，否则容易引起混淆，如果确实类别太多，可以进行多重分类；

（2）内容：简要描述问题的内容，也就是需要完成的事项；

（3）解决方法：采用何种方法可以解决问题、完成该项工作；

（4）重要性：根据该项内容重要性确定重要性级别，如非常重要、重要、一般、不重要；需要注意的是同样的问题对于不同的人员而言重要性级别可能是不同的，如3季度准备金评估对于部门负责人的重要性可能是一般，但对于负责准备金评估的具体人员，则重要性要放在重要的级别；

（5）完成期限：即问题解决的最后时间，这边需要注意的是完成期限要按自己完成的期限确定，而不是完成所有审批流程的期限，如偿付能力报告，按中国银保监会规定在25日前上报，但对于负责编报的人员则需要把时间提前到18日；

（6）注意事项：简要说明需要注意的事项，如需要经过总裁审批等；

（7）配合部门及人员：列明完成工作需要配合的部门和人员，对于公司内部来说最好是能落实到具体的人员或岗位；

（8）完成情况：可以用不同符号表示完成的情况，如用“◎、○、△、×”分别表示“完成很好、完成、不够好、未完成”；

（9）改善措施：对于完成情况为“不够好”和“未完成”的需要说明改善的措施。

表4–1简要列示了几个问题。

表4–1 问题清单表

<table>
<tr><th>序号</th><th>问题类别</th><th>内容</th><th>解决方法</th><th>重要性</th><th>完成期限</th><th>注意事项</th><th>配合部门及人员</th><th>完成情况</th><th>改善措施</th></tr>
<tr><td>1</td><td>准备金评估</td><td>2016年3季度准备金评估</td><td>评估</td><td>一般</td><td>2016年10月31日</td><td></td><td>财务、再保业务、理赔</td><td rowspan="2">用◎○△×表示完成程度并简要说明</td><td rowspan="2">对于完成情况为△×说明改善的措施</td></tr>
<tr><td>2</td><td>准备金入账</td><td>年底准备金入账后，如果跟评估差异很小，是否需要调整？</td><td>询问同行</td><td>重要</td><td>2016年11月30日</td><td></td><td></td></tr>
</table>

续表

内容	重要性	完成期限	重要性（分）	紧急性（分）	合计（分）
完成贵州车险费率方案并上报审批	非常重要	2016年12月15日	4	1	5
修订公司《偿付能力管理办法》	非常重要	2016年9月30日	4	4	8

根据评分结果“2016年3季度偿付能力报告”和“修订公司《偿付能力管理办法》”都是8分，需要优先解决，当然我们会发现“修订公司《偿付能力管理办法》”实际上已经过了最后期限，正常情况下应该已经完成了，如果没有完成，则需要查明未完成的原因，并进行改善。

需要注意的是问题的重要性和紧急性在不同的状态下可能会发生变化，比如开发一个新产品，因为保费规模不大，需求也不急，原来希望半年后进行开发，但因为客户需求提前了，并且明确能给公司带来较大的保费规模和效益，这时重要性和紧急性就会明显提升。

3. 问题解决

每天根据排序解决最重要、最紧急的问题，由于一个人的精力有限，最好是一天集中精力做一件事情效率最高，除非有特殊情况，否则每天解决的问题不要超过三项。

如果发现每天需要解决的事项超过两项，就要检查一下事项安排是否合理，尽量错开。

问题解决后最好简要写一下完成情况，便于后续跟踪及改善。

4. 回溯

过一段时间后，对该段时间内解决的问题进行回溯，包括对问题的解决方法、时间安排的合理性、是否有进一步改善的空间以及下一次对类似问题的解决方式进行回溯，不断提高解决问题的能力和效率。

二、问题的过程管理

建议用Excel对问题清单进行管理，用Excel的好处是便于查阅、问题排序和总结，如问题的重要性和紧急性评分可以通过Excel编辑公式得到（具体的方法可以参照后面Excel的介绍），后续还可以进行归类分析等。

问题的提出不用太拘泥于形式和时间，一想到就可以添加到问题清单中，不一定要等到非常完善才添加，问题提出后过一段时间有新的想法也可以不断完善，问题的归类、问题内容描述、重要性、完成期限等可以随着时间的推移进行调整。

问题清单管理法除了对日常工作事项进行管理外，还可以扩展到对项目的管理，如一个项目需要完成哪些工作、需要注意什么事项、需要哪些人员进行配合等，这在后面也会有相应的介绍。

三、优点

使用“问题清单管理法”具有简单易行、工作充实、有条不紊等优点。

（1）简单易行。使用清单式管理，不管是大的问题还是小的问题，都可以包含进来，无须太多技巧和方法，特别适合新员工对工作事项的管理。

（2）工作充实。以前经常有新员工在完成领导布置的工作后，不清楚下一步要做什么，采用问题清单管理法的另一个优点是便于管理自己的工作事项，紧急重要的事情完成了，可以根据问题清单解决不紧急不重要的事项，如此便不会出现工作空白和无所事事的情况。

（3）有条不紊。随着对问题清单管理法的熟悉，对于重要的事项通常能提前提出，因为已经提前安排了工作，不会经常处于手忙脚乱的情况，比如清单的事项可以是一周后要解决的问题，也可以是一个月后甚至是一年后才需要解决的问题。

第二节 SWOT分析法

SWOT分析法是大家比较熟悉的工作方法，SWOT分析法是用来确定企业自身的竞争优势、竞争劣势、机会和威胁，从而将公司的战略与公司内部资源、外部环境有机地结合起来的一种科学的分析方法。

一、SWOT分析法介绍

所谓SWOT分析法，即基于内外部竞争环境和竞争条件下的态势分析，就是将与研究对象密切相关的各种主要内部优势、劣势以及外部的机会和威胁等，通过调查列举出来，并依照矩阵形式排列，然后用系统分析的思想，把各种因素相互匹配起来加以分析，从中得出一系列相应的结论，而结论通常带有一定的决策性。

运用这种方法，可以对研究对象所处的情景进行全面、系统、准确的研究，从而根据研究结果制定相应的发展战略、计划以及对策等。通常在白纸上分成4个区域，分别代表SWOT，如图4-1所示。

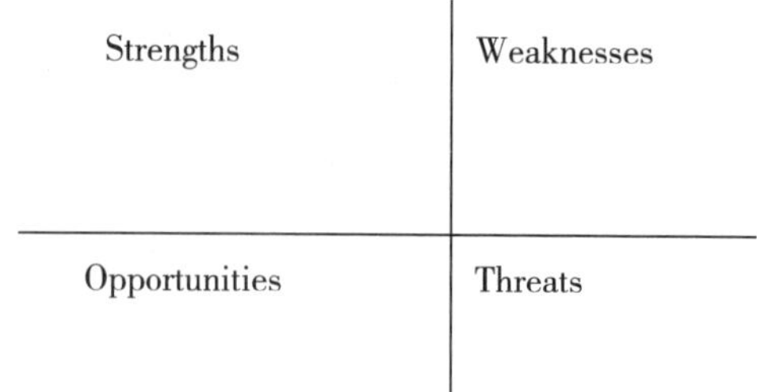

图4–1 SWOT分析法布局图

S（Strengths）是优势、W（Weaknesses）是劣势，O（Opportunities）是机会、T（Threats）是威胁。按照企业竞争战略的完整概念，战略应是一个企业“能够做的”（即组织的强项和弱项）和“可能做的”（即环境的机会和威胁）之间的有机组合。

SWOT分析法从某种意义上来说隶属于企业内部分析方法，即根据企业自身的既定内在条件进行分析。SWOT分析法有其形成的基础。著名的竞争战略专家迈克尔·波特提出的竞争理论从产业结构入手对一个企业“可能做的”方面进行了透彻的分析和说明，而能力学派管理学家则运用价值链解构企业的价值创造过程，注重对公司的资源和能力的分析。

SWOT分析法，就是在综合了前面两者的基础上，以资源学派学者为代表，将公司的内部分析（即20世纪80年代中期管理学界权威们所关注的研究取向，以能力学派为代表）与产业竞争环境的外部分析（即更早期战略研究所关注的中心主题，以安德鲁斯与迈克尔·波特为代表）结合起来，形成了自己结构化的平衡系统分析体系。与其他的分析方法相比较，SWOT分析法从一开始就具有显著的结构化和系统性的特征。就结构化而言，首先在形式上，SWOT分析法表现为构造SWOT结构矩阵，并对矩阵的不同区域赋予了不同的分析意义。其次在内容上，SWOT分析法的主要理论基础也强调从结构分析入手对企业的外部环境和内部资源进行分析。

从整体上看，SWOT可以分为两部分：第一部分为SW，主要用来分析内部条件；第二部分为OT，主要用来分析外部条件。利用这种方法可以从中找出对自己有利的、值得发扬的因素，以及对自己不利的、要避开的东西，发现存在的问题，找出解决办法，并明确以后的发展方向。根据这个分析，可以将问题按轻重缓急分类，明确哪些是急需解决的问题，哪些是可以稍微拖后一点儿的事情，哪些属于战略目标上的障碍，哪些属于战术上的问题，并将这些研究对象列举出来，依照矩阵形式排列，然后用系统分析的思想，把各种因素相互匹配起来加以分析，从中得出一系列相应的结论。而结论通常带有一定的决策性，有利于领导者和管理者做出较为正确的决策和规划。

（1）优势与劣势分析（SW）。企业是一个整体，并且由于竞争优势来源的广泛性，所以在做优劣势分析时必须从整个价值链的每个环节上将企业与竞争对手做详细的对比。如产品是否新颖，制造工艺是否复杂，销售渠道是否畅通，以及价格是否具有竞争性等。如果一个企业在某一方面或几个方面的优势正是该行业企业应具备的关键成功要素，那么，该企业的综合竞争优势也许就强一些。需要指出的是，衡量一个企业及其产品是否具有竞争优势，只能站在现有潜在用户的角度上，而不是站在企业的角度上。

（2）机会与威胁分析（OT）。比如商业车险改革，对于大多数中小公司而言，既是机会又是威胁，这主要看公司如何应对，如果消极应对，这一定是威胁；如果积极应对，则可能成为公司发展的一个机会。商业车险改革鼓励产品创新，对于中小公司来说由于人才储备较少、研发能力有限，可能是个威胁，但是如果公司提前布局，做好创新的准备，能针对某些大公司不重视的细分客户群设计创新产品，可能会取得意想不到的效果。机会还是威胁，一切取决于公司的态度和应对措施。

（3）整体分析（矩阵分析）。如果做更深入的分析，还可以做SWOT整体分析，也就是矩阵分析，把内部环境（SW）和外部环境（OT）做交叉分析，即做SO、ST、WO和WT的组合分析，如图4–2所示。

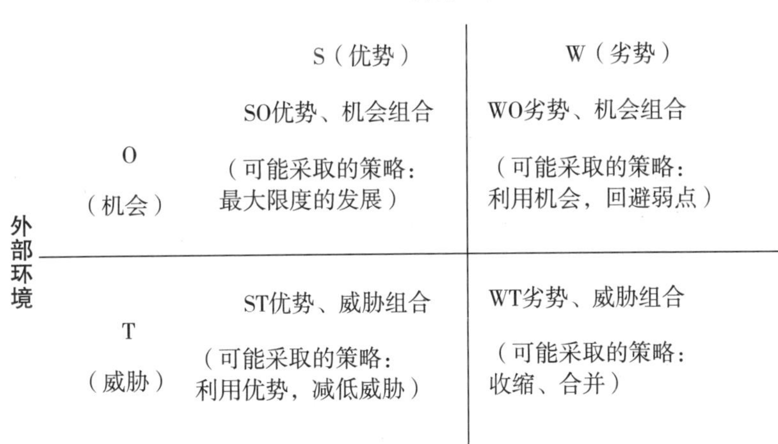

图4–2　SWOT矩阵分析图

通过矩阵分析得到内外部环境的4种组合，根据4种组合采取不同的策略：一是对于SO组合，即内部环境有优势同时外部环境有机会时，公司可以采取最大发展的战略，如公司优势是车险业务，同时商业车险改革使得行业车险效益好转，则公司应最大限度地加大车险业务的发展；二是对于WO组合，即内部环境存在弱点但外部环境有机会时，公司可以利用外部机会但应该回避公司内部的弱点，同样商业车险改革使得行业车险效益好转，但车险业务是公司的劣势，这时可以利用外部机会加快发展公司车险业务，但要注意回避公司的弱点，如手续费投放太高等；三是对于ST组合，即内部环境有优势但外部环境有威胁时，公司可以利用优势但应注意减少外部的威胁，如公司优势是车险业务，但行业竞争导致车险业务效益恶化，则公司可以利用自身的优势挑选优质的车险业务，保持公司的车险效益；四是对于WT组合，即内部环境有劣势且外部环境有威胁时，公司应该收缩或者寻求合并的机会，如公司车险业务是劣势，同时由于市场竞争导致车险业务效益恶化，这时公司可以考虑减少车险业务。

二、SWOT分析法应用

SWOT分析法最主要的是要区分内部和外部的分析，优势和劣势属于内部分析，机会和威胁属于外部分析。

下面是运用SWOT分析法对精算毕业生就业形势的分析，通过分析精算毕业生的优势、劣势、机会和威胁，在就业选择时，就可以充分发挥优势、改善劣势、利用机会、避开威胁。

（1）优势。对于具备的优势，一定要清晰地表达出来，并进一步强化，如针对计算机技能，要进一步了解保险公司对计算机技能的要求，熟练掌握Excel、VBA、SAS等相关软件的应用。

（2）劣势。对于劣势，要想办法改善，缺乏工作经验可以争取到公司实习，积累工作经验，或者明确跟企业说明应聘后可以提前到公司实习锻炼；平时尽量多学习保险实务知识，多参加行业或者学校举办的会议，学习掌握精算技术。

（3）机会。对于保险行业和互联网技术的发展增加的就业机会要有清醒的认识，并加以利用，对自己要从事何种工作定位要清晰，不要因为机会增多就挑三拣四，否则机会也可能变成障碍。

（4）威胁。对于非精算专业的学生或者中途改变工作的人员的竞争要有充分的思想准备，假如同场竞争时，要做好充分准备，如面试官让你说明跟非精算专业或者有工作经验的人员对比有何优势时，要能清晰表达。

图4-3是精算毕业生就业的SWOT分析图。

Strengths（优势）	Weaknesses（劣势）
年轻、薪酬要求低、学习能力强、适应能力强、计算机技能好	缺乏工作经验、保险实务知识、精算技术有待提高
Opportunities（机会）	Threats（威胁）
商业车险改革和偿二代实施增加了精算人员的要求 大数据技术的发展也对精算人员需求增加	其他非精算专业学生取得精算师资格证书的人越来越多 已就业的非精算人员获得精算师资格证书后争夺精算就业机会

图4–3 精算毕业生就业的SWOT分析图

当然，上面只是一般情况的分析，每个人都可以针对自己的特点进一步深入了解SWOT分析法。

第三节 5W1H分析法

5W1H（WWWWWH）分析法也叫六何分析法，是一种思考方法，也可以说是一种创造技法。在企业管理、日常工作生活和学习中得到广泛的应用。

1932年，美国政治学家拉斯维尔提出“5W分析法”，后经过人们的不断运用和总结，逐步形成了一套成熟的“5W+1H”模式。

5W+1H：是对选定的项目、工序或操作，都要从对象（何事What）、目的（何因Why）、场所（何地Where）、时间和程序（何时When）、作业人员（何人Who）、方式方法（何法How）六个方面提出问题进行思考，如表4–3所示。

表4–3 5W1H分析表[①]

	现状如何	为什么	能否改善	该怎么改善
对象（What）	生产什么	为什么生产这种产品	能否生产别的产品	到底应该生产什么
目的（Why）	什么目的	为什么是这种目的	有无别的目的	应该是什么目的
场所（Where）	在哪里做	为什么在那里做	能否在别处做	应该在哪里做
时间和程序（When）	何时做	为什么在那个时间做	能否其他时间做	应该什么时候做

① 该表格来自百度图片。

续表

	现状如何	为什么	能否改善	该怎么改善
作业人员（Who）	谁来做	为什么是那个人做	能否由其他人做	应该由谁来做
方式方法（How）	怎么做	为什么那么做	有无其他的方法	应该用什么方法

一、5W1H分析法介绍

（一）对象（What）——什么事情

公司要开发什么产品？为什么要开发这个产品？能不能开发其他产品？我们实际上应该开发什么产品？例如：如果这个产品不挣钱，换个利润高点的产品好不好？

（二）目的（Why）——为什么

为什么采用这个技术参数？为什么不能有变动？为什么不能使用？客户为什么会误解？为什么包装成这样？为什么采用系统代替人力？为什么非做不可？

（三）场所（Where）——什么地点

工作是在哪里干的？为什么偏偏要在这个地方干？换个地方行不行？到底应该在什么地方干？这是选择工作场所应该考虑的。

（四）时间和程序（When）——什么时候

这个工作是在什么时候干的？为什么要在这个时候干？能不能在其他时候干？把后面的工作提到前面行不行？到底应该在什么时间干？

（五）作业人员（Who）——责任人

这个事情是谁在干？为什么要让他干？是不是可以换个人？如果他既不负责任，脾气又很大，也许换一个人，整个工作就有起色了。

（六）方式方法（How）——如何

手段也就是工作方法。我们是怎样干的？为什么用这种方法来干？有没有别的方法可以干？到底应该怎么干？有时候方法一改，全局就会改变。

在5W1H的基础上又发展出5W2H分析法，也称为七何分析法，前面都是一样的，增加的H指How Much，就是费用成本和完成程度，因为公司的资源是有限的，所以无论做什么事都要受到资源的限制，需要考虑费用成本，同时需要明确完成的程度，如：做到什么程度、质量如何、销售多少等。

二、5W1H分析法应用

一般在做5W1H分析时，尽可能提更多的问题，可以将所有的问题做成一张列表，尽可能回答出每个问题，当然不同事项的问题可能不完全一样，也会存在不需要回答的问题。比如我们要开发一款新产品，可以考虑采用5W1H分析法或5W2H分析法进行分析。

（一）对象（What）——什么事情

公司要开发什么产品？希望开发一款驾乘人员意外保险产品。

为什么要开发这个产品？业务部门反映客户有需求，且能促进客户提高车险续保率。

能不能开发其他产品？开发家财险或者健康险也可以，但销售难度较大，与车险关联度不如意外险。

我们实际上应该开发什么产品？就目前而言开发意外险，比开发家财险和健康险更好。

（二）目的（Why）——为什么

费率为什么比普通意外险低？费率低于一般的意外险是因为责任仅限于在车上发生交通事故导致的意外伤害，责任范围比普通意外险窄。

保费为什么不能有变动？因为这是一款简易型产品，如果保费分太多档次，可能会引起客户的选择困难，导致业务人员解释工作量加大，不利于销售。

客户为什么会误解为意外险或者车上人员责任险？该产品跟普通意外险和车上人员责任险比较接近，容易理解为车上人员责任险，公司宣传不到位就会引起客户误解，所以产品推出前就要考虑做好宣传工作。

为什么要跟车险产品一起推广销售？因为车主买车险时最容易想到车上人员的保障需求。

为什么非做不可？市场上已经有类似产品，如果不开发相关产品，公司将会失去部分车险客户。

（三）场所（Where）——什么地点

工作是在哪里干的？一般是在公司开发产品。

为什么偏偏要在这个地方干？公司数据、资料比较齐全，召集相关部门交流、沟通比较方便。

换个地方行不行？考虑到能直接接触经销商、客户和业务人员，到分公司或者渠道方进行产品开发也是可以的。

到底应该在什么地方干？为了方便收集一线的业务需求，拟安排在渠道方开发产品。

（四）时间和程序（When）——什么时候

这个工作是在什么时候干的？这个工作应该在商业车险改革之前启动。

为什么要在这个时候干？因为商业车险改革之后要退出该产品。

能不能在其他时候干？如果等到后面，时间上来不及。

把后面的工作提到前面行不行？条款制定可以提前准备，等收集客户需求后进行修改，可以提高效率。

到底应该在什么时间干？可以提前准备的工作尽量提前准备，马上开始。

（五）作业人员（Who）——责任人

这个事情是谁在干？建议由车险部人员负责，相关部门人员参与。

为什么要让他干？一般产品开发是产品开发部门的事情，但由于与车险相关，建议由车险部人员负责。

是不是可以换个人？考虑到营销部门对客户需求非常了解，营销部门人员可以作为备选人员。

（六）方式方法（How）——如何

我们是怎样开发产品的？收集开发需求、撰写条款、厘定费率、开发系统、制定销售方案、产品备案、销售推广。

为什么用这种开发程序？这是一般产品的开发程序。

有没有别的开发程序？除了产品备案一定要按中国银保监会规定的程序完成之外，其他的开发步骤可以根据产品的特点进行。

到底应该怎么开发产品？销售方案可以在收集开发需求的时候同时制定。

（七）费用成本与完成程度（How Much）——多少

开发成本是多少？需要多少人参与产品开发？开发系统费用多少？前期宣传投入是多少？这些都要一一测算。

销售收入是多少？产品投放后希望达到多少保费？预期的利润是多少？都要有一个预期的目标。

第四节　鱼骨图分析法

鱼骨图，又名因果图，是一种发现问题“根本原因”的分析方法，现代工商管理教育将其划分为问题型、原因型及对策型鱼骨图等几类。

一、鱼骨图分析法介绍

鱼骨图由日本管理大师石川馨先生所发明，故又名石川图。鱼骨图也被称为“Ishikawa”或者“因果图”。其特点是简洁实用，深入直观。它看上去有些像鱼骨，问题或缺陷（即后果）标在“鱼头”外。在鱼骨上长出鱼刺，上面按出现机会多寡列出产生问题的可能原因，有助于说明各个原因之间是如何相互影响的。鱼骨图分析法架构图，如图4–4所示。

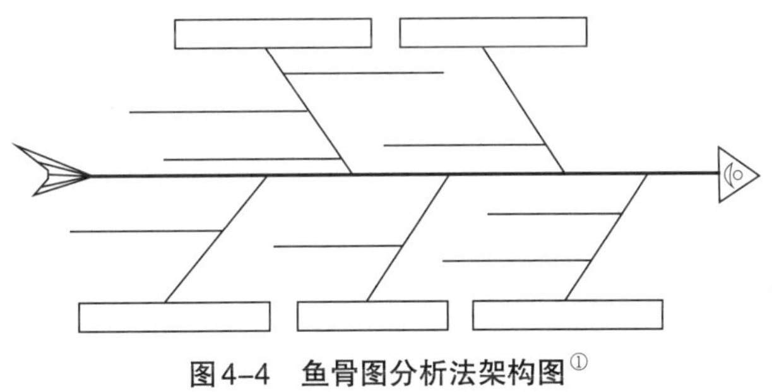

图4–4　鱼骨图分析法架构图[①]

问题的特性总是受到一些因素的影响，我们通过头脑风暴法找出这些因素，并将它们与特性值一起按相互关联性整理到层次分明、条理清楚，并标出重要因素的图形就叫特性要因图或特性原因图。因其形状如鱼骨，所以又叫鱼骨图（以下称鱼骨图），它是一种透过现象看本质的分析方法。鱼骨图也用在生产中，用来形象地

① 图片来自百度图片。

表示生产车间的流程。

制作鱼骨图分两个步骤：分析问题原因/结构；绘制鱼骨图。

（一）分析问题原因/结构

（1）针对问题点，选择层别方法（如人、机、物、法、环等）。

（2）按头脑风暴法分别对各层别找出所有可能原因（因素）。

（3）将找出的各要素进行归类、整理，明确其从属关系。

（4）分析选取重要因素。

（5）检查各要素的描述方法，确保语法简明、意思明确。

（6）分析要点：

①确定大要因（大骨）时，现场作业一般从“人、机、物、法、环”层别着手，管理类问题一般从“人、事、时、地、物”层别着手，应视具体情况决定。

②大要因必须用中性词描述（不说明好坏），中、小要因必须使用价值判断（如……不良）。

③脑力激荡时，应尽可能多而全地找出所有可能原因，而不仅限于自己能完全掌控或正在执行的内容。对人的原因，宜从行动而非思想态度面着手分析。

④中要因跟特性值、小要因跟中要因间有直接的原因——问题关系，小要因应分析至可以直接下对策。

⑤如果某种原因可同时归属于两种或两种以上因素，请以关联性最强者为准（必要时考虑三现主义，即现时到现场看现物，通过相对条件的比较，找出相关性最强的要因归类）。

⑥选取重要原因时，不要超过7项，且应在最末端标识原因。

（二）鱼骨图绘图过程

（1）填写鱼头，画出主骨。

（2）画出大骨，填写大要因。

（3）画出中骨、小骨，填写中小要因。

（4）用特殊符号标识重要因素。

要点：绘图时，应保证大骨与主骨成固定夹角，如60度，中骨与主骨平行。

鱼骨图可以采用Microsoft Visio软件进行绘制，打开Visio，在左侧的导航栏中，点击【商务】选项，在右侧界面就会打开商务的列表，在该列表里找到因果模板，打开它。在右侧面板中出现因果图模板的简介，点击【创建】按钮，即可得到因果图模板。如果没有安装Microsoft Visio软件的，也可以直接在Word中，点击【插入】—【形状】下拉箭头点新建绘图画布，在画布上直接画箭头得到鱼骨图。

图4-5是鱼骨图分析法人机物法环分析的一个示例。

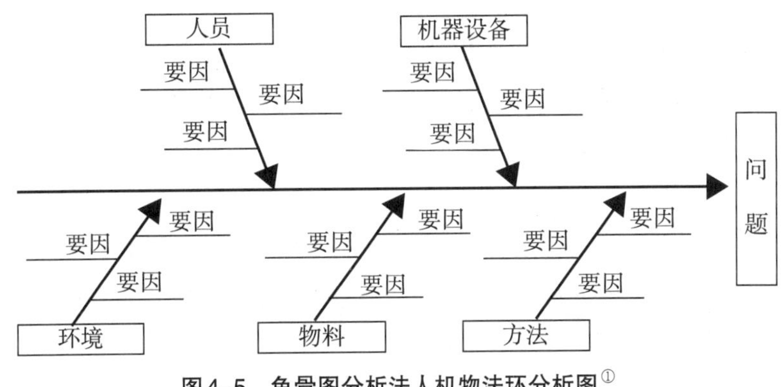

图4-5　鱼骨图分析法人机物法环分析图①

二、鱼骨图分析法应用

鱼骨图可以将问题的原因层层剖析，在寻找问题的真正原因方面有很大的用途，类似于数据挖掘的方法，在保险公司问题分析中可以发挥重要的作用，如综合成本率上升原因分析、客户投诉率上升原因分析、业务下滑原因分析等。

下面以综合成本率上升的原因分析介绍鱼骨图分析法的应用：公司发现有一家分支机构赔付率比上年度高很多，要分析其中的原因。

（一）分析问题原因

为了分析赔付率上升的原因，我们从人、机、物、法、环5个方面进行，由于保险行业跟工业企业有较明显的差异，5个方面不能生搬硬套，特别是机器和物料方面，可以根据具体的事项进行替代，如下面的分析就把物料的分析改成业务结构的分析。

（1）人员：业务人员、核保人员和理赔人员是否有变化，是否有不熟悉的新员工。

（2）机器：核心业务系统是否有问题、系统设置是否有问题、自动核保系统是否有问题。

（3）业务结构：业务渠道、业务类型是否有变化。

（4）方法：销售规则、核保规则和理赔规则是否有变化。

① 来自百度图片。

（5）环境：行业赔付率是否有变化，是否有大赔案，司法环境是否对赔付率产生不利影响。

（二）绘制鱼骨图

从图4-6分析中我们发现，销售规则、业务渠道和业务类型跟上年度相比发生了较大的变化：①销售规则，鼓励多做中介业务；②业务渠道，上年度以车商业务为主，当年中介业务占比增加；③业务类型，以前业务以私家车为主，当年承保了高赔付率的特种车业务。

从上面的分析我们可以看出，赔付率上升的真实原因是销售规则的变动导致公司高赔付率的特种车业务过多，所以需要调整销售规则，停止承保特种车业务，而且对于到期的特种车业务不再进行续保。

鱼骨图根本原因分析的层别一般从“人、机、物、法、环”5个方面进行分析，这5个方面针对不同行业需要灵活归类，在生产企业中“物”指物料，但保险行业中，一般没有物料，如上面的例子中“物”的环节就用“业务结构”进行替代，或者也可以指保险标的，如图4-6所示。

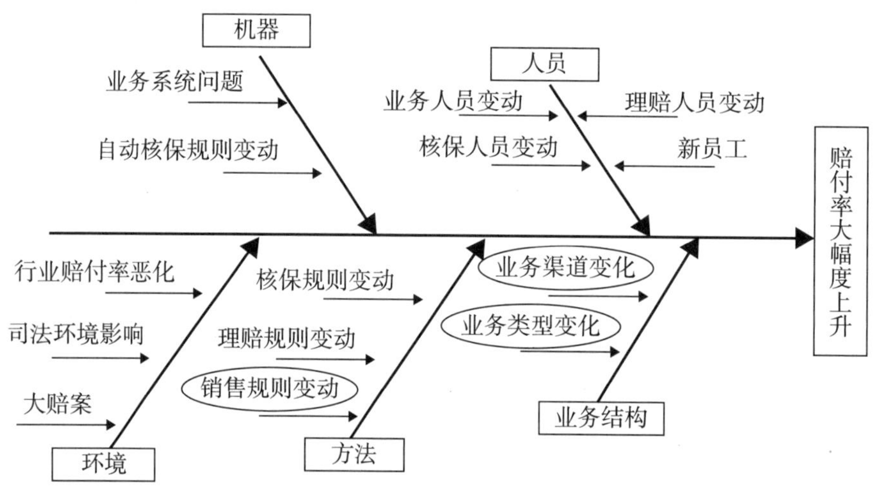

图4-6　鱼骨图分析法案例分析图

第五节　PDCA工作法

PDCA循环又叫质量环，用于工作的改善，如提高续保率、提高客户满意度等，是管理学中的一个通用模型，最早由休哈特于1930年提出构想，后来被美国质量管理专家戴明博士在1950年再度挖掘出来，并广泛宣传和运用于持续改善产品质量的过程。

一、PDCA工作法介绍

PDCA是由英语单词Plan（计划）、Do（执行）、Check（检查）和Action（行动）的第一个字母组成，PDCA循环就是按照这样的顺序进行质量管理，并且循环不止地进行下去的科学程序。

（1）P（Plan）：计划，包括方针和目标的确定，以及活动规划的制定。

（2）D（Do）：执行，根据已知的信息，设计具体的方法、方案和计划布局；再根据设计和布局，进行具体运作，实现计划中的内容。

（3）C（Check）：检查，总结执行计划的结果，分清哪些对了，哪些错了，明确效果，找出问题。

（4）A（Action）：行动，对总结检查的结果进行处理，对成功的经验加以肯定，并予以标准化；对于失败的教训也要总结，引起重视。对于没有解决的问题，应提交给下一个PDCA循环中去解决。

以上四个过程不是运行一次就结束，而是周而复始地进行，一个循环完解决一些问题，未解决的问题进入下一个循环，阶梯式上升，如图4-7所示。

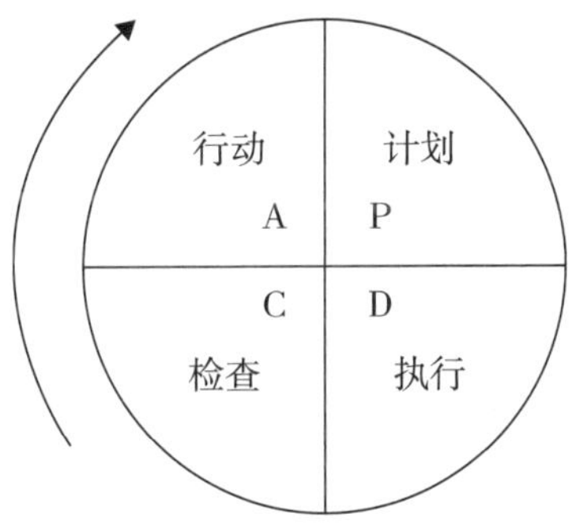

图4-7 PDCA循环框架

跟前面介绍的分析方法不同的是，PDCA循环是一种工作方法，就是要制定目标并执行，最后得到理想的结果，在应用中，可以将前面的分析方法嵌入PDCA工作法中。

PDCA工作法跟我们平常讲的发现问题、分析问题和解决问题的工作方法有类似的地方，但相比而言，PDCA工作法更加标准化、规范化和精细化。PDCA工作法和一般工作方法的不同主要在两个方面：一是一般的工作方法步骤比较简单，通常是制订计划，然后执行，后面看看执行效果如何就基本结束了。PDCA工作法更加细致，在检查执行效果之后还要为下次工作做准备，即要针对本次执行的情况制订改善措施，并制订下次工作的目标；二是执行效率不同，从下图我们可以看出，一般工作方法制订计划的时间较少，执行的时间比较长，而PDCA工作法由于前面花费较长的时间制订了详细的工作计划，执行起来更加简单，耗时较短，工作更加高效，如图4–8所示。

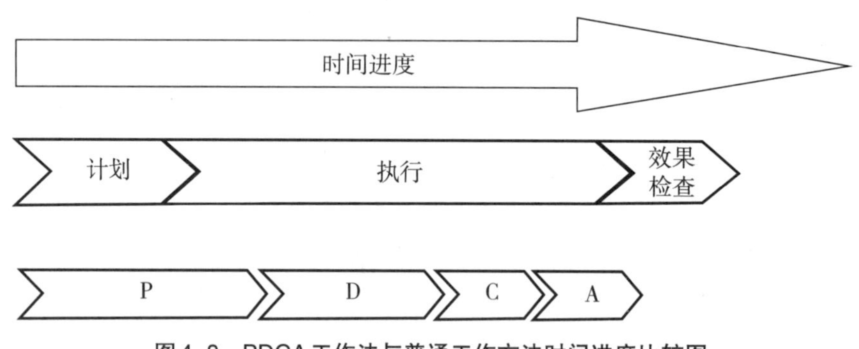

图4–8　PDCA工作法与普通工作方法时间进度比较图

丰田在应用中对PDCA工作法进行了改进，就是对P进行更详细的分解，将制订计划分解为5个步骤，即：明确问题、分解问题、设定目标、把握真因、制定对策，DCA是一样的，即总共有8个步骤。

第一步，明确问题：思考工作的目的，就是明确现状和理想状况的差距，本次工作希望达到什么目的，理想状况是什么样的，明确问题中就可以用到5W1H分析方法。

第二步，分解问题：将问题分层次、具体化，选定要优先着手解决的问题。

第三步，设定目标：设定本次工作要得到的目标，注意目标要具有挑战性，而不是自然而然就能达成的目标，另外目标要进行量化，不要用定性的语言，比如不要用“做得比上次好”或者“有进步”这样的语言。

第四步，把握真因：在原因分析的过程中要反复多问，到底是什么原因让工作与理想状况产生了差距，在做原因分析的时候，要抛弃先入为主的观念，多方面思考真因，不要轻易下结论，比如我们核对数据时发现总数和分项对不上，不要主观地认为肯定是基础数据有问题，要多方面思考，如：数据本身、提数过程、汇总过程、软件等是否有问题。这里就可以用到鱼骨图分析法。

第五步，制定对策：思考尽可能多的对策，筛选出高效的对策，制订明确具体的实施计划，在制订计划过程中要注意多听取相关部门的意见，并争取让相关部门人员参与制订计划。

上面就是制订计划（P）中的5个具体步骤。

第六步，执行计划（D）：在执行过程中要齐心协力、迅速贯彻，有问题及时沟通并共享进展信息，碰到困难时永不言弃，迅速实施下一步对策。

第七步，检查评价（C）：对目标的达成结果和过程进行评价，并同相关人员共享信息，要站在客户、公司、自身的立场上重新审视整个执行过程，学习成功和失败的经验。

第八步，巩固/改善（A）：将成果制度化并加以巩固和标准化，推广成功的经验和工作机制，并着手制订下一步的改善计划。

最后特别需要说明的是，PDCA工作法并不一定每次都能成功实现目标，对于效果的评价除了目标达成情况之外，人员技能的提升、分析方法的提升、工作制度标准化等都是评价的依据。有时即使没有达成目标，但通过制订改善计划，也能取得良好的效果，即使是失败的经验也是值得学习的。

二、PDCA工作法应用

PDCA工作法可以应用于具体项目的改善和提高，下面应用PDCA工作法对改善分支机构经营效益进行分析。具体的案例是一个分支机构的效益分析。

A分支机构原计划在2017年实现150万元的利润，但到年底实际亏损932万元，我们用PDCA工作法分析原因，并提出改善措施。

（1）明确问题：就是明确现状和理想状况的差距，如表4–4所示。

表4–4　　现状与理想状况差距分析表

现状	理想状况	差距
亏损932万元	盈利150万元	利润差1082万元

（2）分解问题：将问题分层次、具体化，选定要优先着手解决的问题。

考虑到是效益分析，所以我们主要从利润表入手分析收入支出的差异，其中，理想状况是当时预算时下达的指标。

分别分析收入和支出指标，收入与理想状况差异不大，甚至略高于理想状况，但支出远远超过理想状况。再进一步分析支出项目，发现影响最大的是赔付成本的问题，如表4–5所示，比理想状况高出960万元，所以我们优先要解决的问题是赔付成本超标的问题。

表4–5 A分支机构利润分析表 单位：万元

项目	现状	理想状况	差距
一、营业收入	10127	10000	127
保费收入	12928	12500	428
二、营业支出	11059	9850	1209
赔付成本	7160	6200	960
营业税金及附加	247	250	–3
手续费及佣金支出	2297	2200	97
业务及管理费	1354	1200	154
三、利润	–932	150	–1082

注：本表为利润表节选，个别项目做了调整。

（3）设定目标：设定本次工作要得到的目标，并对目标进行量化。

2018年同等业务规模情况下，赔付成本下降800万元，考虑到保费规模的变动，我们将赔付成本转换为综合赔付率，即综合赔付率下降8个百分点，更直接表达为，2018年综合赔付率低于64%。

（4）把握真因：在原因分析的过程中要反复多问，到底是什么原因让工作与理想状况有差距的。

由于赔付成本的变化与多个因素相关，所以要深入分析赔付成本高的原因，我们发现主要是A分支机构在2017年承保了高赔付率的特种车业务（具体分析过程见鱼骨图分析法应用）。

（5）制定对策：思考尽可能多的对策，筛选出高效的对策，制订明确具体的实施计划。

（6）执行计划（D）：齐心协力，迅速贯彻制定的对策。

发现问题后，立即通知A分支机构停止承保特种车业务，并对销售规则进行调整。

（7）检查评价（C）：对目标的达成结果和过程进行评价，并同相关人员共享信息。

虽然是针对A分支机构进行的分析，但相关的问题可能会在其他分支机构出现，所以要将分析的情况和结果在全公司范围内进行通报交流。

注：通过改善计划，预计公司综合赔付率能达到65%，虽然未完成目标，但也取得了巨大的进展，对公司盈利产生积极的作用，提升了业务人员的分析能力，提升了核保人员的核保技能。

（8）巩固/改善（A）：将成果制度化并加以巩固和标准化，推广成功的经验和工作机制，并着手制订下一步的改善计划。

将停止承保高赔付率特种车业务的通知进行分发，并对各层级人员进行宣导，同时通知合作机构，便于合作机构了解公司的业务政策，避免下一步浪费过多时间进行沟通该项业务的承保。

对于特种车业务，市场上还是有较大的投保需求的，本次工作只是为了解决公司的一时之需，停止了特种车业务的承保，但这只是站在公司的角度出发考虑问题，没有站在客户的角度考虑问题，未来仍需要研究特种车业务的承保政策问题，争取通过承保、理赔的管控，使特种车业务达到公司的承保要求。

下一步改善计划：改进特种车业务承保政策。

第六节　工作方法的灵活应用

以上的几种工作方法并不是孤立的，可以交叉应用，比如在PDCA循环中，明确问题可以使用5W1H分析法，寻找真因可以使用鱼骨图分析法，可以将一种方法嵌入另一种方法中。

上面用鱼骨图分析法对赔付率异常进行分析时实际上嵌套了“人机物法环”分析法，也叫全面质量管理法。

各种方法的嵌套不是一成不变的，不一定说什么方法就一定可以嵌套到某一种方法中，应当灵活应用。

问题清单管理法，主要是把需要解决的问题罗列出来，各种问题之间不一定有必然联系，主要用于日常的管理。

SWOT分析法、“人机物法环”分析法主要用于分析公司或者团队目前的处境以及未来可以改善的空间。

鱼骨图分析法主要用于分析问题的主要原因。

PDCA工作法步骤比较多，适用于特定项目的改善和提高。

第七节　工作流程标准化

很多人在学校的时候，学习成绩很不错，但工作后反而表现不佳，而有些在学校成绩一般的人，工作之后表现越来越好，这是很多原因导致的结果，但其中一个非常重要的原因就是工作流程标准化的能力。

考试其实就是一种标准化，试卷题目类型、分数占比、知识点都是相对固定的，相当于帮我们做好了流程，我们只需要按流程把试卷的答案填进去即可。但工作中，没有一份固定的试卷让我们回答，很多工作我们可能并不清楚需要做什么事情，做到什么程度合适，需要用到什么知识，而工作中表现优异的人可以通过摸索工作的规律，对工作流程进行标准化，相当于“出卷”的过程。

对于标准化，大部分人感受最深的应该是时间。所有的国家、单位、个人都会有时间的要求，对于时间标准要求最高的应该是火车，特别是高铁，很多人喜欢坐高铁，是因为高铁很准时，时间误差基本不超过一分钟。高铁准时的背后是所有相关流程的标准化。

只要是规律性重复的工作，标准化程度都很高，比如工厂的流水线，因为标准化，大大提高了生产效率，当标准化达到一定程度的时候，就可以使用机器人进行替代。当然，一般的工作不同于工厂的流水线，不是百分百地重复一件简单的工作，这个时候谁能把看似没有规律的工作流程尽可能标准化，谁的工作效率就会大幅度地提升。

我对工作流程标准化有深刻印象是从参与翻译ISO2000标准文件开始的，比如配置人员的标准、应急通道应该留多宽、灭火器用什么型号等，文件都做了很详细的规定。对于一般的企业来说，只要根据标准要求配置相关的人员，做相关工作，就能做到节省成本、提升效率。

此外，我刚借调到中国人保总部工作的时候，写了一份简单的工作流程，大幅提升了工作效率。当时我在准备金管理处，需要负责全国36家分公司的准备金评估以及指导工作。准备金评估是按季度开展的，因为准备金评估工作比较复杂，每次会安排一位同事专门指导分公司的准备金评估工作。每次评估工作主要是将数据导入用Excel建立的准备金评估模型，因为每次文件都会有些不同，所以每次都会有大量的电话打过来咨询，同事说以往只要发了通知，至少半个月都在接电话，我当时说我是从分公司过来的，大概知道大家要问什么问题，我把更新流程写成一个文件，随通知一起下发，看看情况有没有改善。大家同意了我的建议，于是我就从时间更新、数据导入、结果输出等把模型的更新流程尽可能详细地写出来，比如：时间是在哪个单元格输入的，哪个单元格是结果，如果出现什么情况说明是错误的情况，等等。通知发出以后，只接到两个咨询电话，一个是新来的，从来没有接触过，另一个是没有看流程说明。经历了这件事情之后，我对工作流程标准化的优点有了更深刻的认识，工作流程标准化一直伴随我的职业生涯。

一、工作流程标准化的优点

（1）降低沟通成本。从前面的例子我们就可以看出，工作流程标准化可以降低沟通成本，大幅提升沟通效率。我们知道，很多工作不是一个人或者一个部门就能单独完成的，如果能将工作流程标准化，每个部门每个员工都知道自己需要做什么，做到什么程度，工作就能很顺利地进行下去，部门之间工作沟通也会更顺畅，而且一旦出现问题，也不会互相推诿，减少因跨部门工作而产生的部门间业务纠纷。

（2）提升工作效率。工作流程标准化，能够让复杂的事情简单化，让企业员工摆脱工作繁忙且理不清头绪的状态，从而高效工作。在工作流程的辅助之下，员工能很快找到工作重点，制订工作计划，提高工作效率，且让所有部门的工作都紧紧围绕业务开展，减少无用功。

（3）减少工作失误。我们知道，一项工作做得好，效果可能是逐步显现的，但一旦出现工作失误，不良后果马上就会发生。将企业的业务流程及管理流程细化到每一步可操作、易管控，确保每一个员工的工作都符合规范，降低工作失误率。

二、工作流程的编写

工作流程是指工作事项的活动流向顺序，包括实际工作过程中的工作环节、步骤和程序。

由于工作往往不是一个人能完成的，许多工作需要配合，而且一个人也不是一成不变地做同一项工作，经过一段时间后可能会换另一项工作，一项工作可能也会有新的同事参与进来，所以编写工作流程不仅仅对自己的工作效率有提升，对新参与的同事也会有很大的帮助。

工作流程编写要尽可能详细，从未接触过该工作的人员角度出发进行编写，通常需要包括以下几个相关要素：

（1）工作目的：清楚说明该项工作的目的。

（2）工作内容：说明工作的内容是什么，同时要对工作内容进行拆分，把大的工作拆分成尽可能单一的细项，如业务报告可以拆分成基础数据提取、数据校对和检验、数据的整理、图表制作、重要事项的影响、完成报告、制作PPT等。

（3）工作步骤：尽可能详细描述各项工作的步骤，从未接触过该项工作的同事和新员工的角度出发进行编写，一种方法就是编写后发给不熟悉该项工作的同事阅读，根据同事的建议对不理解的地方进行修改。

（4）工作时间：工作时间包括两个方面，一是截止时间，如果有明确时间期限的一定要标明截止时间，如年度工作分析报告，单位要求1月底要完成，这个时候要注意工作完成的时间不是1月底，需要提前到如1月中旬，因为还要预留讨论和审批的时间，同时在时间安排的时候要考虑节假日的影响，特别是春节等长假的影响；另一个是该项工作需要花费的时间，如该项工作总共需要一周时间。

（5）注意事项：编写每项工作的注意事项，主要是标明每项工作需要特别注意的地方，如容易出错的地方、有待完善的地方（报告年度不要写错，重点事项的说明）。

（6）配合部门：配合部门需要提前通知对方，一般年度报告通常会涉及业务数据、财务数据等，要提前通知销售部门、财务部门协助提供。

（7）展示方式：工作流程尽量用表单和流程图展示，不仅方便自己理解，也便于同事学习。

工作流程标准化应用范围非常广，不论是招聘、培训、生产、采购、物流、仓储，还是开拓市场、服务客户；不论是各种例会，还是专题会；不论是老板主持，还是员工主持，一个企业的性质决定了它的多数工作都是有章可循的。只要花一些时间把自己企业的工作流程化，也就是用流程图表示，让新人一看就懂或者一教就会，就可以大大提高新员工培训的效率。老员工按流程办事，就可以大大减少扯皮推诿、减少请示报告。协作单位来人也遵循流程交往，就可以大大减少找人、等待或跑腿时间。

从大的范畴来说，不管是工作能力、工具适用，还是为人处世，本书绝大部分章节的实质就是在介绍标准化的流程。

三、工作流程编写注意事项

工作流程的编写主要以书面说明、流程图和表单等流程文件形式体现，在编写工作流程时，需注意以下几点：

（1）责任落实到人。明确流程过程中，各个部门的职责和权限，让每项流程责任都落实到具体的人员，除了标明岗位之外，最好备注上次完成该项工作的具体人员，这样的好处是在工作交接的时候，如果承担工作的人员有问题，可以向前一次负责该项工作的同事咨询。

（2）文字通俗易懂。表述内容要通俗易懂，尽可能不要使用太专业的语言，比如有些人员喜欢用英文缩写，有时可能会引起误解。

（3）可操作性。有规范的操作规程，具备可操作性。比如会议准备流程中，要准备茶水，如果只是这样写，新接手的同事可能不太清楚如何准备，如果标明：按参会人数每人准备两瓶矿泉水，这样操作性就很强，任何人都可以准备。

（4）最低要求。工作流程要有明确的最低工作绩效标准，比如编制报告，最迟什么时候交，至少多少个字，尽可能有数量的标准和要求，避免不同人员完成的情况差异太大。

（5）标准文件每处的解释都是唯一的。就是要避免歧义，比如“VB”，一般IT的人都会认为是“VB编程”，要是非IT行业人员，又经常上网的，说不定会认为是“微博”。

（6）应急情况处理。流程内容应包括紧急情况的处理，比如，如果管理公章的人有事无法上班，盖章一般又不能往后拖，则须安排另一个人（B角）负责，如果确实没有人负责，那可能需要提前三天通知到全公司，说明哪一天无法盖章，需要提前或者推后。

（7）定期更新、确保一致。由于人员或者要求发生变化，工作流程要定期进行更新，并且发送到所有相关员工，确保大家收到同一个工作流程版本，避免误解。现在一般都是通过共享文件进行更新，大家只需要查阅最新版本的共享文件即可。

四、工作流程编写实例——组织会议

作为一名职场新人，都避免不了参加会议，协助公司或者部门筹备会议，而会议过程中需要关注的事项颇多，如果没有工作流程，基本避免不了发生遗漏或者准备不足的地方，让参会者印象不好。下面以组织会议为例介绍会议组织工作流程的编写，如表4–6所示。

表4–6　　工作流程表

目的：为了满足公司组织会议需要，确保会议有序进行，达到会议组织的目标，依据公司会议管理规定编制会议组织工作流程。

项目	子项目	工作步骤	注意事项	完成时间	配合部门
一、会前准备工作	1.确定会议议题、内容	由会议发起部门确定议题和内容，提交相应层级审批，部门级会议需提交到分管领导审批，公司级会议需提交总裁办公会审批		会议通知前10天	
	2.确定参会人员	确定参会人员，制作参会人员名单，确定联系方式，准备会议签到表，领导和专家信息统计表（如需准备）		会议通知前7天	
	3.联系参会人员	重要人员需提前确认时间，确定是否需提供住宿和购买往返车票，根据需要安排预订酒店和购买车票		会议通知前7天	

续表

项目	子项目	工作步骤	注意事项	完成时间	配合部门
一、会前准备工作	4.确认会议场地	确认会议场地是否满足会议需要，如需外订酒店会议室，提前联系酒店		会议通知前7天	办公室
	5.发送会议通知	发送会议通知，通知内容要全面，至少包括：时间、地点、会议主题和形式、协助工作人员及其联系方式等		会议开始前5天	
	6.准备会议材料	准备会议所需相关材料，确定份数、分发范围和分发方式等		会议开始前5天	
	7.会场布置	布置会议场地，打扫会场卫生，摆放桌签，准备纸笔（笔记本电脑、档案袋、胶棒、胶带、订书机、回形针、剪刀等），调试设备，确定会场所需用品（水果、茶水、纸杯、抽纸、矿泉水、宣传翡、礼品、投影仪、话筒、激光笔、相机等）	相应材料按参会人数的1.2倍准备	会议前1天	办公室
	8.迎接工作	保持与参会领导、人员的联系，及时了解行程（安排车辆接送），做好迎接准备	如有重要领导参会，需安排公司相应领导接待		办公室
	9.礼品	根据需要准备会议礼品	根据会议级别要求，报会议决策者决定	会议前3天	办公室
二、会中现场工作	1.迎宾、引导	外部会议根据要求安排迎宾、引导人员，如有重要人员参会，需要安排公司相应层级的领导迎接	原则上按每50位外部参会人员安排2个迎宾人员		办公室
	2.茶水、茶歇	安排人员准备会议茶水和茶歇，做好会场内后勤服务	茶水茶歇按每人每天50元标准配备		办公室
	3.录音、摄像、记录	做好录音、摄像、会议记录等工作，及时归档留存	如有厅级以上领导参加，或者会议规模100人以上需安排录像		
	4.会议资料分发	会议资料的现场收发、整理及统计工作		会议开始前1小时分发完毕	

续表

项目	子项目	工作步骤	注意事项	完成时间	配合部门
三、会后善后工作	1.会场清理	会场卫生清理，道具设备收回（列清单）	每天会议结束后均要清理，已打开矿泉水要更换	会议结束当天	
	2.用餐、住宿	安排用餐、住宿	原则上用餐和会场在同一地点，不在同一地点，步行不超过10分钟。用餐标准参照公司会议管理规定		
	3.送行	重要人员需安排送行，相应级别领导陪同			办公室
	4.报销	如参会嘉宾需报销，通知与会人员将往返车票或其他票务快递至 × × 地址	需提前报会议最高决策单位审批	会议结束5个工作日内	
	5.会议成本	计算会议开销，做好报销和劳务发放工作		会议结束10个工作日内	
	6.资料汇总	根据要求形成会议纪要，会议工作总结，制作影音资料，并存档		会议结束5个工作日内	
四、注意事项	1.物料准备	会务准备时列出物资清单为佳，以免遗忘或遗失			
	2.重点参会人员	是否需要设签到席，安排专人负责签到			办公室
	3.设备	如需要用到音响等电子设备，应事先调试，确保万无一失，并安排专人负责			信息技术部
	4.会议资料准备	如果现场需要播放PPT，应事先将播放文件拷入笔记本电脑（注意是否需要自带电脑），事先调试投影仪位置、分辨率等			
	5.会场检查	结束后，清点物资并整理好后才能离开现场，以免遗失所带物资			
	6.会后总结	结束后，及时将照片、视频和会议记录等发送给相关负责人	相片尽可能当天发送	会议结束第二天	

为了让流程更加简单明了，还可以做成工作流程图的形式，这样对于大的步骤，组织会议的相关人员一目了然，如图4–9所示。

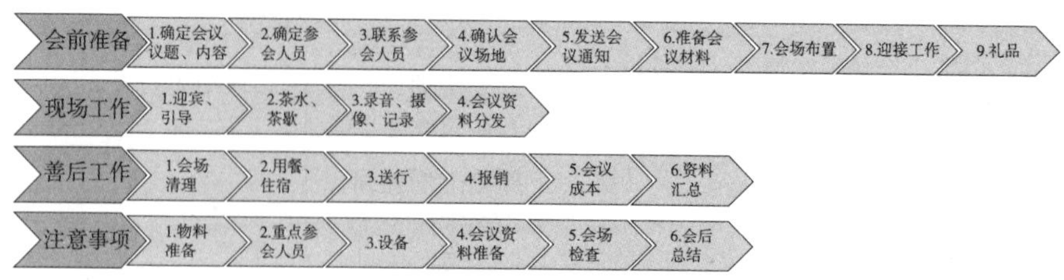

图4–9　工作流程图

总之，通过编写工作标准化流程，企业可以成功将员工所积累的技术、经验通过文件的方式来加以保存，而不会因为人员的流动，导致整个技术、经验跟着流失。而且，每一项工作即使换了不同的人来操作，也不会在效率与品质上出现太大的差异。反之，如果没有标准化，一是员工工作变动，他工作过程中发现的问题以及解决措施、工作技巧等宝贵经验都会全部带走，新员工进来之后，可能又需要重新摸索经验，员工工作效率下降，单位会有损失，员工成就感也不强。

对于职场新人而言，掌握工作标准化流程的编写，有多方面的好处：首先，通过编写标准化工作流程发现问题，让自身工作能力不断提升和改善；其次，下次承办类似工作只要照章办事，工作效率能大幅提升；最后，对于期望担任主管的员工在指导他人工作的时候，可以让别人对该员工刮目相看。

第五章　公文处理

第一节　公文格式

公文处理是指对公文的撰写、传递与管理，它是使公文得以形成并产生实际效用的全部活动，是机关或者企业实现其管理职能的重要形式。

有些人认为自己从事的工作主要是理科方面的，比如软件编程人员只要把程序写好就行了，文字处理能力差一些没关系，实际上是错的。工作中最重要的科目是语文，工作后才深刻地认识到语文的重要性，即使工作做得再好，也要通过适当的表达才能让大家知道做了什么、做得如何。

作为一名职场人员，公文处理也非常重要，无论工作做得再好，都需要通过文字描述来体现具体的工作，包括分析报告、正式的文章、上报的请示报告、小的邮件沟通等书面汇报，都需要经过公文处理，所以提高自己的公文写作能力，规范公文处理工作，是非常重要的。以下主要从公文格式、公文写作和公文阅读等方面进行说明。

公文格式，即公文规格样式，是指公文中各个组成部分的构成方式，它和文种是公文外在形式的两个重要方面，直接关系到公文效用的发挥。包括公文组成、公文用纸和装订要求等。

经常会看到一些非常不规范的公文，这样的公文容易引起对方的反感，如果是请示性文件可能导致审批延误，所以公文格式非常重要。一般公文格式可以遵循《党政机关公文格式》（GB/T 9704—2012）标准的规范要求，该标准是由国家质量监督检验检疫总局、国家标准化管理委员会发布的关于党政机关公文通用的纸张要求、排版和印制装订要求、公文格式各要素编排规则等的国家标准，是党政机关公文规范化的重要依据，适用于各级党政机关制发的公文。其他机关和单位的公文可以参照执行。下面只介绍一些公文格式的要点。

一、公文格式

（一）版头

1.份号

如需标注份号，一般用6位3号阿拉伯数字，顶格编排在版心左上角第一行。

2.密级和保密期限

如需标注密级和保密期限，一般用3号黑体字，顶格编排在版心左上角第二行；保密期限中的数字用阿拉伯数字标注。

3.紧急程度

如需标注紧急程度，一般用3号黑体字，顶格编排在版心左上角；如需同时标注份号、密级和保密期限、紧急程度，按照份号、密级和保密期限、紧急程度的顺序自上而下分行排列。

4.发文机关标志

由发文机关全称或者规范化简称加“文件”二字组成，也可以使用发文机关全称或者规范化简称。

发文机关标志居中排布，上边缘至版心上边缘为35 mm，推荐使用小标宋体字，颜色为红色，以醒目、美观、庄重为原则。

联合行文时，如需同时标注联署发文机关名称，一般应当将主办机关名称排列在前；如有“文件”二字，应当置于发文机关名称右侧，以联署发文机关名称为准，上下居中排布。

5.发文字号

编排在发文机关标志下空二行位置，居中排布。年份、发文顺序号用阿拉伯数字标注；年份应标全称，用六角括号“〔 〕”括入；发文顺序号不加“第”字，不编虚位（即1不编为01），在阿拉伯数字后加“号”字。

上行文的发文字号居左空一字编排，与最后一个签发人姓名处在同一行。

6.签发人

由“签发人”三字加全角冒号和签发人姓名组成，居右空一字，编排在发文机关标志下空二行位置。“签发人”三字用3号仿宋体字，签发人姓名用3号楷体字。

如有多个签发人，签发人姓名按照发文机关的排列顺序从左到右、自上而下依次均匀编排，一般每行排两个姓名，回行时与上一行第一个签发人姓名对齐。

7.版头中的分隔线

发文字号之下4 mm处居中印一条与版心等宽的红色分隔线。

（二）主体

1.标题

一般用2号小标宋体字，编排于红色分隔线下空二行位置，分一行或多行居中排布；回行时，要做到词意完整，排列对称，长短适宜，间距恰当，标题排列应当使用梯形或菱形。

2.主送机关

编排于标题下空一行的位置，居左顶格，回行时仍顶格，最后一个机关名称后标全角冒号。如主送机关名称过多，导致公文首页不能显示正文时，应当将主送机关名称移至版记，标注方法见（三）版记中的抄送机关部分。

3.正文

公文首页必须显示正文。一般用3号仿宋体字，编排于主送机关名称下一行，每个自然段左空二字，回行顶格。文中结构层次序数依次可以用“一、”“(一)”“1.”“(1)”标注；一般第一层用黑体字、第二层用楷体字、第三层和第四层用仿宋体字标注。

4.附件说明

如有附件，在正文下空一行左空二字编排“附件”二字，后标全角冒号和附件名称。如有多个附件，使用阿拉伯数字标注附件顺序号（如“附件：1.×××××”）；附件名称后不加标点符号。附件名称较长需回行时，应当与上一行附件名称的首字对齐。

5.发文机关署名、成文日期和印章

（1）加盖印章的公文

成文日期一般右空四字编排，印章用红色，不得出现空白印章。

单一机关行文时，一般在成文日期之上、以成文日期为准居中编排发文机关署名，印章端正、居中下压发文机关署名和成文日期，使发文机关署名和成文日期居印章中心偏下位置，印章顶端应当上距正文（或附件说明）一行之内。

联合行文时，一般将各发文机关署名按照发文机关顺序整齐排列在相应位置，并将印章一一对应，端正、居中下压发文机关署名，最后一个印章端正、居中下压发文机关署名和成文日期，印章之间排列整齐、互不相交或相切，每排印章两端不得超出版心，首排印章顶端应当上距正文（或附件说明）一行之内。

（2）不加盖印章的公文

单一机关行文时，在正文（或附件说明）下空一行右空二字编排发文机关署

名，在发文机关署名下一行编排成文日期，首字比发文机关署名首字右移二字，如成文日期长于发文机关署名，应当使成文日期右空二字编排，并相应增加发文机关署名右空字数。

联合行文时，应当先编排主办机关署名，其余发文机关署名依次向下编排。

（3）加盖签发人签名章的公文

单一机关制发的公文加盖签发人签名章时，在正文（或附件说明）下空二行右空四字加盖签发人签名章，签名章左空二字标注签发人职务，以签名章为准上下居中排布。在签发人签名章下空一行右空四字编排成文日期。

联合行文时，应当先编排主办机关签发人职务、签名章，其余机关签发人职务、签名章依次向下编排，与主办机关签发人职务、签名章上下对齐；每行只编排一个机关的签发人职务、签名章；签发人职务应当标注全称。

签名章一般用红色。

（4）成文日期中的数字

用阿拉伯数字将年、月、日标全，年份应标全称，月、日不编虚位（即1不编为01）。

（5）特殊情况说明

当公文排版后，所剩空白处不能容下印章或签发人签名章、成文日期时，可以采取调整行距、字距的方法解决。

6. 附注

如有附注，居左空二字加圆括号编排在成文日期下一行。

7. 附件

附件应当另面编排，并在版记之前，与公文正文一起装订。“附件”二字及附件序号用3号黑体字顶格编排在版心左上角第一行。附件标题居中编排在版心第三行。附件顺序号和附件标题应当与附件说明的表述一致。附件格式要求同正文。

如附件与正文不能一起装订，应当在附件左上角第一行顶格编排公文的发文字号并在其后标注“附件”二字及附件顺序号。

（三）版记

1. 版记中的分隔线

版记中的分隔线与版心等宽，首条分隔线和末条分隔线用粗线（推荐高度为0.35 mm），中间的分隔线用细线（推荐高度为0.25 mm）。首条分隔线位于版记中第一个要素之上，末条分隔线与公文最后一面的版心下边缘重合。

2. 抄送机关

如有抄送机关，一般用4号仿宋体字，在印发机关和印发日期之上一行、左右各空一字编排。“抄送”二字后加全角冒号和抄送机关名称，回行时与冒号后的首字对齐，最后一个抄送机关名称后标句号。

如需把主送机关移至版记，除将“抄送”二字改为“主送”外，编排方法同抄送机关。既有主送机关又有抄送机关时，应当将主送机关置于抄送机关之上一行，之间不加分隔线。

3. 印发机关和印发日期

印发机关和印发日期一般用4号仿宋体字，编排在末条分隔线之上，印发机关左空一字符，印发日期右空一字符，用阿拉伯数字将年、月、日标全，年份应标全称，月、日不编虚位（即1不编为01），后加“印发”二字。

版记中如有其他要素，应当将其与印发机关和印发日期用一条细分隔线隔开。

（四）页码

一般用4号半角宋体阿拉伯数字，编排在公文版心下边缘之下，数字左右各放一条一字线；一字线上距版心下边缘7 mm。单页码居右空一字符，双页码居左空一字符。公文的版记页前有空白页的，空白页和版记页均不编排页码。公文的附件与正文一起装订时，页码应当连续编排。

图5–1是公文首页和末页的版式：

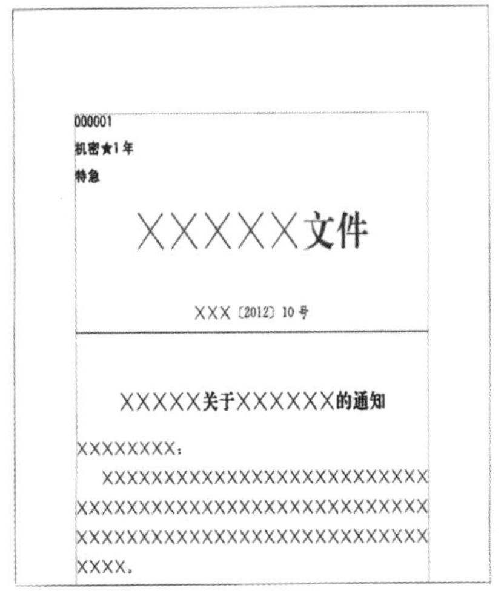

图5–1　公文首页和末页的版式[①]

① 图片来自《党政机关公文格式》（GB/T 9704—2012）。

下面是公文的字体、字号和格式的范例：

标题（2号小标宋体）

发文对象：（标题下一行顶格，3号仿宋）
××××××××××（正文3号仿宋体）
一、×××（黑体）
××××××××××（正文3号仿宋体）
（一）×××（楷体）
××××××××××（正文3号仿宋体）
1.×××（仿宋）
××××××××××（正文3号仿宋体）
（1）×××（仿宋）
××××××××××（正文3号仿宋体）
附件：1.×××（正文下一行右空两字）
2.×××

二、数字格式

（一）公文层次数字

公文正文中的结构层次，一般不超过四层，其层次序数依次可用“一、”“（一）”“1.”“（1）”标注；第一层一般用黑体字，第二层一般用楷体字，第三层和第四层用仿宋体字标注。需要强调的是，第一层“一”后面跟的是顿号，第二层次“（一）”后面不跟标点符号，第三层“1”后面跟的是一个小圆点“.”，第四层次“（1）”后面不能跟标点符号。层次序数可以越级使用，如果公文结构层次只有两层，第一层用“一、”，第二层既可用“（二）”，也可以用“1.”。

（二）数字使用

大部分人每天都会跟数字打交道，但在公文中的数字使用是要遵循一定规范的，《国家行政机关公文处理办法》规定：“公文中的数字，除成文日期、部分结构层次序数和在词、词组、惯用语、缩略语、具有修辞色彩语句中作为词素的数字必须使用汉字外，应当使用阿拉伯数字。”

1.应当使用阿拉伯数字的情况

（1）公历世纪、年代、年、月、日和时刻。例如：20世纪80年代，1996年10月1日，4时20分。实际应用过程中应该注意：一是年份不能简写，例如“1990年”不能写作“90年”，“1980—1995年”不能写作“1980—95年”。二是星期几一律用汉字，例如星期三。

（2）计数与计量（包括正负整数、分数、小数、百分比、约数等）。比如1302、1/16、4.5倍、34%、3：1、45万元、500多种、60多万斤、HP—4000型计算机等。具体应用时应注意以下几点：第一,一个数值的书写形式要照顾到上下文。不是出现在一组具有统计意义数字中的一位数（一、二……九）可以用汉字，例如一个人，四种产品，六条意见，重复三遍。第二，5位以上的数字，尾数零多的，可改写为以万、亿作单位的数，一般不得以十、百、千、十万、百万、千万、十亿等作单位（千克、千米、千瓦等法定计量单位不在此列），例如：34000可以改写为3.4万。第三,一个用阿拉伯数字书写的多位数不能移行。

（3）表示数字范围写法也要符合规范：如“3万～5万”不能写成“3～5万”，“10%～15%”不能写成“10～15%”。

2.应当使用汉字的情况

（1）数字作为词素构成定型的词、词组、惯用语、缩略语或具有修辞色彩的语句。例如一律，二万五千里长征，“九五”计划，第三世界，相差十万八千里。

（2）邻近的多个数字（一、二……九）并列连用，表示概数（连用的多个数字之间不应用顿号隔开）。例如七八十种、一千七八百元、五六万套。

第二节　公文写作

公文写作，是指公务文书的起草与修改，是撰写者代机关或者企业立言，体现机关或者企业领导意图和愿望的写作活动。

一、请示与报告的区别

公文包括报告、请示、通知和函等，最常使用的是报告和请示，这边主要介绍报告与请示的区别。

作为总公司的员工，经常需要就某件事情向上级领导和单位报告或请示，我们可能也会收到相关的文件，但经常会看到“关于×××请示的报告”，实际上这是错误的，请示和报告主要的差异如下：

（1）内容要求不同。请示的内容要求一文一事；报告的内容可一文一事也可一文数事。

（2）侧重点不同。请示属于请示性公文，侧重于提出问题和请求指示、批准；报告属于陈述性公文，侧重于汇报工作，陈述意见或者建议。

（3）行文目的不同。请示的目的是请求上级机关批准某项工作或者解决某个问题；报告的目的是让上级机关了解下情，掌握情况，便于及时指导。

（4）行文时间不同。请示必须事前行文；报告可以在事后或者事情发展过程中行文。

（5）报送要求不同。请示一般只写一个主送机关，受双重领导的单位报其上级机关的请示，应根据请示的内容注明主送机关和抄送机关，主送机关负责答复请示事项；报告可以报送一个或多个上级机关。

（6）篇幅不同。请示一般都比较简短；报告的内容涉及面较为广泛，篇幅一般较长。

（7）标题写作不同。一般来讲请示的标题中不写报告二字，就是×××关于××××××的请示；报告的标题中不写请示二字，就是×××关于××××××的报告。

（8）结束用语不同。请示的结尾一般用“妥否，请批示”或“特此请示，请予批准”等形式，请示的结束用语必须明确表明需要上级机关回复的迫切要求；报告的结尾多用“特此报告”等形式，一般不写需要上级必须予以答复的词语。

（9）处理结果不同。请示属于“办件”，指上级机关应对请示类公文及时予以批复；报告属于“阅件”，对报告类公文上级机关一般以批转形式予以答复，但也没必要件件予以答复。

二、公文的写作要求

不管是给上级的请示或者报告，还是给同级或者下级的通知，公文写作时需要注意的事项包括：一致性、严密性、条理性、简明性、稳定性和连续性。

（1）一致性。规范性公文的内容与形式必须与法律、其他法规、规章以及上级机关与公司的有关规定保持一致；与公司制定的并有执行效用的其他有关规定保持一致；与自己的职权相一致；本文的上下文之间，对同一概念的表述词语相互一致。

（2）严密性。规范性公文结构与语言表述必须完整齐全，严谨缜密。明确地阐明约束的对象及程序、范围；清楚地交代有关职责、权利、义务的规定与时限要求；所提各项要求应有切实可行的检查衡量指标。语气坚决肯定，避免使用“一般”“大概”“似”等不确定的词语，表示范围时不用“等”字表述未尽事项；尽量不用“暂”“拟”“准备”等词语修饰意图与要求。

（3）条理性。规范性公文应层次分明，条理顺畅，分类合理，主题突出，排列合理有序，只有维护条理性，才能保持各部分内容的系统性与连贯性，避免出现脱节现象。

（4）简明性。规范性公文必须明确周详，便于理解、记忆和执行。以说明的表达方式为主，不讲理由、不做议论分析、不做详尽的列举和解释。文字尽量简洁精确、高度概括，言简意赅，要尽量少用生僻的术语，不用令人费解的词句，便于理解。

（5）稳定性。规范性公文一经公布生效就应在一定时期内都具有可行性，不能朝令夕改，变化无常。为维护这种稳定性，在写作前应作充分的调查研究，广泛吸取各方面的意见与建议。

（6）连续性。规范性公文之间具有必要的继承关系。为维护这种连续性，应在广泛收集新文件与查阅有关文件时认真进行分析对照，如确需以新的规定取代既有规定时应明确原有文件的废止。

三、其他注意事项

（一）行文对象

在进行公文写作时，要先明确行文对象，就是写的报告或请示的对象是谁，这个决定了文章的定位。比如写给中国银保监会的公文，代表的就是公司，所以表达方式和分析角度均要从公司的角度出发；写给公司领导，代表的是部门的意见；写给分支结构，代表的可能是总部或者部门。所以在进行公文写作时，不能根据自己的喜好随意表达自己个人的意见，而是要根据行文对象的不同，站在不同的角度表述观点。

（二）专业术语

很多单位各部门都有专业术语，对于专业术语的应用要根据行文对象的不同而采用不同的说法，特别是给公司领导和其他部门的行文，建议少用专业词语，避免难以理解。如确实需要用到专业术语的，建议在文后做进一步解释。

（三）突出重点

以前上学写作文，老师会说很多格式适合不同情况，写论文都是先分析过程再得出结论的。但作为公文，不管是给中国银保监会还是公司领导的文件，建议都是把重点写在最前面。如作为工作汇报性的文件，建议在前面先简单汇报结果，后面再进一步解释原因。如果是写给领导看的报告，需要特别注意，建议在前面一页最多两页就能把结果说清楚，如确需解释的可以在后面进一步解释。比如经营情况的报告，在前面写明当期经营数据是多少，比上期增加或减少，对经营情况有何影响，变动的原因主要是什么。如果要写上详细的过程，也可以附在后面。比如上市公司报告模板就很好，一个上百页甚至几百页的报告，重点内容都在前面几页，大家只要看财务指标和公司业务概要就可以基本了解情况，包括表格的顺序也有明确的规定。

第三节　公文阅读

公文阅读也是很重要的，收到公文时，我们首先要知道该文件的情况，是需要答复还是需要形成报告，或是需要执行，这个时候就需要阅读公文并深入理解。

通常公司会有办公OA系统，在OA系统中会收到各种文件，首先我们要看该文件是否属于我们办理的工作，是“阅”还是“办”很重要。如果是“阅”的文件，原则上看看就可以，当然也可能是未来需要办理的事项，而“办”的文件就是要办理的事项了。这里，我们只说需要办理的事项。

以我以前在保险公司的工作为例，我们经常会收到上级的通知，如中国银保监会关于……事项的通知。通知中会要求我们做某项工作，有些人收到文件后总是不知所措，其实不用紧张，一般按通知要求办理就可以了。下面我们以《关于报送2015年末偿付能力压力测试情况的通知》（财险部［2015］744号）（下面简称《通知》）一文为例，介绍公文阅读。

（1）标题：从标题“关于报送2015年末偿付能力压力测试情况的通知”我们就可以看出，是需要公司对2015年年末偿付能力做压力测试，并将压力测试情况上报。

（2）发文单位：一般发文单位是哪个部门，就向哪个部门报送，如定期的偿付能力报告报送给中国银保监会财会部（偿付能力部），但《通知》的部门是财险部，这算是偿付能力的临时报告，所以一般没有特殊说明就是向财险部报告，当然后面也要说明报送的单位。

（3）收文单位：收文单位是各财产保险公司。说明该项测试是行业统一要做的测试，所以不用担心是公司有问题，如果只是部分公司收到，那就说明可能是这些公司出问题了，财险部要求这些公司特别报送。有时候收文单位还会包括各地监管局、寿险公司、保险行业协会、精算师协会和经纪公司等，那说明通知的内容还跟这些单位有关系，如果再扩展到银行等金融机构，说明涉及的范围更广。

（4）正文内容：正文主要包含了测试目的、测试内容、测试情景假设和报送时间要求。

从前面可以看出测试的目的是：为进一步了解行业风险状况，防范系统性风险。不是为了监管或者处罚以及检查之类的事项。

（5）测试内容：以2015年12月31日为预测时点，报送2015年年末“偿一代”[①]和“偿二代”下偿付能力充足率压力测试情况。一是预测时点是2015年12月31日；二是需要同时报送2015年年末“偿一代”和“偿二代”的偿付能力充足率压力测试情况。

（6）测试情景假设：压力测试以2015年前10个月实际财务和业务数据为基础。2015年最后两个月份运行结果以下列假设为最低标准进行，公司可根据自身情况采用更为谨慎的情景假设。这里明确指出基础数据是2015年10月的数据，与一般的偿付能力以季度数据为编报基础不同，如果不注意阅读就容易理解偏差；“以下假设为最低标准，公司可根据自身情况采用更为谨慎的情景假设”这边特别指出下面的假设是最低标准，如果公司有发生超出最低标准的可能就应该采用更谨慎的假设。

（7）具体的假设包括了8项内容：保费收入、赔付支出、费用情况、应收保费、赔付模式、再保安排、权益类资产和资本补充。这些假设是一定要严格按照《通知》的要求执行的，并且在预测模型中作为最低标准需要一一体现出来，其他没有说明的事项，则按照公司自身的实际情况进行测试，如税收假设等。

（8）报送时间要求：各公司应自接到通知日起，开展偿付能力压力测试工作，并于2015年11月30日前向我部报送压力测试报告，报告电子版同时发送actuary_general@circ.gov.cn。压力测试报告内容应包括附表所示测试结果和具体情景假设。主要说明了：报送的时间2015年11月30日前；报送的单位；报送的形式，除了正式发文还需要将报告电子版发送到指定邮箱；报告的内容要求，至少包括测试结果和具体情景假设，其中具体情景假设呼应了前面的最低标准，就是可以采用更谨慎的假设，当然即使采用最低标准也应将情景假设在报告中列示；联系人，一般的文件均会列示联系人和联系方式，如果有不清楚的事项可以直接跟联系人联系。

（9）附表：这是财险部为了统一报送格式，以方便汇总结果，公司应严格按附表的格式报送。

（10）发文单位和发文日期：发文单位是与文号呼应的，一般收到的文件都是一个发文单位，当然也可能有多个发文单位，这说明这是多个单位联合发文的，如多部委联合发文。

① 从2016年起中国风险导向的偿付能力体系正式实施，简称“偿二代”，2015年之前实行的偿付能力体系简称“偿一代”，具体可以查阅相关书籍和文件。

（11）阅读重点小结：关于公文阅读，关注的重点一般包括目的，发文的目的是什么；公文事项，要求做什么；时间限制，什么时候完成；联系人，不清楚的地方可以跟联系人联系；附件，有的要求比较多，正文中无法一一描述的，通常会在附件中详细说明。

第四节　公文常见错误

每个人的文字功底差异较大，有些人在语言和文学方面有较高的造诣，这跟每个人的文学天分和爱好有关。如果报告能写得行云流水、用词优美，那是最好，但这方面的提升需要不断地积累，而有些常见的错误如果发生，后果可能是再优美的语言和辞藻也无法弥补的。

喜欢体育的人都知道库里的故事，而跟很多篮球明星不同的是库里代言的品牌是安德玛，是一个小众品牌，当然库里代言后变成了大品牌，库里代言安德玛而没有跟耐克续约的原因就是源于耐克在跟库里续约的谈判过程中准备的材料出现了最低级的错误：一是名字写错了，库里的英文名为Stephen Curry，耐克代表称他为Stephon Curry；二是其中一页PPT出现了杜兰特的名字。这两个最低级的错误让库里觉得耐克对其极其不尊重，最后导致耐克跟库里的代言续约失败，至少让耐克损失了数十亿美元。

所以大家在辛辛苦苦完成一份文件之后，还是要留出一定的时间检查是否存在一些低级的错误，否则可能带来严重的后果：

姓名：文件出现一些重要人员的姓名，千万不要出现差错，试想一下，如果文件中把老板的姓名都写错了，会出现什么后果；

日期：我们有很多文件可能是沿用前面的模板，比如年终总结报告，在去年的报告上进行修改，修改后忘记把日期改过来了；

公司名称、落款：有些报告甚至是在网上下载了报告模板进行修改，或者借鉴其他公司的报告进行修改，结果把其他公司的名字直接引用过来，根本没有修改，要是阿里巴巴的会上把阿里巴巴写成腾讯，那得多尴尬；

重要的数据、单位：很多重要的数据要核实，包括单位，到底是“亿”还是“万”，要做到心中有数。

我们并不清楚当年负责跟库里续约的耐克代表后续如何，但即使不被开除，大概率也过得不太如意，关键是，如果没有发生低级错误，续约成功的话，公司的收入和效益会大幅增加，作为项目负责人，提拔和奖励肯定是少不了的。所以，一个低级的错误不仅会给单位带来损失，对个人也是很大的损失。

第六章　其他能力

除了工作技能和工作方法之外，具备多种优秀的品质，对个人的工作和生活都会有很大的帮助。本章简要介绍遵纪守法、学习能力、自律能力、毅力的锻炼、加强运动以及情绪管理等带来的帮助。

第一节　遵纪守法

“不以规矩，不成方圆。”大到一个国家的法律、小到一个组织团队的规章制度。没有法律的约束，国将不国，天下大乱。没有纪律的约束，一个团队的成员各行其是，没有秩序、没有工作绩效，就不能树立严谨的团队形象。

法律是由国家制定或认可并依靠国家强制力保证实施的，反映由特定社会物质生活条件所决定的统治阶级意志，以权利和义务为内容，以确认、保护和发展对统治阶级有利的社会关系和社会秩序为目的的行为规范体系。

纪律指为维护集体利益并保证工作进行而要求成员必须遵守的规章、条文，是要求人们遵守组织确定了的秩序、执行命令和履行自己职责的一种行为规范，是用来约束人们行为的规章、制度的总称。

作为一个国家公民，我们要遵守国家法律。

作为一名职场新人，我们要遵守单位的规章制度。

一、法律的作用

大家可能觉得作为一本培训职场新人的书籍与强调遵守法律好像不太相干，但实际上遵守法律可能比掌握其他的技能更重要，能力不足可能只影响一段时间，后续可以通过努力赶上，但如果因为“不小心”或者“不懂”违反了法律，就会影响一辈子。对于故意犯罪的情形，我们不讨论，但对于因为“不小心”导致犯法，特别提醒一下，对于职场中可能犯的错一般有两种情况：一是因为“一时冲动”打伤人，导致刑事责任；二是因为“蝇头小利”把身份信息或者银行卡借给别人从事犯罪活动，导致的刑事责任。第一种情况，就是要能“克制冲动”，控制自己的情绪也是成功路上重要的特质；第二种情况，要明白没有可以轻松赚的钱。

法律对我们的生活有什么作用？ 是不是在法庭上才会有用呢？法律并不是只用于法庭，法律与我们每个人息息相关。

法律构建的秩序是人类社会存续的必需品。自有人类社会以来，规则和秩序一直是必不可少的东西，无序和混乱只会让我们感到恐慌和无措。没有规则和秩序的生活无法给我们带来安全感。如果一直生活在一个没有安全感的社会或者环境中，人的心理最终会崩溃，整个人类社会将无法运转，最终的结果可能是灭亡。假如没有交通规则的存在，那么我们每个人将无法出行。因此规则和秩序是我们得以生存的前提。

法律本身代表着积极向上和公正的价值观，有利于每个人的发展。法律作为上层建筑的一种，对于经济基础具有良好的推动作用，法律能够推动经济发展和生产力的提升。

法律的实施使得社会的矛盾得以化解，实现公平正义。只有共同遵守法律才会形成良好的秩序，我们的生活才会有安全感而不是充满不确定性和未知的危险。因此对于那些不遵守法律的人必须要给予他们一定的处罚。除此之外，法律对我们生活中遇到的纠纷具有定纷止争的作用。纠纷的解决可以让我们每个人渡过难关，解决困扰，不会被纠纷纠缠一辈子。正是法律的实施才使得我们可以正常生活下去。

法律的具体作用体现为：

（1）明示作用。法律的明示作用主要是以法律条文的形式明确告知人们，什么是可以做的，什么是不可以做的，哪些行为是合法的，哪些行为是非法的，违法者将要受到怎样的制裁等。这一作用主要是通过立法和普法工作来实现的。

（2）教育作用。法律的教育作用是指通过法律的实施，法律规范对人们今后的行为发生的直接或间接的诱导影响，也就是说，法律的教育作用针对的是一般人的行为，例如，通过对违法行为实施法律制裁不仅对违法者本人起到警示、警戒的作用，而且也对一般人产生了教育性影响。

（3）指引作用。法律的指引作用是指法律作为一种行为规范，为人们提供某种行为模式，指引人们可以这样行为、必须这样行为或不得这样行为，从而对行为者本人的行为产生影响，也就是说，法律的指引作用是通过规定人们的权利和义务来实现的，它涉及的对象主要是指本人的行为。

（4）预防作用。法律的预防作用主要是通过法律的明示作用和执法的效力以及对违法行为进行惩治力度的大小来实现的。法律的明示作用可以使人们知晓法律而明辨是非，即在人们的日常行为中，知道什么是可以做的，什么是绝对禁止的，触犯了法律应受到的法律制裁是什么，违法后能不能变通，变通的可能性有多大等。

（5）评价作用。法律的评价作用是指法律对人们的行为是否合法或违法及其程度，具有判断、衡量的作用，也就是说，法律的评价作用涉及的是法律的律他作用，即对他人行为的评价，这是区别指引作用（涉本人的行为）和评价作用（涉他人的行为）的关键所在。

（6）预测作用。法律的预测作用是指人们可以根据法律规范的规定事先估计到当事人双方将如何行为及行为的法律后果，也就是说，预测作用的对象是人们相互之间的行为，这里的人们应作广义的理解，即包括国家机关的行为。

（7）强制作用。法律的强制作用是指法律通过国家强制力制裁违法和犯罪行为，保障自身得以实施的作用，也就是说，法律的强制作用只能针对违法犯罪行为，如果没有违法犯罪行为的发生，那么法律的强制作用就不能显现。

（8）矫正作用。法律的矫正作用主要是通过法律的强制执行力来矫正社会行为中所出现的一些偏离了法律轨道的不法行为，使之回归到正常的法律轨道。像对一些触犯了法律的违法犯罪分子进行强制性的法律改造，使其社会行为得到强制性的矫正。

（9）最终作用。法律的最终作用：维护社会秩序，保障社会群众的人身安全与利益。

二、纪律的作用

大家对纪律的印象可能大多偏负面，因为从小到大，父母和老师天天教育我们要遵守纪律，如果不遵守就会被处罚，所以可能留下不好的印象，但实际上，纪律是一种约束，也是一种保护，试想一下，如果在单位没有规章制度，单位可以随意克扣员工工资，那我们在单位能安心工作吗？受到处罚的只是违反纪律的人，遵守纪律的人是受到保护的。

严明的纪律是我们迈向成功的保障，严明的纪律并不是束缚了我们的自由，而是为我们铺就了一条走向成功的路。有了严明的纪律保障，我们的工作才会愉悦，我们的生活才会幸福，我们的前途才会美好，我们的明天才会更加灿烂辉煌。

单位的纪律一般都是通过规章制度来体现，遵守纪律就是遵守单位制定的规章制度，单位在要求员工遵守规章制度的同时，也约束自己要遵守规章制度。制定规章制度既是用人单位的法定权利也是用人单位的法定义务，根据《中华人民共和国劳动法》第四条规定：用人单位应当依法建立和完善规章制度，保障劳动者享有劳动权利和履行劳动义务。可见完善的劳动规章制度有助于保护劳动者的权益。完善的规章制度可以使用人单位的劳动管理行为规范化，从而排除用人单位任意发号施令，乱施处罚权，保障劳动者合法权利。具体体现在以下几个方面：

（1）制度一般指要求大家共同遵守的办事规程或行动准则，也指在一定历史的条件下形成的法令、礼俗等规范或一定的规格，制度是整个社会的游戏规则。

（2）规章制度主要包括：劳动合同管理、工资管理、社会保险福利待遇、工时休假、职工奖惩，以及其他工作管理规定。

（3）单位的制度化管理模式的最大好处在于：一是可将优秀人员的智慧转化成为单位众多职员遵守的具体经营管理行为，形成一个统一的、系统的行为体系；二是能够发挥单位的整体优势，使单位内外能够更好地配合，可以避免由于单位中的员工能力及特点的差异，使单位生产经营管理产生波动。

（4）一个国家的管理靠法制，一个单位的管理靠制度。

①依法制定的规章制度可以保障企业合法有序地运作，将纠纷降低到最低；

②好的企业规章制度可以保障企业的运作有序化、规范化，降低企业经营运作成本；

③规章制度可以防止管理的任意性，保护职工的合法权益；对职工来讲服从规章制度，比服从主管任意性的指挥更易于接受，制定和实施合理的规章制度能满足职工公平感的需要；

④优秀的规章制度通过合理地设置权利义务责任，使职工能预测到自己的行为和努力的结果，激励员工为企业的目标和使命努力奋斗；

⑤良好的规章制度为企业节约了大量的人力物力，为企业的正常运行提供了保障。

三、签订劳动合同的注意事项

我们经常会看到一些劳动合同纠纷，对于职场新人来说主要是担心被用人单位“欺骗”，导致意想不到的损失，比如：替单位干活还要赔钱、无法提升、无法离开单位等。有时单位的规定确实太过于苛刻，当然法律上还是倾向于保护劳动者的，对于显失公平的条款是无效的，但是我们也没必要签署一份对我们明显不利的劳动合同，后续如果再进行诉讼的话，也是很麻烦的。

一旦跟单位签订了劳动合同，证明就成为了单位的员工，要遵守单位的规章制度，为了避免后续的麻烦，在签订劳动合同时，一般要注意以下事项：

（1）单位的基本情况要清楚

签订劳动合同时，劳动者首先要弄清单位的基本情况，要判断是否是合法企业，它的法人代表姓名、单位地址、电话要知道，这些信息可以通过上网查询工商登记信息获取，同时，要求将这些内容明确写在合同中。

（2）服务单位和合同单位要一致

有些单位为了规避风险，会采用劳务派遣的方式招聘员工，这个时候要清楚是跟谁签合同，有的单位对于本单位员工和劳务派遣的员工待遇差异很大，我们本来很高兴进入了一家“很好的”单位，但后面发现做同样的工作薪酬福利差异却很大，而且等到准备要起诉服务单位的时候，发现劳动合同根本不是跟服务单位签订的。

当然，如果早知道情况，那是另一回事。

（3）工作内容、地点要具体明确

有些公司总部在大城市，签订合同也在大城市，但是公司有很多分支机构，在总部培训完就被派到偏远的地方去，这个尽量在合同中约定清楚，当然，这种情况一般在招聘的时候就会说清楚，但为了避免后续的争议，还是尽量在合同中约定清楚。

（4）劳动报酬要约定清楚

这里包括基本工资数额、绩效工资数额、计算方式、发放时间、支付方式等，都要在合同里一一写清楚。特别是基本工资和浮动工资的比例要清楚，有时招聘的时候说月薪2万，但等正式上班后发现基本薪酬只有5千，一万五是绩效工资。不要轻信老板的口头承诺，毕竟口说无凭。

（5）双面合同不能签

一些用人单位为了应付劳动保障部门检查，准备了两份合同，一份合法规范，应付检查；另一份不规范不合法，实际执行。

由于存在一份签过字的“真合同”，所以在后期维权过程中，劳动者无法提供自身利益被损害的有效证据，索赔艰难。

（6）不要签空白合同

有些时候，HR会说比较着急，让劳动者先签一份空白的合同，对于薪酬、待遇、免责等都留空，这种情况千万不能签，否则会带来不必要的麻烦。

此外劳动合同盖章后，劳动者本人一定要找单位要一份。

（7）签订竞业协议要慎重

对于非常重要的岗位，单位会要求员工签订竞业协议，就是离职一段时间内

（比如2年）不能到有竞争关系（一般是同业）的单位上班。

如果单位要求签订竞业协议，说明该员工对单位很重要，这种情况下，一定要跟单位协商清楚职务和薪酬的晋升机制和补偿机制。否则可能导致的情况是，员工给公司做了很大的贡献，但单位不给提拔也不给涨薪，员工又不能离职。

（8）离职规定看清楚

有的合同会规定员工离职时对公司进行补偿，这个时候要看清楚，否则可能导致上班半年支付的赔偿费用超过工资的情况。比如大额培训费用的赔偿规定，有的单位规定三年内离职要补偿公司的培训费用，这也有一定的合理性，一般来说会按剩余年限跟规定时间的比例进行补偿，比如在单位就职2年，补偿三分之一的培训费用，但如果规定无论何时离职都要全额赔偿，那对员工就是不利的条款。

总之，对劳动者来说，劳动合同是要签的，签订劳动合同有利于保障劳动者的合法权利，但是得看仔细了，谈妥了，再签。

第二节　学习能力

前面介绍了不少技能，有的人可能很快就能掌握，有的人可能需要花比较长的时间才能学会，但无论如何，只要掌握了，就是自己的能力，就能转化为生产力，就能够在未来的职业生涯中提供极大的帮助。

在未来的成长过程中，我们可能会发现不管我们掌握的知识多么丰富，肯定还是无法完全满足工作的需要，还要进一步再学习。

“学历代表过去、能力代表现在、学习能力代表未来。”这是教育领域的一个研究结果。现在不明白的话，相信再工作几年或者十几年，肯定对此会有更加深刻的体会。但有一点也很重要：“重要的道理明白太晚将抱憾终生！”

在我们这个时代，自学能力对自我素质的提升至关重要。其实，我们从小到大总会逐渐培养出自己思考问题的能力，也就是自学能力。提升自学能力需要一定的方法和技巧。本节主要是介绍一些相关经验。

不可否认每个人的能力是有差异的，学习的能力是有差别的，就比如我们以前学习一个知识点，有的人听老师讲五分钟就明白了，有的人听三节课还是没搞清楚。但就同一个人来说，我们会发现，不同的时间、不同的内容、事情的重要性不同的时候，我们的学习效率差异是非常大的。希望通过本节的介绍，大家的学习能力能得到提升。

一、自主学习的特征

要提升学习能力，还是要养成自主学习的习惯。其实，这个道理大家都懂，从小，老师就经常告诫我们，要想提高成绩，要转变学习思维，把“要我学”变成“我要学”，自主学习就是“我要学”。虽然我们离开了学校，但还是会碰到类似的问题，我们刚进企业的时候，也会碰到主管要求我们——“需要学习哪些新的知识”，这个时候就要想明白，不是主管“要我学”，而是“我要学”，企业跟学校可不一样，在学校学习不好，老师会苦口婆心跟你说要“好好学习……”，在企业，主管一般会跟你说“你有三次机会，做不好降级，再做不好，走人……”，所以，在企业只有“我要学”，没有“要我学”。

自主学习，在学术上一般称为“自我导向学习（Self-directed Learning）”，这一概念来源于成人教育领域，是与传统的接受学习相对应的一种现代化的学习方式。以学生作为学习的主体，学生自己做主，不受别人支配，不受外界干扰，通过阅读、听讲、研究、观察、实践等手段使个体可以得到持续变化（知识与技能、方法与过程、情感与价值的改善和升华）的行为方式。

自我导向的学习者是能自行引发学习，具有自我训练能力，有强烈的学习欲望和信心，能应用基本学习技巧，安排学习步骤，并利用时间完成学习计划的人。对于有关自我导向学习的各种定义可以总结为：自我导向学习是一种历程，是一种能力，是一种标志和一种学习形态。

自主学习是与传统的接受学习相对应的一种现代化的学习方式。顾名思义，自主学习是以学生作为学习的主体，通过学生独立地分析、探索、实践、质疑、创造等来实现学习目标。

自主学习主要是改变课程实施过于强调接受学习、死记硬背、机械的现状，倡导学生主动参与、乐于探究、勤于动手，培养学生收集和处理信息的能力、获取新知识的能力、分析和解决问题的能力以及交流与合作的能力。

传统的教学强调的是接受式的、被动式的学习方式，自主学习不是要否定传统的学习方式，而是我们离开了学校以后，各种条件都会受到限制，而自主学习的限制要小得多。

如何培养自主学习的习惯呢？这里就要说明自主学习的“特征”，自主学习强调培养学生强烈的学习动机和浓厚的学习兴趣，从而进行能动的学习，即主动地、自觉自愿地学习，而不是被动地或不情愿地学习。因此，“自主学习”这一范畴本身就昭示着学习主体自己的事情，体现着“主体”所具有的“能动”品质；学习是“自主”地学习，“自主”是学习的本质，“自主性”是学习的本质属性。学习的“自主性”具体表现为“自立”“自为”“自律”三个特性，这三个特性构成了“自主学习”的三大支柱及所显示出的基本特征。

（1）自立性。每个学习主体都具有“天赋”的学习潜能和一定的独立能力，能够依靠自己解决学习过程中的“障碍”，从而获取知识。学习“自立性”的四层含义是相互联系有机统一的。具有独立性的学习主体，是“自主学习”的独立承担者；独有的心理认知结构，是“自主学习”的思维基础；渴求独立的欲望，是“自主学习”的动力基础；而学习主体的学习潜能和能力，则是“自主学习”的能力基础。

（2）自为性。学习主体将学习纳入自己的生活结构之中，成为其生命活动中不可剥落的有机组成部分。学习“自为性”是独立性的体现和展开，包含学习的自我探索性、自我选择性、自我建构性和自我创造性四个层面的结构关系。探索性学习、选择性学习、建构性学习、创造性学习，都是自为性学习重要特征的体现，也是学习主体获取知识的途径。从探索到选择到建构、再到创造的过程，基本上映射出了学习主体学习、掌握知识的一般过程，也大致反映出其成长的一般过程。从这个意义上说，自为性学习本质上就是学习主体自我生成、实现、发展知识的过程。

（3）自律性。自律性是学习主体的觉醒或醒悟性，对自己的学习要求、目的、目标、行为、意义的一种充分觉醒。它规范、约束自己的学习行为，促使自己的学习不断进取、持之以恒。学习“自律性”在行为领域中则表现为主动和积极。主动性和积极性是自律性的外在表现。因此，自律学习也是一种主动、积极的学习。主动性和积极性来自自觉性。只有自觉找到自己学习的目标和意义，才能使自己的学习处于主动和积极的状态；而只有主动积极地学习，才能充分激发自己的学习潜能而确保目标的实现。自律学习体现了学习主体的责任感，它确保学习主体积极主动地探索、选择信息，积极主动地建构、创造知识。

二、高效学习的规律

如何提高学习效率，我们先看看高效学习具有哪些规律。

（1）输入和输出的黄金比例是3：7

读书、听课、上网看文章，这些都是外界信息输入大脑的过程。很多人认为，输入就是学习，只要读了、看了、听了就是学到了，这其实是个很大的误区。即便一年看几十本书，参加几十次培训，如果不适时输出所学内容，所有付出都意义不大，而能力也不会有太大的提升。

所谓输出，就是对大脑中的信息进行处理，并再次向外界“输送”的过程。具体来说，就是“说”“写”“做”的过程。在课堂上听课是输入，课后做习题就是输出；阅读是输入，把读后的感受写出来，或对别人讲出来，就是输出；看演示是输入，实践操作，自己把演示操作一遍或者做成实物就是输出。

现实中，多数情况下我们都是大量输入，而很少输出。因为输入相对轻松，输出却要费力得多。但专家指出，要想实现高效学习，输入和输出的黄金比例是3∶7，即输出量需为输入量的2倍多。输入是垫场，输出才是压轴大戏。

从脑科学的角度来讲，“输出”是一种大脑的“运动”，而通过运动来实现的记忆被称为“运动性记忆”，其特点是一旦记住就终生难忘。比如一旦学会了骑自行车，那么即使十年没骑，也不会忘记。所以，如果想取得学习效果，就必须增加输出，将输入尽快转化为输出，输入式学习逐步转变为输出式学习。

（2）获取“信息”和“知识”的黄金比例是2∶8

我们要高度重视“输出”，不代表“输入”不重要。有效输入才能实现高质量输出。在信息极度泛滥的今天，大量无效输入浪费着我们宝贵的时间，分散着我们的注意力，甚至会损伤大脑的深度思考能力。我们必须清楚，“知识”不等于“信息”，不要让自己成为“信息”的奴隶。

具体来说，“信息”具有时效性，时间越长价值越低。而“知识”的价值具有普遍性，不会随着时间而改变。互联网上的新闻、热点、猎奇内容，都属于信息，书本、课堂的内容则多为“知识”。一般而言，“信息”与“知识”的输入比例为2∶8时，效果最佳。而很多人把80%甚至全部的时间都用来获取“信息”，这对个人的成长非常不利。

那么怎么区分“信息”和“知识”呢？我们只要明白“信息”和“知识”的区别和关联就能了解两者的关系。

信息是有价值的数据，指音信、消息、通信系统传输和处理的对象，泛指人类社会传播的一切内容。人通过获得、识别自然界和社会的不同信息来区别不同事物，得以认识和改造世界。

知识是用于解决问题的结构化的信息。知识也是人类在实践中认识客观世界（包括人类自身）的成果，包括事实、信息的描述或在教育和实践中获得的技能。

从中，我们可以看出，“知识”是高于“信息”的存在，输入“知识”和“信息”产生不同的效果：一是正确性，“知识”已经被证明是正确的，输入知识，不会发生错误，但“信息”可能有错误，也就是输入错误信息可能出现负面的作用；二是效率，“知识”是“结构化”的信息，一条知识可能是由几十条、上百条甚至更多的信息中提炼出来的，效率要远高于信息。

（3）学习的“1—3—10”法则

除了不明白输入输出以及“信息”和“知识”的获取比例，在学习过程中另一个常见的问题是，不了解努力与成效之间的关系法则，太急于成功，对可能遇到的困难和挫折预估不足，结果由于压力过大而中途放弃。

专家指出，努力却没有得到预期效果，这是再正常不过的事，因为原本努力程度与结果之间就不是“正比”关系，而是“指数函数式”关系。前期有很长一段时间，努力会毫无起色，但后面其实有一个急速上升的“引爆点”，引爆点过去之后便会迎来一个显著的提升。这也就是我们常说的“量变引起质变”的道理。比如我们参加注册会计师考试，五门科目全部通过获得“注册会计师资格”，通过四门科目的肯定就不行，而且两个能力相差不大的人员，在单位里，通过四门科目考试的薪酬可能只有“注册会计师”的一半，这是现实。更简单一些，学校规定60分及格，那么59分就是要补考，尽管只差了一点点，但结果一个天上一个地下。

很多人误以为努力程度与收效成正比，在付出大量努力却看不到结果时会感到不安、焦虑、怀疑，从而降低主动性，以致在到达引爆点之前就放弃了努力。

科学研究显示，很多学习过程都是“1∶3∶10”的比例，只付出10%努力的时候，是没有什么收获的，付出30%努力的时候，刚刚有感觉，过了30%之后，每次学习的收获就会越来越大。

对于我们刚入职的新人来说也是一样：1年掌握基础，能够独立完成工作；3年学会本事，独当一面；10年才能成为专家，在行业里有影响力和话语权。这就是“1—3—10”法则。短期内就想成为专家，无异于天方夜谭。如果想在某个专业领域中拥有不可替代的位置，那就要做好长期学习的准备。

三、提升学习能力

上面介绍了自主学习的特征和高效学习的规律，要求我们不要急于求成，但具体在现实学习中，我们还是希望在同样的时间内能提升学习能力和学习效率，要如何提升学习能力呢？下面介绍一些实际提升学习能力的方法和技巧，希望对大家有帮助。

（1）树立目标。当我们要开启一段学习旅程的时候，要树立心中的目标，我们希望从中得到什么，是乐趣、知识，还是金钱？为什么想学这个知识？为什么要读这本书？为什么要参加这门考试？明确的目标能帮我们克服学习过程中碰到的困难。

（2）结合兴趣。如果我们需要通过自学一些课程来达到一定的目标，可以结合自己比较感兴趣的内容进行学习。比如我们刚工作，要提升排版能力，如果对着电脑里非常枯燥的“五号字体、四号字体”这类文字学习，肯定是非常无聊的，但是结合兴趣一起做，会发现学习的过程要轻松得多，像有人爱好体育，可以结合一些体育内容进行排版，做一张“体育海报”。

（3）选择合适的时间。如果要系统性地自学一些课程，还得需要选择比较合适的时间。时间不要太零碎，否则效率不高，如果平时要忙于工作和学习，可以适当地把学习时间安排在节假日和晚上，这样有一段比较完整的时间可以用于学习，而且要有规律，比如每天晚上或者每周周末，学习的连贯性会比较好，学习效率也会比较高。当然时间也不好安排太满，一天12小时不间断地学习，效果反而不好，原则上，一次学习时间如果超过2小时，最好还是安排15分钟左右的休息时间，可以走动一下，到室外呼吸一下新鲜空气，对学习效率也会有提升。

（4）有自信心。我们知道自学和课堂上听课不是一回事，一般而言，课堂是比较被动的，不管喜不喜欢都得去听讲。自学是比较主动的，自学无非两个目的，一种是本身对学习的内容有兴趣，一种是学习了相应的知识可以带来某种好处，如工作效率提升、薪酬职级提升等。学习的过程中，一定要树立信心：“一定要学会”，不然很容易导致刚学习的时候热情很高，过几天就索然无味。

（5）好的方法。我们在自学的时候，还需要掌握一些比较好的方法。如果要自学系统性的知识，最好从头看到尾大致熟悉一遍，这样我们能大致知道需要具备哪些基础知识，我们现在掌握的基础知识是否足够，如果没有提前熟悉，基础知识不足的话，中间会碰到很多意想不到的困难，容易产生挫折感，大概率很快就会放弃。

基础知识准备好了，还可以做一些提前的准备，比如，是否有很多知识需要查阅书籍或者网站，如果需要查阅其他书籍，我们应该提前准备这些书籍，或者也可以到图书馆进行学习，如果需要上网，我们要提前准备电脑和网络。如果可以找到这方面的专业人员那就更好了，不懂的时候可以向对方请教。

（6）做好笔记。做笔记，这是大家都知道的方法，虽然很传统，但效果很好。如果不是为了考试，做的笔记不需要那么详细，可以简要一些，主要记录“关键知识点”的来源（比如，在书本的哪一页，需要的时候我们可以回过头重新阅读），画思维导图，对梳理整个书本或者某个章节的知识结构非常有帮助。

（7）时常记忆和强化。我们在自学的时候，可以经常有意识地去记忆和强化一些知识点。可以考虑做一些题目来强化学习效果，试着回忆一下重要的内容，看是否能够回忆出来。

（8）找到适合自己的方式。我们每个人获取知识的途径不完全一样，有些人更具听觉性或视觉性。比如，有些人有阅读障碍，非得强迫自己坐下来阅读书本，那是非常痛苦的一件事，这时，我们可以考虑通过看视频或者听课的方式，效果会好得多。

（9）学以致用。学习到的知识，要是能马上用到，会极大地提高学习的积极性和学习效率。比如，我学习了Excel的“Vlookup”，发现查找数据的效率提升了好几十倍，那种成就感是无以言表的。

（10）教学。如果能把学习的知识传授给别人，那么得到的快乐是双倍的，不仅自己学到了知识，而且也能让别人一起学到知识，对于一些比较难的知识，可以跟同事或者朋友一起学习，一方面可以一起讨论，另一方面可以分开学习，自己学好了再传授给另一个人，互相学习与传授，这样可以达到事半功倍的效果。

学习能力是我们可以开发的最有用的技能之一。通过学习一门课程或者参加一个培训，可能会使我们的能力成倍地增长，使我们的工作效率大幅度提升，职位和薪酬也会大幅度提升。学习可以说是成本最低、风险最小、效益最大的投资。

第三节　自律能力

自律能力，是一种持续与别人拉开人生差距的能力。

自律，简单地讲就是“做应该做但不想做的事，不做不应该做但想做的事”，虽然说起来很简单，但做起来很难，因为人的天性就是懒惰和放纵。

自律和遵守纪律有一定的相关性，但又不完全相同。相同点是遵守一定的规则，不同点在于遵守纪律是遵守别人制定的规则，自律是遵守自己制定的规则。如果违反法律或者单位的规章制度，通常都会受到处罚，我们担心被处罚，所以正常情况下我们都会遵守。自律，指在没有人现场监督的情况下，通过自己要求自己，变被动为主动，自觉地遵循法度，拿它来约束自己的一言一行。它也指不受外界约束和情感支配，根据自己的善良意志按自己颁布的道德规律而行事的道德原则。自律是遵守自己制定的规则，不遵守的话通常不会受到“处罚”，所以人很难遵守。因此，自律比遵守纪律更难，能够自律的人，通常会有更高的成就，成功人士都是自律的。

自律说起来简单，做起来难。相信每个人都给自己定过自律的目标，比如，每天准时起床，每天花多少时间学习、运动，不再玩游戏等，但能够长期坚持的人非常少，可能不到百分之一，所以能够坚持的都是成功者。

一、自律的特征

自律是成功者的必备能力之一，那么自律的人都有哪些品质呢？从书上或者网上，我们都能查到自律者有各种优秀的品质，这些品质实质上都是大同小异，这里跟大家分享几点，希望对大家有所启发。

（1）生活规律

生活规律贯穿到自律者的每个生活环节，包括衣、食、住、行，如果仔细观察，会发现自律的人的作息时间、饮食习惯、穿衣习惯等都很有规律。

（2）爱运动

自律的人大多爱运动。

运动带来的好处非常多，包括：促进血液循环、加快新陈代谢、增强体质、减少疾病、延年益寿；促进睡眠，精力充沛；运动使人心情愉悦、乐观快乐。

（3）爱学习

通过学习不断汲取精神食粮，提升能力和精神境界，使人更优秀、精神充实、更加强大。

（4）目标明确

有明确的目标能知道每天需要做什么，愿意为这个目标一直奋斗、前进。

（5）抵制诱惑

有明确的目标，需要为之而努力，通过运动、学习，不断充实自己的生活，自然而然就能减少不良的习惯。

（6）马上行动

想到就做，而不是“等到明天”。

二、养成良好习惯

一般我们做任何事情，无非是三点：一是想不想做，二是有没有做，三是做没做好。想不想做事，是意愿问题，每个人都想养成良好的习惯，说明所有的人都是有意愿的，所以我们不担心有没有第一个问题。我们接下来只需要关注有没有做和做没做好的问题。

（1）马上行动

我相信几乎每个人都说过“从明天开始，我要……”这句话，这句话蕴含的意思是“明天的你比今天的你更优秀，明天的你比今天的你意志品质更坚定”，但实际上并不是，因为“明天的你”和“今天的你”并没有区别。所以，如果下定决心要做一件事情，养成一个良好的习惯，请从现在开始，而不是从明天开始，否则“明天”仍然会重复“从明天开始，我要……”这句话。

“马上行动”本身就是好习惯，“马上行动养成良好习惯”，也可以说成“养成马上行动的良好习惯”。

我们希望“每天要做运动”，为什么要从明天开始呢？“今天开始”为什么不行？“马上开始”为什么不行？

我们希望“每天看10分钟的书”，为什么要从明天开始呢？“现在开始”找一本书“看10分钟”不行吗？

所以，要养成良好的习惯，不需要从明天开始，“从今天开始”“从现在开始”。

（2）从小事做起

良好习惯的养成，都是从小事开始的。比如，买票要排队、过马路走斑马线、不随地吐痰、准时起床，等等。

1988年8月，全球75位诺贝尔奖获得者相聚在法国首都巴黎，研究人类所面临的重大科技问题。会议期间，有人向一位诺贝尔奖获得者请教：“您是在哪所大学、哪个实验室获得重要知识的？”出人意料的是，这位诺贝尔奖获得者却说：“我是在小学里。”

提问者一下子愣住了，接着问：“您在小学里学到了哪些最重要的东西呢？”这位科学家耐心地回答说：“我学会了把自己的东西分一半给小伙伴；不是自己的东西不能拿；用过的东西要摆放整齐；吃饭前要洗手；午饭后要休息；做错了事要表示自己的歉意；仔细观察大自然。”谁也没想到，在我们平时看起来最平常的行为习惯，却成就了这位科学家最辉煌的事业。

我们可以看出，具备良好习惯的人，在小事上也都养成了良好的习惯，同理，我们小事养成良好的习惯，大事也不会含糊。

（3）21天规律

养成良好习惯的过程中，很多时候我们会发现成功的比较少，大多数情况下都失败了，失败的过程大同小异，绝大部分有一个共同点，那就是前几天坚持得很好，后面由于某个因素就中断了，比如，我们希望每天跑步，前几天挺好，突然有一天下雨没跑，后来就中断了。

出现这种情况，主要是没有掌握养成好习惯的“时间规律”——“21天规律”。科学研究表明，“好习惯的养成”需要一定的时间，这个时间一般是21天，也就是三周，你如果连续21天做一件事情，后面自然而然就会形成规律。

记住，好习惯的养成是有时间规律的，一般前3天最容易，3天到7天是一个坎，大部分人都是在这个时候放弃的，这可能是因为人们的工作时间是以一周为单位的，大部分人在工作日和周末的作息时间和活动安排都是不一样的，所以很容易由于周末作息时间的变化，导致中断，这时候一定要坚持，过了一周，后面就会感觉轻松一些，就是把前一周做的事重复再重复，进一步加强“良好习惯”的养成。

三、抵制诱惑

跟“良好习惯”相对的是“不良习惯”，自律的人，不仅“拥有良好的习惯”，同时还能“拒绝不良的习惯”，而且在很多情况下，“拒绝不良习惯”可能比“养成良好习惯”难度还大。

保罗・盖蒂是曾经的世界首富。原来他抽烟抽得很凶，有一天，他度假开车经过法国，那天正好下着大雨，地面特别泥泞，开了好几个钟头的车子之后，他在一个小城里的旅馆过夜。吃过晚饭后他回到自己的房里，很快便入睡了。

盖蒂清晨两点钟醒来，想抽一支烟，打开灯，他自然地伸手去找他睡前放在桌上的那包烟，发现是空的。他下了床，搜寻衣服口袋，结果毫无所获。他又翻了他的行李，希望在其中一个箱子里能发现他无意中留下的一包烟，结果他又失望了。他知道旅馆的酒吧和餐厅早就关门了，他心想，这时候要是把不耐烦的门房叫过来，那太不堪设想了。他唯一能得到香烟的办法就是穿上衣服，走到火车站，但它至少在六条街之外。

情况看起来并不乐观，外面仍下着雨，他的汽车停在离旅馆尚有一段距离的车房里。而且别人提醒过他，车房在午夜是关门的，第二天早上六点才开门。这时能够叫到计程车的机会也几乎等于零。显然，如果他真的这样迫切地想要抽一支烟，他只有在雨中走到车站。要抽烟的欲望不断地侵蚀他，并且越来越迫切。于是他脱下睡衣，开始穿外衣。他衣服都穿好了，伸手去拿雨衣，这时突然停住了，开始大笑，笑他自己。他突然体会到，他的行为多么不合逻辑，甚至荒谬。

保罗・盖蒂站在那儿寻思，一个所谓的知识分子，一个所谓的商人，一个自认为有足够的理智对别人下命令的人，竟要在三更半夜，离开舒适的旅馆冒着大雨走过好几条街，仅仅只是为了得到一支烟。

保罗・盖蒂生平第一次意识到这个问题，他已经养成了一个无法自拔的习惯。他愿意牺牲极大的舒适，去满足这个习惯。这个习惯显然没有什么好处，他明确地注意到这一点，头脑便很快清醒过来，片刻就做出了决定。

他下定决心，把放在桌上的烟盒揉成一团，扔进废纸篓里。然后他脱下外衣，再度穿上睡衣回到床上。带着一种解脱，甚至是胜利的感觉，他关上灯，闭上眼，听着雨点打在门窗上的声音。几分钟之后，他进入一个深沉、满足的睡眠中。自从那天晚上后他再也没抽过一支烟，也没有抽烟的欲望了。

保罗·盖蒂说，他并不是利用这件事来指责香烟或抽烟的人。常常回忆这件事，仅仅是为了表示，以他的情形来说，被一种坏习惯制服，已经到了不可救药的程度，差一点成为它的俘虏。

从保罗·盖蒂抽烟的例子来看，我们发现“不良的习惯”有时候是很可怕的，所以，无论在任何情况下一定要远离“不良的习惯”。

（1）懂得约束自己

凡是自律的人都懂得约束自己，懂得控制自己。

世上最难控制的是自己。在这个世界上，只有自己是最可怕的，只有自己是最难对付的。所以，我们要懂得控制自己，包括控制自己的欲望、情绪和精神等。

欲望是人的本性，特别是年轻人，欲望更多。然而，有一些想法超出了自己条件允许的范围，就要懂得约束自己，以及控制自己的欲望。

德约科维奇是网球史上最伟大的运动员之一，他的体能很好，年过三十岁的他跟年轻十岁的运动员比赛，最后往往德约科维奇的体能更好，这是因为他对饮食非常苛刻。德约科维奇接受采访时说：2012年1月，在澳网决赛中击败纳达尔，比赛历时5小时53分，这是澳网历史上历时最长的一场比赛，赢得冠军后，我坐在更衣室里，想做一件事——尝一口巧克力，因为我从2010年夏天以来就没尝过，艾马诺维奇拿了一根巧克力棒给我，我掰下一小块，小小的一块，放进嘴里，让它在我的舌头上融化，我只准自己吃这么多。

相反，网络上曾经传闻：有个年轻人卖了肾只是为了买一款手机。这种是属于自制力极差的，买个手机可能只是带来几天或者短时间内的开心，肾没了会影响一辈子的生活，甚至导致寿命缩短。这个例子有点极端，大部分人都不至于这样，但是，我们仔细想想，人肯定发生过“一时冲动，做了让自己后悔的事”，比如，花半个月的生活费买了一件可有可无的东西。

所以，要懂得控制自己，在面对“自己力所不能及的欲望”的时候，多问几遍“真的有必要吗？”

（2）有些东西不能试

我们都知道违法犯罪的事情不能做，但还是有些人会违法犯罪，而且很多时候是因为染上了“不良的习惯”导致的。

这里特别提醒有两件事千万不能做：一是吸毒；二是赌博。不管是吸毒还是赌博，一旦染上基本上都是“家破人亡”。

特别是吸毒，有人“开始只是好奇”“只是试一试”“以为没什么”。但是只要试了，十有八九就会“染上毒瘾”，再也不能自拔。“戒毒”真的那么难吗？大家只要问问抽烟的人“戒烟”难不难就行，而毒品“成瘾性”是烟的几十倍甚至几百倍，没有强制手段，怎么可能戒得掉呢？而且即使戒掉了，副作用也很大。

这里说的赌博不包括平时亲戚朋友聚在一起打牌、打麻将输赢几十块的那种。真正赌博的人大多是拿着“身家”在赌，每次输赢能达到“全部财产”的10%～20%，甚至是全部财产。我举一个我个人的例子，可能会降低大家“赌博的欲望”，我总共去过三个赌场，但从来没赌过一次，很多人非常好奇地问我：“为什么不赌呢？输赢一两千块，又不影响什么。”我的回答是：“赢一千块、一万块、十万块甚至一百万都对我的人生没有明显的改善，但即使只是输一千块也会破坏我的心情。”其实我更担心的是，不赢还好，万一真赢了不少钱，我可能会想我辛辛苦苦工作一个月赚的钱还没有一次赌博赢得多，那以后我还会专心工作吗？所以，在我看来，不管是赢钱还是输钱都是没有好处的。

大家要记住，有些东西不能试，一次都不行，一旦试了，一辈子前途可能就没了。

（3）转移注意力

要改掉不良的习惯总是很难的，如果一直专注于“我要戒掉……”，可能越来越难戒掉，比如戒烟，如果一直想着戒烟，这样烟就一直出现在脑海中，虽然想要一直忍着，但通常到最后都忍无可忍。玩电子游戏也会出现这种情况。

这种情况下，转移注意力可能才是最好的选择。简单地讲，就是用“好习惯”去改变“坏习惯”。根除坏习惯非常不容易，不要试图将它抹掉，我们可以通过寻找新的习惯来替换旧习惯。这样一来，新的习惯建立起来了，旧的习惯也随之被取代了。

根据经验，个人觉得“学习”和“运动”最适合用于替代“坏习惯”，主要有两点原因：一是学习和运动都需要花时间，每个人的时间都是固定的，把时间花在学习和运动上，就没有时间做坏习惯的事了；二是学习和运动都能使人身心愉悦，学习能提升人的文化素质，运动能增强人的身体素质。

（4）7天规律

前面说过，良好习惯的养成需要时间，一般是21天，同样，坏习惯也有其形成周期，一般是7天。有时候我在想，人也是挺可怜的，“获得很难，失去却很容易”。

所以，一样的道理，有时候我们不小心放飞自我，比如“赖床”“玩游戏”，如果连着3天如此，就得特别小心，提醒自己“是不是已经养成坏习惯了”，如果连着7天，那对不起，已经“养成了坏习惯”。

四、如何培养自律能力

前面介绍了自律的特征以及如何养成良好的习惯、抵制诱惑，那具体如何培养自律能力呢？

（1）明确人生目标

我们自律的最终目的是实现“人生目标”，只要有明确的“人生目标”，我们也就有了自律的“目标”。

30岁前的曾国藩，只是一个普通的官员，为了考取功名，“十年寒窗苦读”，终于考取了进士，当官后，曾国藩没了目标，终日吃喝玩乐，有一天他觉得自己变得“面目可憎”，到了30岁时，曾国藩下定决心，制订修身、升官等一系列计划。后来所有的人生目标都随着他的努力一一实现了。

（2）明确规矩

自律就是给自己定规矩，很多人都是有自己的规矩的，但是可能不太明确，今天是这样的规矩，明天变成那样的规矩，最后就变成没有规矩。比如，有的人喜欢喝酒，但是经常喝醉酒，于是就给自己定规矩——每天只喝二两，别人问他：“你不是只喝二两吗？今天都喝半斤了。”他回答：“没事，今天高兴，多喝点儿，明天就不喝了。”这样的规矩相当于没有规矩。

富兰克林非常重视“品德”，于是他给自己规定了13条道德准则，包括：节制、缄默、秩序、决心、节俭、勤勉、诚笃、公正、平和、整洁、镇静、谦卑、毋淫邪。

明确规矩后，不仅自己可以看到，别人也能看到，不仅自己可以提醒自己，别人也能帮我们监督。

（3）坚持记录

自律的过程中可以通过写日志来进行记录，这样可以时时提醒自己，增加成功的概率。它让人时刻清楚，自己正实实在在地做着什么。

富兰克林给自己规定了“13条道德准则”，为了督促自己遵守，他制订了相应的“守律表”。为使这种自我管理变成自觉行为与良好习惯，他还采取了一系列具体办法，针对薄弱环节进行重点改进。就这样，富兰克林一直坚持严格的自我管理，终于获得了成功。

自律的过程难以控制，有时会坚持不下去，这是很常见的。有时候可以借助外力，可以把要改变的习惯告诉朋友、家人或者工作主管，也可以加入一个组织，公开对他们承诺，请他们监督自己完成。

（4）不怕失败、不断进步

有时候，我们在看过一部励志影片或者听过一次讲座之后，受到鼓舞给自己定下了崇高的目标，结果一觉醒来，发现目标太遥远，根本做不到。

比如，有的篮球爱好者听说科比每天至少要投进1000个球才能结束训练，于是给自己定个目标——每天投中500个球。如果不是专业运动员，可能后面连投篮的力气都没有，更别说投中了，这样没过几天可能就灰心了。如果刚开始，先制订“每天投中100个球”的计划，随着进步逐渐加量，说不定真有可能达到“每天投中500个球”的目标。

同样，我们在“自律”的路上，难免会碰到挫折，即使失败了，也不要轻言放弃，要找出失败的原因，重新制订计划，争取在下一次成功。此后，还要按计划持之以恒地去做，直到“自律”习惯稳固养成。若是放弃，即意味着被失败击败了。但假使重振旗鼓，吸取失败的教训，那么失败则变成了一件促使成功的好事，失败最终只不过是通往成功的阶石。

（5）营造氛围、远离损友

俗话说“近朱者赤、近墨者黑”，要养成“自律”的好习惯，还得营造氛围。

比如我当年要参加精算师资格考试，自我要求每天至少要看多少页参考教材，但在家里的时候总是很难专心，一会儿听音乐、一会儿看电脑、一会儿看电视，一周下来还完不成两天的任务，我发现这样下去不行，我就想“如果旁边的人都在看书的话，是不是看书的效果会好一些呢？”于是我就到厦门大学图书馆去看书，果然效果好很多，基本上每天都能超额完成看书的任务。

除了营造好的氛围，“远离损友”也很关键，总有一些人会给你灌输一些消极的观念，比如“命不好，再努力也没用”或者“不用对自己要求太严格、人生得过且过就行”，甚至有的人故意引诱你养成不良的习惯，比如“明知道你在戒烟，还故意给你递烟”“明知道你要准备考试，还拉你一起玩游戏”。

总之，要多和自律性强的人交往，加入他们的学习工作中，这样会受到他们好的影响，同时也要叫自律性强的朋友多提醒监督自己。

（6）积极参加文体活动

丰富多彩的人生是由很多事物构成的，面对诱人的生活享受和玩物，如美食、电视、游戏、网络等，我们常常很难真正地控制自己。要求自己完全放弃这些东西不太现实、也不太合理。毕竟，享受和游戏也是生活的一部分。

但是游乐没有节制便会玩物丧志，失去生活的斗志。要对这些进行控制，最好的办法就是尽可能拓宽自己的视野，多与外界接触，积极参加有利于健康的文体活动，特别是多参加学习和运动。

多参加有益的文体活动，在养成良好习惯的同时，也减少了接触不良习惯的机会。

（7）设立奖惩制度

为了自律，大家会付出很多努力，出现违反自律的情况时要对自己有处罚措施。需要注意的是，处罚不仅仅是补回来，今天少做了那明天补回来就行，这其实不是处罚，而且效果不会太好，一般处罚应该是加倍的，比如“每天运动30分钟”，但由于特殊情况有一天“少运动5分钟”，那明天要“增加10分钟”，这样才能提醒自己，以后不要违反规则。

当然也可以设定一些奖励措施，奖励必须恰当合理。需要注意的是，奖励不能与自律相冲突，比如“每天运动30分钟”，因为一周表现都很好，可以奖励自己“看电影”，但不能奖励自己“休息一天”。

实际上自律的结果本身就是最好的奖励，比如通过运动，你的身材更好了；通过学习，你的能力提升了，更加自信了，这实际上比什么奖励都更重要。

自律，方能对自己的人生收放自如。

第四节　毅力的锻炼

“性格决定命运、气度影响格局”，这是我特别喜欢的一句话，前半句是决定一个人能否成功，后半句是成功能达到什么程度。本节主要讨论前半句“性格决定命运”，这里的“性格”主要指的是不屈不挠的性格、面对困难的品质，也就是一个人的“毅力”。

毅力也叫意志力，是人们为达到预定的目标而自觉地克服困难、努力实现的一种意志品质；毅力，是人的一种“心理忍耐力”，是一个人完成学习、工作、事业的“持久力”。当它与人的期望、目标结合起来后，便会发挥巨大的作用；毅力是一个人自信、专注、果断、自制和忍受挫折等优秀品质的结晶。在心理学角度上，与毅力相关的概念包括：坚持不懈、勇敢、抗打击、恢复力、雄心壮志、成就感需求、责任心。

一、毅力对成功有决定意义

对所有的成功者来说，毅力起着决定性的作用；而对失败者来说，缺乏毅力几乎是他们共同的毛病。

毅力极其重要，也很可贵。毅力会帮助人克服恐惧、沮丧和冷漠；会不断地增加应付、解决各种困难问题的能力；会将偶然遇到的机遇转变为现实；会帮助人实现他人实现不了的理想……因此，古今中外的先人、哲人、伟人、名人，都对它作了高度的评价。

毅力是实现理想的桥梁，是驶往成才的渡船，是攀上成功的阶梯。

不管是看新闻还是书籍，我们更多看到的是别人“辉煌的画面”，但实际上通往成功的道路总是“荆棘密布”。所有的困难都要自己去面对和克服，而战胜困难的就是“毅力”。

二、毅力的特征

毅力是如此的重要，那么拥有强大毅力的人都有哪些特征呢？

（1）责任心

学校或者单位经常会表扬某个人“有很强的责任心”，具备责任心是一个人优秀的品质。

责任心是具有责任感的心态，指个人对自己和他人、对家庭和集体、对国家和社会所负责任的认识、情感和信念，以及与之相应的遵守规范、承担责任和履行义务的自觉态度。

电影《长津湖》热播，创造了中国电影的票房纪录。长津湖战役的胜利成为扭转朝鲜战争的关键，为了成功完成阻击，部队要隐蔽起来，在战斗命令下达之前，谁也不能动，严冬时节，气温接近零下40℃，仅穿着薄棉服的战士们，趴在雪坑里、几近冻僵……

1950年11月下旬，美军南逃沿途被这样的情景震惊：一排排志愿军战士俯卧在零下40℃的阵地上，手握钢枪、手榴弹，保持着整齐的战斗队形和战斗姿态，仿佛是跃然而起的“冰雕”群像。这是中国人民志愿军20军59师177团6连、60师180团2连、27军81师242团5连除一名掉队战士和一名通信员之外，集体被冻死的壮烈场面。从此，“冰雕连”成为一座精神丰碑、一种文化符号，被载入军史。

是什么精神支撑我们志愿军战士拥有“如此坚强的毅力”，那就是责任心，正如冰雕连一位战士留下的绝命诗一般，向我们诉说英雄的“坚强毅力”：“我爱亲人和祖国/更爱我的荣誉/我是一名光荣的志愿军战士/冰雪啊/我决不屈服于你/哪怕是冻死/我也要高傲地耸立在我的阵地上。”

正是对祖国和亲人的责任心，让战士们拥有了坚强的毅力。

（2）自信

自信也叫“自信心”，是指个体对自身成功应付特定情境的能力的估计。是否自信是描述人在社会适应中的一种自然心境，即人用自己有限的经验去面对陌生世界时的那种忐忑不安的心理过程。但我们必须清楚，自信只是成功后的良性情绪，并非自大、自傲。

自信本身就是一种积极性，自信就是自我评价上的积极态度。自信是发自内心的自我肯定与相信。无论在人际交往、事业还是工作上，自信都非常重要。只有自己相信自己，他人才会相信自己。自信是对自身能力的信心，深信自己一定能做成某件事，实现所追求的目标。

自信是一种健康的心理状态，是承受挫折、克服困难的保证，自信的人不怕失败，相信失败只是暂时的。

自信心可以帮助人们充分认识自己的长处和潜能，可以使人对自己的感觉良好，会减少在工作中出现的力不从心之感。有助于确认对自己的行为、感情和思想所负的责任，减少对他人的责难，也减少自己工作中的错误，减少对失败进行辩解和开脱责任。

邓亚萍当初因为个子矮小、手臂太短而被教练认为没有发展前途，要她回家。这对她来说犹如晴天霹雳，但是强大的自信心使她丝毫不因为自己的条件差而沮丧，反而比别人更努力、更刻苦。她每天都是第一个进训练馆，最后一个离开。在赛场上，邓亚萍的强大信念，那种临危不乱、顽强拼搏的精神与气魄帮了她的大忙。邓亚萍自己说：“许多专家都说，像我这样的条件很难打出来，但是我自信一定能成为一个优秀选手。这种自信心我从没动摇过。这也是我关键时刻不手软、心狠得起来的原因。我觉得体育比赛的最高境界，就在于双方争斗时，战胜自己内心的一切动摇和畏缩的心理。”正是这种无比自信、坚忍不拔、不低头、不服输、不达目的誓不罢休的精神能量，造就了乒坛皇后邓亚萍。

拥有强大自信的人，同样拥有坚强的毅力。

（3）坚持不懈

“罗马不是一日建成的”“没有人能随随便便成功”，我们看到的所有成功都是坚持不懈努力的结果。

相信大部分人都读过《童话大王》，1985年，郑渊洁30岁的时候，他创办了《童话大王》月刊杂志，这本杂志专门刊登他一个人的作品。当时他做了一个十分大胆的决定——让这本杂志连载30年。

他算了一下，每天需要写五六千字才能保证这本杂志顺利连载。曾经他都是在上午写作，但是上午这段时间容易被人打扰。那怎么办呢？他脑海里冒出一个灵感，何不早点起来写呢？于是他决定利用早晨4点半到6点半这两个小时来专心写作。经过一夜的睡眠，早晨精力十分充沛，这时写作2小时可能相当于其他时间写作3～4个小时，效率非常高。想要早起就要早睡，睡眠时间也要充足，于是他每天晚上9点之前就上床睡觉了。7个半小时的睡眠时间对成年人来讲足够了。

郑渊洁做到了连续早起写作长达35年，一天也没有中断。他一个人把《童话大王》连载了35年，发行量超过了2亿册，也因此创造了世界纪录。

有坚强毅力的人，能够坚持不懈地做同一件事情。

（4）抗挫折

除了智商、情商外，近年来又流行一个新概念：挫折商。IQ、EQ、AQ并称3Q，成为人们获取成功的必备条件。心理学家认为，一个人事业成功必须具备高智商、高情商和高挫折商这三个因素。在智商跟别人相差不大的情况下，挫折商对一个人的事业成功起着决定性的作用。有专家甚至断言，100%的成功等于20%的IQ加上80%的EQ和AQ，可能有点言过其实，但也说明了抗挫折能力的重要性。

困难和挫折具有两重性，一方面它使人感到痛苦和失望，严重时使人产生消极对抗行为，更严重时还会导致对生活、对自我的放弃，另一方面它也可以磨炼人的意志，促使人成熟和坚强起来，人们可以从中汲取经验教训，逐步走向成功。所以，积极的人正视困难和挫折，他们内心的安全感使他们能够坦然地面对成长过程中所遇到的一切，他们不回避前进途中的障碍，而是想方设法解决和战胜它。消极的人遇到困难或挫折则是退缩、回避、冷漠、幻想、妥协，或者被挫折所压倒。

大家都知道，解放战争时国共双方力量对比悬殊，特别是战争初期，蒋介石嘲笑红军是“屡战屡败”，毛泽东却说：“不对，我们是屡败屡战。”虽然还是这四个字，但意思相差很远，这体现了红军强大的抗挫折能力，碰到的困难只会让红军更坚定，战败了继续打，直到胜利。

三、毅力的培养

面对很多诱惑，大部分年轻人很难真正沉下心来做一件事情，往往三天打鱼两天晒网，懒懒散散，经常半途而废，很难出成绩。但是很多人又不愿意承认这是自己的问题，找各种理由为自己辩解。如果真的想做出一番事业，坚强的毅力是成功的保障。如何增强自己的毅力呢？

（1）坚定的目标

要想锻炼自己毅力，第一步就是要确定一个坚定的目标。这个目标一旦确定，不能再更改，无论多么辛苦都必须按照这个目标坚定不移地执行下去。遇到困难要想办法解决，不能打退堂鼓。在执行的过程中应该不断鼓励自己，给自己暗示：我一定能够成功。当然要注意的是目标一定是可行的，盲目确定一个不切实际的目标只会给你带来心灵上的打击。

爱迪生为了发明电灯经历了很多次失败，具体失败的次数无法考量，但至少是上万次，因为单单为了寻找新的灯丝材料就实验了1600种材料。在1879年10月21日，爱迪生的电灯终于研制成功了，经历无数次失败之后才找到了可以连续用45个小时的材料，这是人类第一盏有广泛实用价值的电灯。后来发现用竹丝作灯丝效果很好，灯丝耐用，灯泡可亮一千多个小时。

爱迪生为什么在经历这么多次失败还能坚持呢？就是因为爱迪生的目标非常明确“让千家万户都用上电灯”。即使很多专家都认为电灯的前途黯淡，英国一些著名专家甚至讥讽爱迪生的研究是“毫无意义的”，一些记者也报道“爱迪生的理想已成泡影”的情况下，爱迪生的目标依然坚定。

（2）高质量做事

我们最终的目的不仅仅是简单地完成这个目标，还要看完成的质量如何，我们应该要求自己在最短的时间内尽可能完成得出色。因此在最开始确定目标的时候就应该限定自己做事情的质量，预期最后应该达到怎样的效果。

我们经常会听一些成功人士分享生活经验，比如“随遇而安”“难得糊涂”，很多人会错误地理解为做事情马马虎虎就行，不用太苛刻，实际上在我看来“随遇而安”和“难得糊涂”不是一种做事的风格，而是一种心态。做事情“随遇而安”的人生活肯定“不安”。

华为是个受人尊敬的企业，在行业内都是处于世界领先水平，这离不开华为创始人任正非的影响，有一次运输华为手机的车辆轮胎起火，后来工程师对货柜的手机进行检查，发现98.3%的手机不受影响，按道理这些手机可以继续卖出，但任正非担心后续可能存在一些不确定因素，比如手机寿命是否会缩短或者影响客户体验，还是忍痛将价值2000多万元的手机全部碾碎销毁。

任正非对产品高质量的要求深深影响着华为，这也是华为能做到世界领先的原因。

（3）增强求胜的欲望

拿破仑说过：“不想当元帅的士兵不是好士兵。”好胜心就是不满足于现状，力争取得更大成功的一种性格特征和心理倾向。好胜心强的人，总是希望通过自己的努力，比别人学习得更好，工作更出色，在事业上有更大的成就，为社会做出更大的贡献。在这种动力的驱使下，人会更加执着地追求、一往无前、义无反顾，并且积极地提高自己的竞争能力，以便超越他人。

好胜心其实也是自然界优胜劣汰的法则，好胜心也是驱动社会进步的动力——我们总想超越前人，也是保持人类生存的重要原因，试想一下如果人类一代不如一代，最终人类就不存在了。

需要注意的是这里讲的好胜心是指通过光明正大的手段取得比他人更优异的成绩，而不是不择手段达到目的，比如有的小孩希望考试成绩高一些，因为努力一直达不到，只能通过作弊，这不是好胜心，这是懦弱的表现。

（4）培养抗挫折能力

抗挫折能力是可以通过挫折商进行量化的，挫折商的测验中，一般考查以下四个关键因素——控制（Control）、归属（Ownership）、延伸（Reach）和忍耐（Endurance），简称为CORE。控制指自己对逆境有多大的控制能力；归属是指逆境发生的原因以及愿意承担责任、改善后果的情况；延伸是对问题影响工作生活其他方面的评估；忍耐是指认识到问题的持久性以及它对个人的影响会持续多久。

高挫折商是可以培养的，并且最好是从小培养，但对于刚毕业或者刚参加工作的人来说，即使是从现在开始也不算晚。培养抗挫折能力有专门的书籍或者教程，也可以对照上面的CORE进行单独的训练：保持积极的心态、勇于承担责任、准确判断失败的影响、忍受失败带来的失落。

马云的故事很励志，但实际上马云当初找工作被拒绝了三十多次，比较典型的两个例子：一是去肯德基应聘，马云是唯一一个被拒绝的；二是去考警察，马云又是唯一一个被拒绝的。马云表示：被拒绝是常态，没有人有义务帮助你，我们需要学会被拒绝，即使是现在也一样。这就是马云强大的抗挫折能力，他在挫折中不断成长，不断进步。

那么我们反过来想一下，当初马云要是被肯德基录取了呢？他会成为什么人，主管还是店长？所以，被拒绝不一定是坏事，可以有更多的机会从事真正适合自己的工作和事业，有的人会把失败当成一次磨炼的机会。

（5）经常参加运动

锻炼毅力最有效的方式就是参加运动，比如跑步、爬山、游泳等。这些运动方式容易确定目标，也可以限制时间，非常适合增强毅力，爬山的效果最为明显。但应该注意的是要考虑自己的身体状况，不要对身体健康造成损伤。

运动最大的好处是在锻炼毅力的同时，还可以增强你的身体素质。

第五节 加强运动

毛泽东说过："身体是革命的本钱。"

马化腾说："决定人生高度的，不只是智力，更是体力。"

之前网上流传着王健林的一张行程表，早上4点钟起床，一天被安排得满满当当，晚上7点多还要回办公室，一天工作十几个小时。而且，王健林几乎每天都这样高强度工作，持续了30多年。

大家都知道的司马懿，曹操曾是他的顶头上司，但曹操死了，他没死；曹操的儿子曹丕称帝，曹丕死了，他仍然没死；曹操的孙子曹叡称帝也死了，他依然健在。他领兵作战，兵法韬略抵不过诸葛亮。带兵与诸葛亮较量、拼杀于战场，屡吃败仗。但是，他硬是凭着自己健康的体魄，把诸葛亮给熬死了。最后，三国归晋，还是由司马懿及其子孙完成了一统中国的梦想。三国归司马懿，固然司马懿的能力水平很高，但实际上，司马懿最厉害的还是身体好。

反之，我们也经常看到一些"天妒英才、英年早逝"的情况，比如汉朝"大司马骠骑将军"霍去病24岁因病去世，在惋惜的同时，我们很难想象假如霍去病不早逝的话，能创出什么样的不世奇功。

上述的例子说明，不管一个人的能力水平多高，只有身体好才是最重要的，因为所有的能力载体都是人的身体。

要保持身体健康，最重要的就是运动。

一、运动的重要性

法国思想家伏尔泰说："生命在于运动。"

根据调查显示，全球每年大约有300万人死于缺乏运动。

缺乏运动似乎是现代人的通病，因为生活压力和快节奏的工作学习，人们抽不出太多的空闲时间去运动。但是我们必须知道运动的重要性，运动对于一个人而言，是非常必要的。很多人之所以不想去运动是因为他们无法下定决心运动。如果知道了缺乏运动的危害，可能会更重视运动。

（1）超重和肥胖

美国研究运动与健康学的教授胡刚透露，缺乏运动以及超重肥胖是美国社会两大公共卫生问题。根据美国2004年健康行为调查显示，只有30%的成年人达到了美国疾控中心推荐的标准，每天运动30分钟，每周五次。反之，美国2008年全国营养调查显示，将近68.3%的美国成人是超重和肥胖的。也就是说，如果不运动，超重和肥胖基本就是标配。同时调查发现，和正常体重的人相比，超重的人几乎增加了33%患心衰的风险；而肥胖的人，未来患心衰的风险几乎会增加一倍。如果一个人肥胖，但参加体育锻炼，会比不运动的正常体重的人或者瘦人患冠心病的概率小。

（2）身体素质的下降、浑身乏力

缺乏运动会让人的身体素质下降，如果身体素质下降了，那么就要看看自己最近是不是缺乏运动了。

缺乏运动还可能会导致浑身乏力，如果缺少运动量，那么身体器官得不到应有的运动，各方面的机能会随之下降。比如，搬个重物发不上力，上楼喘气，走路腿酸等。

（3）睡眠不好

很多人晚上睡不着，上班没精神。这也是缺乏运动常见的情况。适度的运动，尤其对那些平时很少有机会运动的办公室人员来说，将有效提升日间整个机体的兴奋度，从而促进夜间睡眠质量的提升。

（4）心理不健康

人们平时产生的压抑、悲观、失落、易紧张，爱发火等负面情绪，除了与自己的心理有直接关系，也有可能是由于身体不调，进而影响到的心理活动。我们会看到久病的人很少有心情好的，身体强壮的人一般都比较乐观阳光。这可能是由于缺乏运动导致身体上的经脉淤滞不通，通过拉伸运动的锻炼可以有效地疏通经脉瘀滞，瘀滞解除后会使得心理更加积极阳光。

（5）免疫力下降

缺乏运动会导致免疫力下降，如果免疫力下降了，就会变得容易生病。运动可以帮助身体提高免疫机能，从而帮助身体建立一个好的预防系统，而且免疫力好的话，生病了，也更容易痊愈。

二、运动的作用

我们知道运动有很多好的作用，总结来说，主要是五大方面的作用：一是提升身体素质，塑造身材、美容养颜；二是提升脑力水平；三是改善精神状态；四是培养团队精神；五是延长寿命。

（1）提升身体素质

运动可加速体内新陈代谢的速率，使我们的心率、血流速度加快，并且促进身体不断释放热量，体内大量毒素、代谢废物等会以汗液的形式排出体外，身体变得更干净和轻松。同时，运动也有助于减肥。

运动可以使心脏得到有效的锻炼，让心脏的收缩变得有力并增大心脏冠状动脉口径，通过增加动脉血管壁的弹性起到保护血管的作用，另外运动促进体内燃烧的脂肪，可以降低心脏的压力和负担，对预防心脑血管疾病有积极的作用。

运动刺激呼吸中枢并加快呼吸频率、加大肺容量，使我们的呼吸肌和呼吸辅助肌都得到有效锻炼，进而增大肺活量和改善肺功能。

运动使全身肌肉关节都得到有效锻炼，能促进更多钙质储存在骨骼中，显著改善骨质和骨密质，骨骼变得坚实就能避免骨质疏松，并且关节周围的韧带和肌肉的韧性变强，使关节稳固并避免关节炎的发生。

运动可以让全身细胞活动起来，显著改善内环境并使其处于稳定状态，还可以激活安静的免疫细胞并增强人体免疫功能，有效提高人体抵抗病菌的能力。

我们经常惊叹运动员有很完美的身材，那都是运动的结果，即使是普通人，我们也很容易通过体型来判断一个人是否经常运动。

运动能够塑造身材的主要原因是，通过运动可以减少脂肪，同时会增加肌肉，可以简单地理解为在搭配合理饮食的情况下，运动可以把没有线条感的肥肉塑造成有线条感的肌肉。

我们看体育比赛会发现，大多数运动员皮肤都很好，有些人以为是化妆的原因，实际上绝大部分的比赛运动强度都很大，很多运动员是不可能化妆的，但是即使把镜头拉得很近，仍然会发现运动员皮肤比较细腻光滑。

经常运动的人皮肤好，是因为运动的人血液循环加快导致新陈代谢也相对比较快，运动流汗多有利于皮肤的呼吸畅通，也会促进新生细胞不断生长，所以爱运动的人皮肤看起来就会细嫩光滑。

我的皮肤容易过敏，但是坚持运动后发现皮肤很少过敏了，而且以前因为过敏留下的痕迹似乎也逐渐消失了。

总之，运动有助于提升身体素质，塑造身材、美容养颜。

（2）提升脑力水平

经过适当地运动，不管是学习效率还是工作效率都会有较大幅度的提升。

运动对大脑中枢神经有积极调节作用，运动受大脑指挥，可以使大脑的中枢细胞处于兴奋的状态，不断增强脑细胞的活力和大脑皮层的调节能力，使大脑思维变得更敏捷灵活，从而提升大脑机能。

（3）改善精神状态

我们看到经常运动的人精神状态通常比较饱满，两眼炯炯有神，给人非常自信的感觉，那是因为通过运动，大脑会增加分泌多巴胺。多巴胺作为神经递质，与控制行为、行动的动机和认知密切相关，多巴胺水平增加后，人会感觉更加幸福、有动力、心情愉悦。

运动还可以调节大脑的兴奋和抑制过程，防止大脑神经过度紧张，进而起到消除负面情绪和减轻压力的作用，而且运动后睡眠质量也会得到改善，让我们更有精力去面对生活和工作，从而减少精神压力。

很多人心情不好就喜欢抽烟，研究表明，在喜欢运动的人群中，超过80%的人是没有吸烟的习惯的，另外，当有吸烟习惯的人开始跑步锻炼后，大概有80%的男性和70%的女性戒除了这一习惯。当然，关于运动为什么能消除抽烟的习惯，有不同的解释：第一，吸烟者起床后习惯吸烟，有时候早上顾着锻炼，也就顾不上吸烟了；第二，有锻炼习惯的人心态相较于其他没有经常锻炼的人要好得多，因此这类人不需要用烟草来消解寂寞空虚。

尽管都是成年人了，但很多人都是手机不离手，而运动也可以减少对手机和上网的依赖性，这也是运动非常重要的作用。

总之，运动有利于改善人的精神状态。

（4）培养团队精神

很多运动都属于集体运动，需要协作和配合，比如足球、篮球等一些团体项目，在运动的同时，需要跟队伍中成员进行配合协作，增加相互之间的信任，会增强团队的凝聚力。除了球类项目之外，拔河比赛也适合培养团队精神。即使是一些单人项目，很多时候也可以进行协作，比如跑步、爬山，每个人在为别人提供服务或者接受其他人服务的同时也可以培养团队精神。

很多公司会组织员工参加野外拓展培训，主要目的就是培养员工的团队协作能力，一个爱运动的人，他在单位一定会很受欢迎，对工作和晋升也会大有帮助。

（5）延长寿命

说到身体健康，由于每个人对健康的标准要求不一样，可能也不是每个人都在意自己的健康状况，但说到寿命，我相信不会有人不在意。所有的人都怕死，特别越是生病的人越怕死，很多有严重疾病的人，尽管明知道医治了生活水平也不一定好，但绝大多数人都宁愿花掉毕生积蓄换取一两年的寿命。

古代皇帝作为能掌握全国资源的人，他们更清楚对于万物而言，生命才是最无价的。传说中甚至不少皇帝都曾动用全国的力量寻找长生不老的方法。

赌王何鸿燊于2020年5月26日去世，其从2009年首次长期住院以来，花费的医疗费用超过15亿元，特别是在其生命结束前五个月，共花了超过3亿元的医疗费。

尽管每个人的寿命都不受自己控制，但实际上，所有的人都能主动掌控自己几年的寿命，秘诀就是多运动。

世界卫生组织（WHO）建议成年人每周至少参加150分钟中等强度到剧烈强度的运动。中等强度的运动是指需要适量的努力并明显增加心跳的运动（如快走）；剧烈运动是指需要更大的努力并使呼吸急促和心跳次数大幅增加的运动（如跑步或快速游泳）。

多项研究表明，运动会延长寿命。美国的研究人员综合分析了6项前瞻性队列研究的结果（1项来自瑞典，5项来自美国）。这些研究涉及近65万20～90岁的人，调查了他们的生活方式因素和疾病风险之间的关系，研究平均调查了10年，在此期间有82465人死亡。研究人员分析了这些人的体力活动水平对预期寿命的影响。

与业余时间不活动的人相比，每周体力活动水平相当于每周快走75分钟的运动量可以延长预期寿命1.8年；喜欢运动，运动量达到或超过世界卫生组织推荐的每周150分钟快走的运动量延长预期寿命3.4～4.5年。

与II度肥胖且不运动的人相比（II度肥胖是指体重指数BMI大于35），体重正常并且每周运动量达到150分钟快走水平的人，预期寿命可以延长7.2年。然而，体重正常但不运动的人比I度肥胖并且每周运动量达到150分钟快走水平的人少活3.1年（I度肥胖是指体重指数BMI在30～34.9的人）。

这些研究结果表明业余时间参加运动，即使低于世界卫生组织建议的运动量，与业余时间不运动的人相比，死亡风险也会降低。另外，适度地运动即使不能减轻体重也会有很多好处。生命在于运动，运动可以让你活得更久更健康。

三、养成运动的好习惯

几乎所有的人都知道运动的好处，但真正每天有规律运动的人却不多，主要还是没有养成运动的习惯。

（1）不要找借口

很多不运动的人总是给自己找各种借口，主要是三条：

①没时间：工作太忙没时间；

②没场地：想跑步，但家里周边连个跑步的地方都没有；

③没钱：打球场地一个小时都要一两百元，太贵。

实际上这些都不是问题，2021年奥运会后中国运动员在回国隔离期间，每个人都只能在小房间内进行体能训练，不少人还拍了视频放到网上，运动种类很多。没有场地，没有器械，也不需要多花钱，照样能运动。

①没时间：有时间看手机玩游戏，却没时间运动，认为没时间的人可以查询手

机的使用统计，看看一天花在游戏、聊天和上网的时间是多少。

②没场地：上下班多走走路也是可以的。

③没钱：运动不等于高尔夫、网球，最便宜的运动就是走路和跑步，不太需要钱。

（2）明确目标

明确目标对于培养运动习惯也是很重要的，如果每个人都非常清楚地知道运动可以增加5年的寿命和增加20%的收入，那么运动的积极性肯定大有提升，而实际上这是一个长期运动后产生的效果，而不是每天运动半小时就能增加一分钟的寿命或者增加多少钱的收入。

所以我们还是尽量把运动制定为其他的目标，目标主要分两种：

数量目标：只要完成一定的数量，不追求高水平完成，比如，每天跑3000米或者跑15分钟、跳绳100个，至于完成的快慢不做强制要求；

水平目标：通过长期的训练达到一定的目标，比如，100米跑进13秒、每次做俯卧撑50个、卧推100公斤等。

把两个目标结合起来，我们会发现通过锻炼慢慢地接近甚至超越目标，就会有成就感，慢慢地喜欢上运动。

（3）找到自己的特长

由于每个人的身体素质差异较大，每个人的运动特长是不一样的，有些人适合速度型的运动、有些人适合耐力型的运动、有些人适合力量型的运动、有些人适合技巧型的运动。

我们原来在学校参加的运动基本上就是跑、投、跳，结果只要是跑得不够快、跳得不够高不够远的就被定义为不擅长运动或者是体育方面的差生，导致很多人失去运动的兴趣。

但实际上每个人都会有不同的运动特长，需要等你去发现。

包括我自己，不管是速度还是力量都不太好，以前体育考试成绩基本都是60分左右，所以对运动也不是太积极。上大学以后，我的整体体育考试成绩也不好，但在整体不出色的运动中我也发现了自己在某些项目方面是有特长的，比如单杠引体向上我只能做10个左右，大约是及格水平，但是双杆臂屈伸我能轻松做20个以上，后来才发现20个已经是满分了，并不是引体向上能做15个的人双杆臂屈伸就能做20个，两者使用的肌肉群是不一样的，不同人的不同肌肉群发达程度不一样，导致同样是力量型的运动表现也会差异较大。

后面我又发现自己做俯卧撑也比较轻松，经过一定的锻炼每次可以轻松完成

50个以上，这让我知道自己有比较擅长的运动项目。可惜，在大学刚毕业不久，由于一次左手手腕受伤导致手腕无法承受太大的力量，在很长的时间内都找不到合适的运动项目。直到有一次我表弟无意中说起平板支撑是个不错的锻炼项目，我觉得平板支撑应该也适合我，听说能做3分钟就算不错的水平，开始我的目标是3分钟，后面逐步增加到5分钟以上，但没有准确地计时过，我一直以为自己每次做的时间在5～10分钟，结果有一次听着歌曲，发现自己居然能坚持20分钟以上。

不管是什么运动，只要适合自己的就是最好的运动，而且通过锻炼，能达到平均水平以上的运动肯定比自己不擅长的运动更能让自己爱上运动。

（4）和同伴一起运动

刚开始运动的时候，找到志同道合的伙伴一起，也有助于我们养成运动的习惯，比如一起跑步、一起打球、一起爬山，碰到困难的时候可以互相鼓励、互相督促，如果两个人差距不大还可以进行比赛，互相促进，慢慢地养成运动的习惯。

当然，“同伴”不一定指“同一个人”，如果是特定的一个人，反而会互相产生不良的影响，因为运动需要时间，而别人不会每天专门抽出一定时间陪你运动。“同伴”指的是同一类人，比如同一个小区早晨跑步的一群人，跑步遇上的时候点个头、挥个手也能起到鼓励的作用，像我早上到小区跑步的时候，我大概知道哪个人已经在跑步了，哪个人一般在我跑两圈的时候才出来，见面的时候点点头，感觉也是不错的。

（5）贵在坚持

绝大部分人都会在一段时间内有过运动的记录，只是随着环境、条件或者工作的变化，导致有些人中断了运动，而后就停止了。

运动“贵在坚持”，中间无论发生什么变化都千万不要停止，前面我们介绍过“放弃一个好习惯”比“养成一个好习惯”简单三倍，一旦中止了，要重新再来是非常难的，如果条件发生了较大的变化，可以改变一些量，但不要停止。比如，出差的时候到外面跑步可能不太方便了，这时可以在酒店做一些其他运动，原地跑步、俯卧撑、仰卧起坐或者拉伸动作。时间不够的话，可以减少一些量，平时运动半小时、出差时间不够运动15分钟也是可以的。

北京冬天的气温一般都在0℃左右，不太适合室外跑步，这段时间我就在家里原地跑20分钟左右，虽然整体运动量不如在室外，但不至于到春暖花开的时候迈不开自己的脚步。有时需要早出门，时间不够的话，我会加快速度，即使只运动5分钟也比不运动好。

前面说过运动有助于锻炼人的毅力，这是因为在养成运动的这一习惯过程中，总是会碰到各种困难，在克服困难的同时也培养了坚强的意志。运动主要是两方面的锻炼：一种是耐力的锻炼，一种是强度的锻炼，在运动的过程中，不断挑战自己，提升自己的耐力和力量的同时，毅力也会不断增强。

四、科学运动

虽然运动能带来很多好处，但我们也经常听不少人说因为运动而导致受伤，或者某个部位损伤，这主要是不注重科学运动造成的。

1.适合的运动

每个人的身体素质差异很大，特长运动也不一样，适合别人的不一定适合自己。比如，有的人觉得仰卧起坐能锻炼腹肌，每天做4组，每组做50个正合适，对于不适合的人可能会做到腰椎损伤。

我相信每个人从学校出来大概都知道哪项运动比较适合自己，选择1～2项适合自己的运动还是比较容易的。

相比而言，快走、跑步、骑车和游泳对于大部分人都是比较合适的，因为快慢、强度都是可以自己掌握的。

2.强度适中

网上总是流传着各种运动的标准，比如马拉松跑进5小时，俯卧撑一次做30个，引体向上一次做20个，还教大家各种提高的方法。而且由于通信信息的发展，网上有很多运动达人展示各种高难度运动，有时我们不自觉地会把这些标准套到自己身上去尝试，结果往往导致受伤。

网上的各种标准基本上都比较高，有些对于普通人来说就是极限，而且由于身体素质的差异，有些人练习一辈子也是达不到的。另外，能看到的是不同的人完成了不同的标准，而我们可能把这些不同的人完成的高标准全部集中到自己身上，所以将自己能达到某一个标准的运动忽略了，而把时间浪费在达不到标准的那些项目上面。

特别要注意的是，我们参加的是健身运动，不是竞技运动，不需要追求“更高、更强、更快”的结果。我们只要达到能“强身健体”就行。

什么样的运动强度比较合适呢？我个人的理解是要能出汗，但运动后不过度疲劳。

出汗。出汗的好处是可以把一些有毒的物质排出体外，我发现如果长期不出汗，流出来的汗就会有一股酸臭味，这实际上是肌肉中积累了代谢的一些有毒物质，天天运动的话汗液就不会发臭。当然，如果运动后一直冒虚汗或者怕冷，有可能是运动过度。

不过度疲劳。运动达到一定强度时通常会感觉有点疲劳，正常情况下身体都能自行恢复，但如果运动后导致工作效率下降或者注意力不集中，那就是过度疲劳了，这时要降低运动强度。运动过度疲劳有两种情况：一种是一次性运动过量带来的疲劳，导致一整天无精打采，比如有的人前天没运动，第二天加倍运动量，可能就会出现这种情况；另一种是长期的结果，比如前一次运动产生的疲劳还没来得及消除，而新的疲劳又产生了，疲劳就可能积累，久而久之就会变成过度疲劳，影响人的身体健康和运动能力，这种情况有可能是新参加某项运动，不能准确把握运动的强度，也可能是给自己定了太高的目标，加量运动造成的结果。

适度地运动能使人适量出汗、加快新陈代谢，运动后会感到心情愉悦，一天的精神状态更好、工作效率更高。

3. 运动过程中的注意事项

很多人好不容易说服自己去运动，结果一运动就受伤、运动后反而身体不舒服，这其实就是运动过程中有些事项没注意而造成的。

（1）热身

我们经常看到一些人去踢足球、打篮球、打羽毛球，或进行一些比较激烈的运动时，走到场边，脱完衣服就直接冲到场上，一不小心就受伤了，这主要是没有热身造成的。一些职业比赛，比如足球赛，如果提前直播的话，经常会看到运动员围着场地慢跑、拉伸、折返跑，就是大家在做热身运动。

（2）中间休息要注意保暖

很多人参加激烈运动，中途休息换人，因为运动通常会流汗，感觉比较热，不少人觉得风吹过来很凉快，便一直吹着，结果后面一上场跑两步就拉伤了，这是因为受凉后导致肌肉收缩引起的，正确的做法是披上外衣、穿上外裤或者把外裤披在腿上。网球比赛中间休息时，运动员都会把毛巾披在腿上，就是为起到保暖效果。

（3）运动后不要马上休息

剧烈运动时人的心跳加快，肌肉、毛细血管扩张，血液流动加快，同时肌肉有节律性地收缩会挤压小静脉，促使血液很快地流回心脏。此时如果立即停下来休息，肌肉的节律性收缩也会停止，原先流进肌肉的大量血液就不能通过肌肉收缩流回心脏，造成血压降低，出现脑部暂时性缺血，引发心慌气短、头晕眼花、面色苍白甚至休克昏倒等症状。所以，剧烈运动后要继续做一些小运动量的动作，呼吸和心跳基本正常后再停下来休息。

一些有经验的人在激烈运动后，会在原地走动或者做一些拉伸动作。

（4）运动过程中的饮食

运动会伴随大量流汗，导致口渴，这个时候要注意不能大口喝水，否则容易出现身体不适，比较合适的是小口多次喝水。

如果是长时间的运动，比如爬山，还会产生饥饿感，中途需要补充一些食物，这个时候也要注意要少量多次补充食物。

因为运动会导致人体水分、维生素和糖分的流失，如果长时间运动，可以准备一些维生素饮料、水果和少量高热量的食物。

特别提醒，有些低血糖的人一定要提前备点糖，避免在运动后因糖分流失而导致晕厥。

（5）抽烟、饮酒

有的人在运动后抽烟喝酒，感觉比平时舒服是有一定原因的，运动会使得血液流动速度加快，尼古丁和酒精更快地被吸收，让人感觉比平时舒服，但实际上伤害也更大。

所以，有抽烟喝酒习惯的人要注意，运动后不要马上抽烟喝酒。

当然还有一些大家都知道的常识，如大汗淋漓不宜马上洗澡，这里就不一一罗列了。

4.不同类型运动相结合

每个人都会有自己擅长的运动项目，有些人热衷于一项运动，有些人爱好广泛，什么运动都参加，这都是挺好的。

（1）有氧运动和无氧运动相结合

有些人喜欢有氧运动，有些人热衷于无氧运动，到底哪类运动更好，书上说法不一，特别是对于减肥的人来说，很多书上都说有氧运动比无氧运动减肥效果好，因为无氧运动只消耗糖分不消耗脂肪，其实不然，不管是什么运动都能锻炼肌肉和减少脂肪，只不过效果有所差异而已。

①有氧运动。有氧运动是长时间进行的运动，运动过程中需要消耗大量的氧气，人体吸入的氧气与需求相等，达到生理上的平衡状态。同时使得自身的血液循环系统、肺脏呼吸系统得到有效刺激，从而提高心、肺功能，能量来源主要是体内的糖分和脂肪，常见的代表运动是游泳、慢跑。代谢是个缓慢但持久的供能系统，有氧运动主要消耗的是糖分和脂肪以及少量蛋白质。

②无氧运动。无氧运动是力量训练，利用助力促进肌肉收缩，增强爆发力和肌

肉容积，达到塑性的目的，运动强度比较大，持续时间比较短，因为乳酸积累过高，容易产生疲劳。常见代表运动有快跑、举重、跳高、跳远、健身中的针对肌肉训练。无氧运动，主要消耗的是糖分。因为人体的糖分和脂肪是可以互相转化的，只要无氧运动后不大量进食，特别是不食含糖量高的食品，后续脂肪也会逐步转化为糖分，所以我们看到经常健身的人脂肪含量也是很少的。

有氧运动锻炼的主要是耐力和心肺功能，无氧运动锻炼的主要是力量和肌肉，如果不是为了特定目的，从健身的角度而言，建议两者结合更好。

（2）室内运动室外运动相结合

有些人喜欢室内运动，有些人喜欢室外运动，各有优缺点。

①室外运动。室外运动的优点是，场所更广阔，可以融入大自然，呼吸新鲜空气，运动的同时还可以看风景；缺点是，受天气影响大，气候不好的时候无法进行，万一受伤可能会耽误治疗，到人烟稀少的地方运动一定要配备一些常备药品和通信工具。

②室内运动。室内运动的优点是，不受天气影响，随时可以开展，而且一般运动场馆会配备专业人员进行指导，有助于快速提升运动水平，万一受伤能有人及时提供帮助；缺点是，各个场馆条件不一，有的可能空气不好，有的可能人员太多。

考虑到运动的持续性和多样性，建议室内运动和室外运动相结合，确保运动不出现中断。

第六节　情绪管理

智商、情商和挫折商是影响一个人成功的重要因素，情绪管理不完全等于情商，但懂得情绪管理的人，对个人事业的成功会有很大的帮助。

情绪管理，指通过对自身情绪和他人情绪的认识、协调、引导、互动和控制，培养驾驭情绪的能力，确保拥有良好的情绪状态，并由此产生良好的管理效果。现代工商管理教育如MBA、EMBA等均将情商及自我情绪管理视为领导力的重要组成部分。

情绪是个体对外界刺激的主观的有意识的体验和感受，具有心理和生理反应的特征。我们无法直接观测内在的感受，但是我们能够通过其外显的行为或生理变化来进行推断。意识状态是情绪体验的必要条件。

情绪是身体对行为成功的可能性乃至必然性在生理反应上的评价和体验，包括喜、怒、忧、思、悲、恐、惊七种。行为在身体动作上表现得越强就说明其情绪越强，如喜会是手舞足蹈、怒会是咬牙切齿、忧会是茶饭不思、悲会是痛彻心扉等都是情绪在身体动作上的反应。情绪是信心这一整体中的一部分，它与信心中的外向认知、外在意识具有协调一致性，是信心在生理上一种暂时的较剧烈的生理评价和体验。美国哈佛大学心理学教授丹尼尔·戈尔曼认为："情绪意指情感及其独特的思想、心理和生理状态，以及一系列行动的倾向。"

喜欢历史的人对西楚霸王项羽都很熟悉，而且一般对项羽总体印象都不错，后来很多影视作品对项羽也是整体给予正面的评价，作为一个被下一个朝代书写的人物，绝大部分都是肯定的评价，可见项羽的能力和魅力，楚汉争霸中刘邦获胜看起来有很大的偶然性，也有其他很多的因素，就个人而言，我认为项羽和刘邦两人最大的区别就是情绪管理的能力差异实在太大，如果项羽的情绪管理能力哪怕有刘邦的一半，估计刘邦都很难取胜。

一、情绪管理的基本概念

情绪不可能被完全消灭，但可以进行有效疏导、有效管理、适度控制。

情绪无好坏之分，一般只划分为积极情绪、消极情绪。由情绪引发的行为则有好坏之分、行为的后果有好坏之分。所以说，情绪管理并非消灭情绪，也没有必要消灭，而是疏导情绪并合理化之后的信念与行为。这就是情绪管理的基本范畴。

肖汉仕教授认为情绪管理是指用心理科学的方法有意识地调适、缓解、激发情绪，以保持适当的情绪体验与行为反应，避免或缓解不当情绪与行为反应的实践活动，包括认知调适、合理宣泄、积极防御、理智控制、及时求助等方式。

二、情绪管理的重要性

每个人都有情绪，但大都对情绪缺乏必要的了解和关注。消极情绪若不适时疏导，轻则败坏情致，重则使人走向崩溃；而积极的情绪则会激发人们工作的热情和潜力：各种情绪不同程度地影响着自己的工作和生活。只有了解了情绪，才能管理并控制情绪，才能发挥其积极作用。情绪管理要求我们辨认情绪、分析情绪和管理情绪。快乐地生活和工作，这是情绪管理的目标。

情绪如四季般自然地发生，一旦情绪产生波动时，个人会出现愉快、气愤、悲伤、焦虑或失望等各种不同的内在感受，假如负面情绪常出现而且持续不断，就会对个人产生负面的影响，如影响身心健康、人际关系或日常生活等。

一个人的情绪好坏很容易从外表看出来，情绪畅快时，通常会喜形于色，人也会越来越健康。反之，如果一个人常常情绪低落，茶不思，饭不想，则会导致脸色越来越差，如过度焦虑、情绪不安或不快乐，会导致心理疾病。另外，有研究指出，一个人常常有负面或消极的情绪产生时，如愤怒、紧张，人体内分泌亦受影响，并导致内分泌不正常，而形成生理上的疾病。由此可见，时常面带微笑，保持愉快心情，并以乐观态度面对人生，则有助于增进生理健康。

人际关系如何取决于一个人的情绪表达是否恰当。倘若常在他人面前任由负面情绪决堤，丝毫不加控制，如乱发脾气，久而久之，别人会将我们归为难以相处之人，甚至拒绝往来。反之，若常面带微笑、多赞美他人，以亲切态度与别人和谐相处，人际关系自然会逐渐改善，从此人生也变得不那么寂寞、孤独，而且处处有人相伴共度人生岁月。

三、情绪管理的方法

情绪管理，就是用对的方法，用正确的方式，探索自己的情绪，调整自己的情绪，理解自己的情绪，放松自己的情绪。

简单地讲，情绪管理是对人的情绪感知、控制、调节的过程，其核心是必须将人本原理作为最重要的管理原理，使人性、人的情绪得到充分发展，人的价值得到充分体现；是从尊重人、依靠人、发展人、完善人出发，提高对情绪的自觉意识，控制情绪低潮，保持乐观心态，不断进行自我激励、自我完善。

情绪的管理不是要去除或压制情绪，而是在觉察情绪后，调整情绪的表达方式。有心理学家认为情绪调节是个体管理和改变自己或他人情绪的过程。在这个过程中，通过一定的策略和机制，使情绪在生理活动、主观体验、表情行为等方面发生一定的变化。这样说，情绪固然有正面有负面，但真正的关键不在于情绪本身，而在于情绪的表达方式。以适当的方式在适当的情境表达适当的情绪，就是健康的情绪管理之道。

情绪管理就是善于掌握自我，善于调节情绪，对生活中矛盾和事件引起的反应能适可而止地排解，能以乐观的态度、幽默的情趣及时地缓解紧张的心理状态。具体而言，有以下几种管理方法。

（1）心理暗示法

从心理学角度讲，就是个人通过语言、形象、想象等方式，对自身施加影响的心理过程。这个概念最初由法国医师库埃于1920年提出，他的名言是“我每天在各方面都变得越来越好”。心理学上所讲的“皮格马利翁效应”也称期望效应，就是讲积极的自我暗示。而消极的自我暗示会强化我们个性中的弱点，唤醒我们潜藏在心灵深处的自卑、怯懦、嫉妒等，从而影响情绪。

同时，我们可以利用语言的指导和暗示作用，来调适和放松心理的紧张状态，使不良情绪得到缓解。心理学的实验表明，当个人静坐时，默默地说“勃然大怒”“暴跳如雷”“气死我了”等语句时心跳会加剧，呼吸也会加快，仿佛真的发起怒来；相反，如果默念“喜笑颜开”“兴高采烈”“把人乐坏了”之类的语句，那么他的心里面也会产生一种乐滋滋的体验。由此可见，言语活动既能唤起人们愉快的体验，也能唤起不愉快的体验；既能引起某种情绪反应，也能抑制某种情绪反应。

我们经常看到有些公司会开晨会时，一方面传达正面的消息，一方面互相鼓励，这对于个人的情绪管理也是有帮助的。我心情特别不好的时候，会在网上看几个小笑话，对改善心情也有很大的帮助。

（2）注意力转移法

注意力转移法，就是把注意力从引起不良情绪反应的刺激情境，转移到其他事物上去或从事其他活动的自我调节方法。当出现情绪不佳的情况时，要把注意力转移到使自己感兴趣的事上去，比如，外出散步、看电影、看电视、读书、打球、下棋、找朋友聊天、换换环境等，都有助于使情绪平静下来，还可以在活动中寻找到新的快乐。这种方法，一方面中止了不良刺激源的作用，防止不良情绪的泛化、蔓延；另一方面，通过参与新的活动特别是自己感兴趣的活动，而达到增进积极情绪体验的目的。

（3）适度宣泄法

过分压抑只会使情绪困扰加重，而适度宣泄则可以把不良情绪释放出来，从而使紧张情绪得以缓解。因此，遇有不良情绪时，最简单的办法就是“宣泄”。采取的形式或是用过激的言辞抨击、谩骂、抱怨恼怒的对象；或是尽情地向至亲好友倾诉自己认为的不平和委屈等，一旦发泄完毕，心情也就随之平静下来；或是通过体育运动、劳动等方式来尽情发泄；或是到空旷的山林原野，拟定一个假目标大声叫骂，发泄胸中怨气。必须要指出的是，在采取宣泄法来调节自己的不良情绪时，必须增强自制力，不要随便发泄不满或者不愉快的情绪，要采取正确的方式，选择适当的场合和对象，以免引起意想不到的不良后果。

（4）自我安慰法

当一个人遇有不幸或挫折时，为了避免精神上的痛苦或不安，可以找出一种合乎内心需要的理由来说明或辩解。如为失败找一个冠冕堂皇的理由，用以安慰自己，或寻找理由强调自己所有的东西都是好的，以此冲淡内心的不安与痛苦。这种方法，对于帮助人们在大的挫折面前接受现实，保护自己，避免精神崩溃是很有益处的。因此，当人们遇到情绪问题时，经常用“胜败乃兵家常事”“塞翁失马，焉知非福”“坏事变好事”等词语来进行自我安慰，可以摆脱烦恼，缓解矛盾冲突，消除焦虑、抑郁和失望，达到自我激励，总结经验、吸取教训之目的，有助于保持情绪的安宁和稳定。

（5）交往调节法

某些不良情绪常常是由人际关系矛盾和人际交往障碍引起的。因此，当我们遇到不顺心、不如意的事时，能主动地找亲朋好友交往、谈心，比一个人独处胡思乱想、自怨自艾要好得多。因此，在情绪不稳定的时候，找合适的人谈一谈，具有缓和、抚慰、稳定情绪的作用。另外，人际交往还有助于交流思想、沟通情感，增强自己战胜不良情绪的信心和勇气，能使自己更理智地去对待不良情绪。

（6）情绪升华法

升华是改变不为社会所接受的动机和欲望，而使之符合社会规范和时代要求，是对消极情绪的一种高水平的宣泄，是将消极情感引导到对人、对己、对社会都有利的方向去。如我的一个朋友其貌不扬，家庭经济条件也比较一般，女同学都不跟他说话，他有些自卑心理，但他没有因此而消沉，而是把注意力转移到学习上，每次考试都考第一名，让同学羡慕，后来他在事业上也获得巨大的成功，成为一位知名教授。

在上述方法都失效的情况下，仍不要灰心，在有条件的情况下，去找心理医生进行咨询、倾诉，在心理医生的指导、帮助下，克服不良情绪。

四、情绪管理能力

“情绪管理”即以最恰当的方式来表达情绪，如同亚里士多德所言：“任何人都会生气，这没什么难的，但要能适时适所，以适当方式对适当的对象恰如其分地生气，可就难上加难。”由此可见，情绪管理指的是要适时适所，对适当对象恰如其分地表达情绪。情绪管理能力既包括对自己情绪的管理能力，也包括对他人情绪的管理能力。

（1）自我觉察能力

情绪的自我觉察能力是指了解自己内心的一些想法和心理倾向，以及自己所具有的直觉能力。

自我觉察，即当自己的某种情绪刚一出现时便能够察觉，它是情绪管理的核心能力。一个人所具备的、能够监控自己的情绪以及对经常变化的情绪状态的直觉，是自我理解和心理领悟力的基础。如果一个人不具有这种对情绪的自我觉察能力，或者说不认识自己的真实情绪感受的话，就容易听凭自己的情绪任意摆布，以至于做出许多遗憾的事情来。伟大的哲学家苏格拉底的一句“认识你自己”，其实道出了情绪管理能力的核心与实质。

（2）自我调控能力

情绪的自我调控能力是指控制自己的情绪活动以及抑制情绪冲动的能力。

情绪的自我调控能力是建立在对情绪状态自我察觉的基础上，是指一个人如何有效地摆脱焦虑、沮丧、激动、愤怒或烦恼等因为失败或不顺利而产生的消极情绪的能力。这种能力的高低，会影响一个人的工作、学习与生活。当情绪的自我调控能力低下时，就会使自己总是处于痛苦的情绪旋涡中；反之，则可以从情感的挫折或失败中迅速调整、控制并且摆脱，从而重整旗鼓。

（3）自我激励能力

情绪的自我激励能力是指引导或推动自己去达到预定目的的情绪倾向的能力，也就是一种自我指导能力。它是要求一个人为服从自己的某种目标而产生、调动与指挥自己情绪的能力。一个人做事情要成功的话，就要集中注意力，学会自我激励、自我把握，尽力发挥出自己的创造潜力，这就需要具备对情绪的自我调节与控制能力，能够对自己的需要延迟满足，能够压抑自己的某种情绪冲动。

（4）对他人情绪的识别能力

情绪管理能力还包括对他人情绪的识别能力，这种觉察他人情绪的能力就是所谓同理心，即能设身处地站在别人的立场为别人设想。越具同理心的人，越容易进入他人的内心世界，也越能觉察他人的情感状态。

（5）处理人际关系的能力

处理人际关系的能力是指善于调节与控制他人的情绪反应，并能够使他人产生自己所期待的反应的能力。一般来说，能否处理好人际关系是一个人是否被社会接纳与受欢迎的基础。在处理人际关系的过程中，重要的是能否正确地向他人展示自己的情绪，因为，一个人的情绪表现会对接收者即刻产生影响。如果你发出的情绪信息能够感染和影响对方的话，那么，人际交往就会顺利进行并且深入发展。当然，在交往过程中，自己要能够很好地调节与控制住情绪，所有这些都需要人际交往的技能。

第七节 理财规划

我们看到工作几年后，两个收入差异不大的人生活水平却有很大的差异，最主要的原因就是理财规划的差异。

有些人说参加工作不久，手上都没几个钱，谈什么理财规划，实际上，正是因为没有太多钱才需要好好“规划”，如果有很多钱，反而不需要理财规划，亿万富翁都不叫“理财”，叫“投资”。

如何规划好自己有限的钱呢？结合个人经验，介绍以下几点供大家参考。

一、强制存钱

学生时代，我们没钱的时候，首先想到的是找父母要，一旦工作之后，除非有特殊情况，需要大笔开销，否则是不太好意思再找父母要钱的。

所以，我们开始工作之后，已经有收入了，需要强制自己存一部分钱，而且也只有存钱才会有“理财规划”。

网上有个存钱的计划——52周存钱法，比如第1周存10元，第2周存20元，第3周存30元，一直增加，到第52周存520元，这样52周（也就是一年）可以存13780元。

上面看起来是个不错的选择，但估计有很多人做不到，因为前面很简单，第1个月只需要存10+20+30+40=100元，但第12个月需要存490+500+510+520=2020元，第12个月的难度是第1个月的20倍左右，可以很现实地说，如果第1个月只能剩下100元的话，第12个月是不可能剩下2000元的。当然，上述的计划也不是一点道理都没有，这种情况适合于一种人，就是已经工作了几年，收入还不错，但没有养成存钱习惯的人，也就是说正常每个月就能存2000元，但因为大手大脚花钱惯了，用这种方式让他们慢慢改过来。

但是，我建议一开始就养成良好的习惯，无论开始的收入有多低，强制自己把收入的20%存起来，剩下的钱再去规划房租、吃饭、购物娱乐的支出，如果在收入低的时候存不了钱，即使收入高的时候也很难养成存钱的习惯。

二、应急支出

存的钱需要留一部分作为应急支出，这个也是我一个朋友的亲身经历给我的体会。他刚毕业的时候收入水平不算太高，但也还可以，当时没想着存钱，一年后换工作，辞职后先回家一趟，到家后口袋一分钱也没有，他找父亲要500元，他父亲一分不给还把他骂个狗血淋头“把你养大，供你上大学，一年下来没给家里一分钱还敢跟家里要钱”，后来还是他妈偷偷给了他1000元。从此，他发誓再困难也要留一笔应急的钱，不到万不得已不能动用，他说“真到走投无路的时候，连老爸都不帮你”。

这笔钱到底多少合适，看每个人对最低生活水平的要求，建议按最低生活要求这笔钱要能维持1年的生活。如果换算成收入的话，大概是2个月的收入。

这些钱可以考虑做个定期存款，如果做定期存款，时间不要太长，因为如果定期存款提前取出的话利息只能按活期存款利息结算，最好是按一年期存款，这样你最多只亏损一年的利息差。我曾经存过1万元，因为三年期的利息比较高，做了个三年期的存款，过了一年半需要用钱，提前取出来，亏了大概500元的利息，心疼得不得了。

现在很多银行都开通了理财的基金，可以在手机App上操作，一般货币型基金的风险比较低，可以考虑购买货币型基金，收益比定期存款高一些，但也不会太高，一般年息3%以下，超过3%的基金可能会有风险，建议不要购买。很多可以随时赎回，不会罚息，比定期存款要方便一些。

到底是做存款还是购买基金，这要看个人的习惯，最主要的是这些钱要跟日常支出账户分开，否则不小心用完了还不知道。

三、理财的理念

如果应急的钱都留出来了，还有多余的钱，很多人一直放在银行里，实际上不太划算，比如我们有10万元，如果一直放在活期账户里，按2021年的活期存款利率0.35%，一年的利息是350元，如果三年的定期存款利率是2.75%，三年下来利息是8250元，比三年活期的1050元多7200元，还是不错的。

很多人会觉得上面的收益远远达不到预期水平，三年的利息还不到10%，别人炒股票一个涨停就10%（现在有些股票涨跌停幅度是20%），这种想法，是很危险的，说明距离亏钱也不远了。

理财还是要树立正确的理念，最重要的是不能贪心，通常而言，每年收益能达到5%就不错了，6%是一个非常高的收益。下面我们来看几个例子：

诺贝尔奖从1901年设立开始已经过去120年了，诺贝尔奖原始的基金是3100万瑞典克朗，现在每年发的奖金是6000万瑞典克朗，其中诺贝尔经济学奖是由瑞典央行出资的，也就是其中的5000万瑞典克朗是诺贝尔基金累计下来的，也就是诺贝尔奖每年发的奖金超过了最初的原始基金金额。这是因为诺贝尔基金做了投资，其中部分投资收益用于发奖金，部分投资收益用于基金的积累，2020年诺贝尔基金有51.76亿瑞典克朗。大家可能认为诺贝尔基金的投资收益非常高，实际上并不大，大家可以看下面几个数据。

如果诺贝尔基金每年的投资收益率是3%的话，基金在120年的时间会增长到原来的35倍，就是10.7亿瑞典克朗；如果收益率是6%的话，基金会增长到原来的1088倍，也就是337.3亿瑞典克朗。现在的规模是原来的167倍，如果考虑到中途捐款的原因，实际每年增长不到4%，2021年的奖金包含运营费用为8900万瑞典克朗，大概占基金比例为1.7%，也就是说加上支持，过去120年诺贝尔奖投资收益是5%～6%，如表6-1所示。

表6-1 **诺贝尔基金收益假设** 单位：万瑞典克朗

项目	收益3%	收益4%	收益5%	收益6%
基金初始规模	3100	3100	3100	3100
年限	120	120	120	120
基金最新规模	107604	343054	1081627	3373382
基金增长倍数	35	111	349	1088

反之，如果过去120年每年都下跌5%，3100万瑞典克朗的基金，现在只剩下6.58万瑞典克朗。

一夜暴富是很多人的梦想，所以我们经常会看到有些宣传的投资项目，动辄每个月利息3%、4%，那都是骗人的。长期而言，没有一个投资产品敢保证收益在5%以上，对于风险小的产品4%可能是个极限。如果有人说，每年能有10%以上的利息，而且没有任何风险，我可以明确地说，那是骗人的。“你看中高利息，别人看中你的本金”，这是高利贷行业的至理名言。

所以，年轻人一定要树立正确的理财观念，没有太大风险的理财产品每年收益能达到3%～5%，算是不错的，一旦超过5%，风险随时可能发生，要是承诺10%以上的收益，那绝对是骗人的。

四、炒股

对于年轻人而言，我是不鼓励炒股的，但未来还是会有不少人可能会进入股市，这边主要提示一些重要的风险点，供大家参考。

（1）股市为什么赚钱的少，亏钱的多？股市中有一个说法“一赚二平七亏”，意思是只有10%的人能赚钱，70%都是亏损的，作为股市小白，你不亏谁亏。很多人听说股市能赚大钱的都是有“内幕消息”，某某股票未来半年至少涨1倍，如果真有内幕消息，自己买就行了，半年就能赚几百万为什么要告诉你，那都是托儿，就是让你去买，帮别人解套，你买入之后通常大跌。

（2）税费的影响。很多人忽略了税费的影响，如果资金量不大的情况下，每次买卖的税费差不多是3‰，一年买卖10次的话，3%就没了，20次就是6%，而过去10年股市整体涨幅是4.5%左右。也就是说假设有一只基金代表平均股市水平，你买了，而且十年不交易，每年平均有4.5%的收益，如果你买卖10次，收益变成1.5%，如果买卖20次，收益是-1.5%。统计数据表明，中国股民平均持有个股时间是12天，一年250个交易日，每年平均交易20.8次，所以整体个人股民扣除税费肯定是亏损的。

（3）看的时候觉得能赚钱，买的时候就亏。很多人看股票行情，会看到最低点是多少，最高点是多少，于是假设最低点买入，最高点卖出，能赚多少，实际操作不可能买在最低点，也不可能卖到最高点，正常而言，两头会各有10%的差距，也就是说，如果一只股票在一段时间涨了30%，你能赚10%就不错了，这还是资深投资人说的，所以你会看到一只股票一个月涨了10%，但你一进一出还亏了，因为你高点的时候买入、低点的时候卖出了。

（4）涨停和跌停的错觉。普通股票的涨跌停是10%，很多人以为一个涨停后一个跌停是不赚不亏，但实际上是亏损的，假设股票基准价格是100元，涨停后价格=100×（1+10%）=110元，隔一天跌停了，跌停后价格=110×（1-10%）=99元，就会发现亏了1%，同理每次涨跌停都会亏掉1%，如果是中间发生5个跌停和5个涨停，实际上亏了5%。

（5）不能加杠杆。有些有经验的人知道融资炒股，也就是说你自己有10万元，基金可以再给你配一部分钱，如果给你配1倍，那么你就有20万元可以购买股票，很多人以为这是“风险加倍、收益加倍”，这是没考虑配资成本的情况下加倍，如果考虑配资每年8%～10%的利息，那很可能是“风险增加两倍、收益只增加50%”。比如，2015年号称大牛市，有个基金经理说了一个亲身经历的故事“一个人配资2倍，风险增加了3倍，也就是如果一个跌停，本金要亏损30%，一周内股票大跌，被强制平仓，600万元的本金只剩下1万多元，经办人通知他的时候，电话里直接听到对方哭了，一个好好的中产阶级破产了”。

总之，年轻人还是不要炒股，如果真要买股票的话，比例最好不超过你能支配的钱的20%，能支配的钱不包含应急的钱以及要用于结婚、购房等大笔支出的钱，很多人平时没什么钱，要结婚或者买房子的时候，把所有的钱都集中到一起，一下子有不少钱，想着去炒一下股票赚一笔，结果100万元进去，过三天出来只剩80万元。如果你有20万元，可以拿4万元买股票，而且当你把4万元转入股票账户的时候，要做好亏掉2万元的准备，而不是想着过半年4万元变8万元，这样才适合买股票。

五、买房

许多人都会嘲笑股市，过去十年股市基本不涨，非常稳定，反而应该稳定的房价一直在涨，有个笑话说“股市是用来住的，房市是用来炒的”。

从现在看，房价确实比较高，所有年轻人都在盼着房价大跌。2010年开始就有很多看空房市的专家以日本为例，说明未来20年房价只会下跌不会上涨，但过去10年房价均价上涨了1倍多不到2倍。但这个是不同地段的价格，如果考虑同一地段，2020年的房价基本是2010年的5倍。中国房价为什么一直在涨，而日本的房价为什么一直在跌呢？除了货币的原因之外，最主要的原因是中国城市人口不断增加，而日本的人口是负增长。所以一个城市房价是否增长，除了跟货币因素和政府政策有关之外，主要决定因素是人口，只要人口增加有新的需求，房价一定会涨。后来专家又发现主要国家中除了日本，过去十年所有国家的房价都在上涨，因为主要国家中，只有日本人口是负增长。

人口减少的城市房价肯定会下跌，因为基本的需求没有了，中国也有房价下跌的城市，比如鄂尔多斯、神木等一些人口减少的城市房价减半再减半，美国汽车城底特律，前几年传闻1套房子价格1美元，因为很多房子根本就没人住。

房子作为刚需，肯定是要买的，问题只是什么时候买、买多大的合适：

（1）你的存款够一半首付的时候可以考虑买房子。很多人总是想着自己首付款够的时候再买房子，实际上作为年轻人，如果没有家庭的支持，是很难存够首付款的，比如一套房子200万元，首付款60万元，你存够30万元，就可以准备买房了，不够的钱找亲戚、朋友、同学借，找10个人借30万元还是有可能的。顺便说个借钱的小技巧，你不能跟人说买房还差30万元，不然大家会担心借给你之后，不知道你什么时候才能还，你要说首付款差10万元，已经借了5万元，还差5万元，看看对方可以借给你多少钱。

（2）买多大的合适。除非家里真的比较有钱，如果靠自己的话，一般都很难买大的房子，一般第一套房买个50～60平方米就差不多了，确实比较宽裕的话，70平方米到顶了。年轻人买房子，不要指望一步到位，等过几年以后条件允许了再置换也没关系。

（3）按揭怎么办。一套200万元的房子，贷款140万元，按揭30年，按最新的基准利率计算，大概每个月需要还款3600元，如果是公积金贷款每个月还款还会更低，而对应的房租每月大概是3000元至4000元，也就是你每月的房租刚好跟按揭差不多，而且大概率房租过几年以后是会上涨的。有些人会担心，房子按揭30年时间太长了，正常而言，按揭时间越长越好，因为货币长期来看肯定是贬值的，10年后的3600元，可能跟现在的2000元差不多。

总之，只要有能力，房子还是要买的，而且从个人经验来看，我同学和朋友里面早期买了房子的人更加稳定、更有责任心、事业也更成功。

六、借钱

会不会借钱也可以看出一个人的理财水平，前面说了你做理财的时候利息通常是3%～4%，5%以上本金就有风险，借钱恰恰相反，5%的是最低利息，10%刚起步，15%、20%很常见。原则上除了房子或者车子做按揭贷款之外，不是万不得已，尽量不要借钱，如果确实要借钱，一定要注意以下几点：

（1）贷款渠道。借钱一定要找正规的渠道，最好是银行，现在很多银行贷款也很方便，如果涉及银行放款时间问题，微信支付或者支付宝也可以考虑。如果连微信或者支付宝都借不了钱，千万不能找其他渠道，你可能被列入黑名单了，要核实无法借款的原因，如果你已经欠了很多其他平台的钱，在无法偿还的情况下甚至要报警，就要查明是不是被骗贷了。

（2）贷款条款。贷款条款里面最重要的有几条：

①利息，正规的途径一般会写清楚年利率是多少，这样利息是多少最清楚，有些会偷换概念，比如一天多少利息，很多时候会看到日利息万分之几的概念，以为很少，实际上很高，比如日利息万分之三，折合一年是11%左右，万分之五折合一年利息是20%，不要被一天的小额利息给欺骗了；

②是否需要各种费用，有些贷款平台宣称贷款利息跟银行差不多，但会有手续费或者保险费，你需要计算每年拿到手多少钱，利息要多少，比如贷款1万元，扣除各种费用后到手实际是8500元，一年利息10%，那么实际的利息是（1+10%）÷（8500÷10000）−1=29.4%；

③还款方式，到期还款还是每月还款差异很大，比如贷款1万元，一年利息700元，你以为贷款利息是7%，但每个月都要还款，实际上你用钱的时间是6.5个月，这样利息是7%÷（6.5÷12）=13%；

④逾期条款，就是贷款没有按时还会怎么样，有的会规定贷款没有正常还的话，利息会上涨，比如正常贷款一年利息6%，到期没还款，利息变成12%。

也正是有上面各种条款，所以导致有些人，本来只借1万元，三年没还变成欠款10万元。虽然，现在国家对一些贷款条款进行了规范，但只要贷款利率不超过银行同类贷款的4倍仍然是受保护的。

如果觉得贷款条款太复杂，有一个比较笨的办法，比如要贷款1万元，我先贷100元，贷款一年，看到手后是多少钱，每个月需要还款多少钱，总共需要归还的钱减去本金就是利息，如果是每月等额还款再乘以1.85倍就是年利息。可以接受的话，再把总额贷出来，省得后面发现贷款利息太高不划算。

（3）重视信用卡逾期。现在越来越多人使用信用卡，而且逐步变成习惯，基本上大家都知道信用卡逾期每天利息万分之五，但具体怎么计算的可能并不清楚。现实中，逾期一天可能需要交2个月的利息，以我亲身经历为例，我有一次因为出差，刷卡金额比较大，在账单期前一天提前还款了，以为全部还完了，还款后当天晚上又刷了100元，过了一个月后给我信息说我逾期没还，其中利息几百元，我非常惊讶，欠100元，逾期三天，利息几百元，对方告诉我计算方法，比如我1月1日刷卡3万元，1月30日的账单，最迟还款日2月25日，1月30日我已经还款3万元，但当天晚上刷了100元，到2月26日逾期未还，银行计算利息的基础金额是31000元，也就是3万元也算没还，而且这3万元的利息是从使用日1月1日开始计息=30000×0.05%×57=570元，当时我一气之下就把这张信用卡取消了。

所以，大家一定要注意，信用卡一定不要逾期，而且要清楚逾期条款，利息是从逾期日计算还是使用日开始计算，避免像我100元逾期一天利息570元的惨剧发生。如果确实是因为各种原因，现金差几天才能还的情况，我会临时通过银行采用随借随还的方式借一笔钱，先归还信用卡，比如3万元每日贷款利息万分之三，5天后归还，也就是45元的利息。

（4）日常消费不能靠借钱。很多人会借一笔钱去买个手机，或者买个包，这是不合理的，如果是上学或者工作需要买电脑，可以考虑借钱，这可以算是“投资”，而日常消费靠借钱的人是没有前途的。

大家一定要记住——借钱是要还的，而且通常代价不低。

总之，大家要树立正确的理财观念：有多余的钱不要只是放在活期账户，每年可以多两三个点的收益；不要想一夜暴富，年收益率超过5%的风险通常不小；炒股做好损失一半的准备；房子迟早是要买的，晚买不如早买；借钱的成本通常是理财收益的三倍以上。

第七章 人际关系

生命只不过是地球漫长过程中的一缕尘埃
当太阳光芒照到你的时候，会发出微弱的闪烁
绝大部分人都不会在意
只有少数几个人会被你的闪亮吸引
是你的爱人，亲人，朋友……

关系是指人与人之间，人与事物之间，事物与事物之间的相互联系。人从一出生开始，就是在处理各种关系，不管是生活、学习还是工作，实际上就是在管理人与人以及人与事物之间的关系，而其中最重要的就是人与人之间的关系，也就是人际关系。

下面我们先简单介绍一些人际关系的概念，这有助于我们管理各种人际关系。

第一节 人际关系的概念[①]

人际关系是人与人之间在活动过程中直接的心理上的关系或心理上的距离。人际关系反映了个人或群体寻求满足其社会需要的心理状态，因此，人际关系的变化与发展决定于双方社会需要满足的程度。人在社会中不是孤立的，人的存在是各种关系发生作用的结果，人正是通过和别人发生作用而发展自己，实现自己的价值。

一、人际关系要素

人际关系的本质：人际关系从属于社会关系。人际关系是我们在社会实践中与人产生的交往关系，受个人的直接影响。人际关系可分为先天性和后天性的人际关系，具有发展性。

人际关系的目标：人际关系的目标乃是要建立幸福人生、和谐组织、安定社会，实现世界大同。

① 张兵：《关系、网络与知识流动》，中国社会科学出版社2014年版。

人际关系的步骤：建立良好人际关系须从个人品德修养做起，按部就班，再推己及人，扩充于团体之中。

人际关系的环境条件：人和环境互动，因环境改变，人际关系也会产生改变，因此人际关系的状况会受环境影响。

人际关系的角色：不同角色会有不同的功能与态度，人在环境中应先认定自己的角色，再设定与之匹配的人际关系。

人际关系的规则：人际关系之进行需按团体规则进行，此规则大体包含法律、礼节、道德三方面。

二、人际关系是一种社会现象

人际关系其实质是一种特定的社会现象，一般具备以下几方面性质。

（1）交往的主动性。人们在交流沟通的过程中，不是一方领导另一方，而是双方都是活动的主体。这就是说在人际交往过程中，每一方都是积极活动着的主体，所不同的是所处地位有主次而已。但即使处于次要地位的一方，也不是被动地接受信息，机械地做出反应，而是根据自己的要求、兴趣去理解和分析对方的信息并做出反馈，调整自己的言行，达到信息交流之目的。

（2）交往的互益性。单个个体的各种活动，虽然可能与外界有密切的关系，但不能称之为人际交往。人际交往必须是在两个以上的个体之间进行的相互作用的活动。一方发出信息会引起另一方在心理和行为上的反应，这种反应反过来成为新的信息作用于前者。

（3）交往的条件性。在人际交往中，首要的条件是双方所使用的符号必须相同或相通，这是交往发生的必要条件。可以是语言符号，也可以是非语言符号。若符号不同可能无法交流。比如中国各地方言差异较大，大家交流不能讲各自的方言，最好都用普通话。

三、人际关系的作用

（1）提升幸福感。研究表明，结婚的人或有朋友的人，他们生活得更幸福些，原因可能是他们所获得的人际关系发生了作用。人际交往是人类社会中不可或缺的组成部分，人的许多需要都是在人际交往中得到满足的。如果人际关系不顺利，就意味着心理需要被剥夺，或满足需要的愿望受挫折，因而会产生孤立无援或被社会抛弃的感觉；反之则会因有良好的人际关系而得到心理上的满足。

（2）有利于心理健康。心理上的疾病往往由紧张所引起。研究表明，社会支持可减少或防止心理紧张所造成的心理伤害。研究表明，社会支持与心理健康的联系是由于人际关系对心理健康发生了作用。在绝大多数场合下，社会支持和高度的自我尊重可以保有一个健康的心理世界。

（3）有利于身体健康。协调而亲密的人际关系有利于身体健康，尤其是在手术后的康复阶段更需要人们多关心。

四、良好关系

人际关系极为重要，其重要性主要包含四点：第一，人际关系是人的基本社会需求；第二，人际关系可帮助人进行自我了解；第三，人际关系可达到自我实践与肯定；第四，人际关系可用以自我检测社会心理是否健康。

如何与人建立良好的人际关系呢？

（1）沟通。沟通是人际关系中最重要的一部分，它是人与人之间传递情感、态度、事实、信念和想法的过程，所以良好的沟通指的就是一种双向的沟通过程，不是你一个人在发表演说，或者是让对方唱独角戏，而是用心去听听对方在说什么，去了解对方在想什么、对方有什么感受，并且把自己的想法回馈给对方。沟通过程中可能因沟通者本身的特质或沟通的方式而造成曲解，因此传送信息者与接收者间必须借着不断地回馈去澄清双方接收及了解到的是否一致。

（2）定位。社会中因为分工的不同，大家需要各司其职，人际关系是以每个人在社会中扮演的角色为基础的。每个人均能按其角色、职责、位子而有适当的思想、言语、行为模式及价值观，从而达到良好的组织气氛，进而提高组织效能。简单地讲，你跟父母交流就要符合与子女匹配的行为和语言，跟单位主管就要按下属匹配的行为和语言。

（3）善解人意。站在对方立场设想，将心比心，并且用温暖、尊重、了解的方式去沟通。了解沟通的障碍并且尽可能去突破。善解人意不一定要赞同他人与我们不同的意见，但是如果我们能了解他人，也能给自己带来快乐。

（4）开放的心态。以一颗开放的心灵倾听，千万不要立即下价值判断，而最好以对方的立场和观点去设想。当一位好听众，用我们的心灵去听听对方的想法与感受，而不只是字面上的意思。然后要坦诚地告诉对方，我们听到了什么，有什么样的感受和想法。

（5）态度诚恳。常持诚恳的态度，谦卑温柔的心，适度自我表达，尊重别人并欣赏自己。寻求共同价值观之伙伴，不虚伪，不溜须拍马。人与人的交往是在互利的基础上成立的，而不是图个人利益。人际关系，首先要的就是彼此之间一定要讲诚信，这样才会给对方一种感觉：“你这个人比较可靠。”对方才愿意和你交往。

五、人际关系的不同阶段

奥尔特曼和泰勒对人际关系进行系统研究后提出，除了天生的亲属关系之外，其他的人际关系都是后天发展形成的，良好的人际关系的形成和发展一般要经过以下四个阶段：

（1）定向阶段。在这个阶段，主要是初步确定要交往并建立关系的对象，包含对交往对象的注意、抉择和初步沟通等。人们对人际关系具有高度的选择性。生活中，人自然而然地特别关注那些在某些方面能够引起自己兴趣的人。但究竟把谁作为自己人际关系的对象，常常还要根据自己的价值观做理性的抉择。选定交往对象后，就会利用各种机会和途径去接触对方，了解对方，通过初步沟通，人们可以明确双方进一步交往并建立关系的可能与方向。定向阶段通常是个渐进的过程，但也不缺乏戏剧性的发展。比如两个邂逅却一见如故的人，其关系的定向阶段一次就完成了。

（2）情感探索阶段。在这个阶段，双方主要是探索彼此在哪些方面可以建立真实的情感联系。尽管已经有了一定的情感卷入，但还是避免触及私密性领域，表露出的自我信息比较表面，因此仍然具有很大的正式性。

（3）情感交流阶段。在此阶段，双方的人际关系开始出现由正式交往转向非正式交往的实质性变化。表现在彼此形成了相当程度的信任感、安全感、依赖感，可以在私密性领域进行交流，能够相互提供诸如赞赏、批评、建议等真实的互动信息，情感卷入较深。

（4）稳定交往阶段。这是人际关系发展的最高水平。双方在心理上高度相容，彼此允许对方进入自己绝大部分的私密性领域，分享自己的生活，成为“生死之交”。但是实际上，能够达到这一层次人际关系的人很少，人们与自己的亲朋好友的关系大多都处于第三阶段。

根据跟不同人之间的密切程度，我们在处理各种人际关系时，就可以相对明确地将其确定在哪个阶段，这能帮助我们在处理不同的人际关系时，言行表现得体。

六、人际交往的原则

（1）平等原则。在人际交往中总要有一定的付出或投入，这两个方面的需要和这种需要的满足程度必须是平等的，平等是建立人际关系的前提。人际交往作为人们之间的心理沟通，是主动的、相互的、有来有往的。人都有友爱和受人尊敬的需要，都希望得到别人的平等对待，人的这种需要就是平等的需要。

（2）相容原则。相容是指人际交往中的心理相容，即指人与人之间的融洽关系，与人相处时的容纳、包涵、宽容及忍让。要做到心理相容，应注意增加交往频率；寻找共同点；做到谦虚和宽容。为人处世要心胸开阔，宽以待人。要体谅他人，遇事多为别人着想，即使别人犯了错误，或冒犯了自己，也不要斤斤计较，以免因小失大，伤害相互之间的感情。只要干事业、团结有力，做出一些让步是值得的。

（3）互利原则。建立良好的人际关系离不开互助互利。可表现为人际关系的相互依存，通过对物质、能量、精神、感情的交换而使各自的需要得到满足。

（4）信用原则。信用即指一个人诚实、不欺骗、遵守诺言，从而取得他人的信任。人离不开交往，交往离不开信用。要做到说话算数，不轻许诺言。与人交往时要热情友好，以诚相待，不卑不亢，端庄而不过于矜持，谦逊而不矫饰作伪，要充分显示自己的自信心。一个有自信心的人，才可能取得别人的信赖。处事果断、富有主见、精神饱满、充满自信的人就容易激发别人的交往动机。博取别人的信任，产生使人乐于与你交往的魅力。

上述这些人际交往的基本原则，是处理人际关系不可分割的几个方面。运用和掌握这些原则，是处理好人际关系的基本条件。

七、人际关系的改善

当与人发生矛盾而不会再次见面时，我们不一定要去改善关系，但如果是在一起上班的同事，可能生气过后不利于工作的开展，这时候需要尝试改善关系。

（1）保留意见。过分争执无益且又有失涵养。通常，不急于表明自己的态度或发表意见，不要一下子把对方推到对立面，谨慎的沉默就是精明的回避。

（2）仔细观察，主动关心。朋友之间吵得越凶通常说明两个人的关系越好，吵完架以后，两个人当时可能拉不下面子，等互相冷静以后，你要主动承认错误，主动道歉，关心他，了解吵架的原因，给他一个台阶，矛盾就化解了。

（3）学会沟通。两个人之间闹矛盾了，还是要通过沟通解决，一起了解为什么要吵架，矛盾点到底在哪里。当场如果不能马上沟通的话，可以过一两天以后通过短信或电话去沟通。

（4）表达。两个人之间闹矛盾通常是表达出现的问题，说出来的话未必是心里想说的，结果一说出来，对方就不高兴，说话之前多想想，说错了就马上纠正过来。经常是“说者无心、听者有意”，如果发现有问题，要尽快解释。

除此之外，在处理矛盾时一定要强调对事不对人，如果不是大是大非的事情，不要太纠结于对错，不要以教育者的姿态去管教别人。

第二节　对待父母

我们跟父母的关系是与生俱来的，不管是父母还是子女都没有选择权。

中国古代有很多描述子女跟父母的关系，很多美德也是基于良好的父母和子女的关系。现代社会由于经济和技术快速发展，大家的活动空间越来越广，不像以前一辈子待在一个地方，很多人跟父母的关系不管是空间的距离还是感情的距离，似乎越来越远。

“慈母手中线，游子身上衣”，不管你是否跟父母一起居住，不管你走到哪里，跟父母的关系都是一直存续的。而且，在很多时候，别人会通过你跟父母的关系判断你的为人。

我去厦门人保财险面试精算岗，时任总经理的赵一平除了问一些保险相关的问题，还问了最重要的一个问题：“你有没有跟父母一起住，以后会不会跟父母一起居住。”因为他自己是个孝子，母亲90多岁了，一直由他照顾。他认为只有孝顺父母的人，才能跟公司的领导和同事和睦相处，才能努力工作，为公司做贡献。

跟父母良好的关系不仅有助于我们家庭幸福，同样对我们的事业也会有帮助。

一、孝顺父母

俗话说：“百善孝为先。”

佛教将孝顺父母分为三个层次：第一，甘旨奉养，让父母过上舒适的生活；第二，光宗耀祖，为人清白，事业成功，道德令人敬重，让父母祖宗都得到荣耀；第三，精神奉养，就是引导父母在思想和道德上达到更高的层次。

上面说的三个层次中，第一个层次，主要是物质上的。这个比较好理解，就是在物质生活上能满足父母的需求，通常来说，我们会发现父母比我们要节俭得多，上学的时候，父母通常会优先满足我们的需求。大部分的家庭都是普通家庭，虽然绝大部分人已经解决了吃饭的问题，但并不是所有的家庭都很富裕，很多时候我们经常会听到父母说“你们年轻人玩的（或者吃的）我们从来没玩过”，实际上，并不是父母不想吃或者吃不起，更多是父母比较节俭，省下的钱花到我们身上了。当我们上班以后，建议还是经常给父母买点东西，即使有些父母收入可能更多，但作为子女孝顺是理所应当的。

第二个层次，主要是精神上的。你并没有直接给父母物质或者金钱，但在事业上有成就，父母也会为你高兴，实际上在上学的时候就有体会，学习成绩好或学习有进步的时候，父母总是会非常开心，到处炫耀，通常在你考上大学（考上硕士或者博士研究生）的时候达到了顶点，在家族内还要大肆宣扬，如果你是家族里的第一个大学生，估计还要告知列祖列宗。同理，当你就业之后，比如晋升或者涨薪也要尽可能跟父母分享，让父母享受快乐，这也是孝顺的表现。

第三个层次，属于精神上的升华。就是当你的见识或者能力超出父母的时候，能够带领父母体验另一种生活，或者有更高的追求，让他们的生活跨越到另一个层级。举个简单的例子，比如有的父母不识字或者识字不多不懂得看书，你教他们识字、学会看书，这样他们在精神生活上能更上一个层次。

每个人对孝顺父母都会有不同的理解，作为职场新人来说，金钱上通常不会太富余，但还是可以做一些力所能及的事：跟父母聊聊天，如果没有住在一起可以每天打个电话；父母生日或者节日的时候买个小礼物，尽管父母通常会抱怨说浪费钱，但心里还是很开心的。

孝顺父母最大的好处就是给孩子做榜样，如果你孝顺父母，一般孩子也会孝顺你，如果你不孝顺父母，以后孩子一般也不会孝顺你，这个要等有小孩以后大家再慢慢体会。

二、如何处理好与父母的关系

几乎所有的人都希望跟父母处好关系，很多人经常会羡慕别人的父母，我们也经常会听到别人说“你爸爸真好”“你妈妈真好”。但作为一家人基本上很少有人没有跟父母发生过矛盾，特别是在学生时代，大部分人都会嫌父母管得太严，或是自己有些想法得不到父母的支持。如何处理好跟父母的关系呢？

（1）保持联系。工作后，大部分人是没跟父母一起住的，有的人可能很久才会给父母打个电话，这不利于跟父母保持良好的关系。尽可能每天打一个电话，至少隔天打一个电话，这一个闲暇时间的小动作，能够拉近与父母间的距离，让父母内心感到幸福。

（2）创造和父母相处的机会。如果住得近，至少每周能跟父母一起做一件事，不管是吃饭、看电影、逛街还是运动，都会增进跟父母的感情。

（3）语气温和。因为太过熟悉的关系，有很多人和父母交流时，无论其年龄和修养以及受教育程度如何，都喜欢不加掩饰，说话随意，甚至语气较重。这不是什么大毛病，但跟父母交流，语气更温和一些，代表的是对父母的尊敬。而且当身边有其他人的时候，别人也会从你跟父母沟通的语气上判断你的为人。

（4）小事听从父母。生活中不是所有事都需要斤斤计较，很多事情没有对错之分，很多小事是不需要争执的，在日常小事上，不必那么严肃，小事听从父母的，能够换取父母的开心，何乐而不为呢？

（5）带父母旅游。很多人不愿意和父母一起出游，原因是认为自己和父母之间有代沟，喜欢玩的不一样。但大家仔细想想，小时候如果我们想去一个地方，父母总会想办法让我们去，在力所能及的条件下，带父母看看山川河流，让父母也能感受祖国的大好河山，感受诗和远方。

（6）实现父母的期望。每个父母都对子女抱有期望，虽然有很多期望无法实现。但有些时候，多听听父母想要什么，在条件允许的情况下，能帮父母实现愿望是一件很美好的事情。

三、处理和父母的矛盾

尽管大家都想孝顺父母，跟父母处理好关系，但不可避免总会发生一些不愉快的事，这个时候怎么处理呢？

（1）认真倾听。当被父母批评或责骂时，不要着急反驳，先试着平心静气地听完父母的想法，说不定你会了解父母大发雷霆背后的原因。

（2）控制情绪。与父母沟通有问题时，不随意发脾气、顶嘴，避免不小心说出伤害父母的话或做出伤害父母的事。

（3）善于体谅。可能错不在你，你有很大的委屈，但是先不要急于争辩。也许父母碰到一些烦心的事，或者工作生活中遇到了麻烦。换个时间和地点，再与父母沟通，会有意想不到的效果。

（4）承担责任。对于父母来说，我们从小到大，基本上都是索取的状态，工作以后要慢慢懂得承担责任，当跟父母发生矛盾时，首先想想自己不对的地方，主动承担责任。

（5）主动道歉。除非是大是大非的事情，否则跟父母发生矛盾时，尽可能主动道歉，如果父母真的有问题，听到你的道歉，一般也会跟你说对不起。如果一直沉默不理或者一味逃避，可能会导致关系不断恶化。

通常而言，跟父母的矛盾本身都不是什么大问题，往往只是一些看法不一致造成的，就像是常说的“代沟”，大家只要相信跟父母的矛盾都不是矛盾，都是可以解决的就行。

第三节　校园人际关系

学校是一个人成长最重要的地方，是一个人从家庭走向社会的过渡地带，是我们人生观和价值观逐步形成的地方，相比家庭来说，学校更加自由，相比社会来说，学校也更加单纯，许多美好的回忆都发生在校园。

校园人际关系比较单纯，主要就是师生关系和同学关系。

一、师生关系

“一日为师，终身为父”表达了我们对老师最崇高的敬意。

“一日为师，终身为父”出自《鸣沙石室佚书·太公家教》：“弟子事师，敬同于父，习其道也，学其言语。……忠臣无境外之交，弟子有束修之好。一日为师，终身为父。”意思是：学生侍奉老师，应当像对待父亲一样恭敬，要学习老师的文化知识和道德为人，还要学习老师说话的方式和技巧……忠臣不应该有境外的私交，学生应该有主动给老师柬修的好意。哪怕只当了你一天的老师，也要终身像敬重父亲一样敬重老师。

这种说法是有历史背景的，在古代主要是农业社会，手工业极其不发达。很多失去土地的农民生存问题都难以解决，而这些社会最底层的劳苦大众，为了活命就会跟着师父学艺，学习各种手艺活。而这个时候的师父就相当于是他们的衣食父母，能给他们最基本的生活保障。如果没有从师父那里学到手艺，而离开了师父，徒弟很可能会没有饭吃，陷入绝境。因此这样一种师徒关系让“一日为师，终身为父”这句古语有了新的含义，师父对徒弟有了活命的恩情，就像父亲给了自己生命一样，这样的师徒关系就显得更为厚重了。

现代社会，学生对老师已经没有物质上的依赖，但从精神上来说，老师对学生的期待相比以往并没有太大的区别。有一次比尔·盖茨到学校跟学生交流，学生问比尔·盖茨怎么看待老师对学生严格要求的事，因为有些老师对学生太苛刻，要求太多，比尔·盖茨回答说：“老师是除了父母唯一希望你表现得更好，而不从你身上得到好处的人，等你上班后碰到上司，你就会知道老师对你有多好。”这也可以看出老师和父母确实有一定的相似之处。这也是我们经常会感觉老师跟父母一样“唠叨”的原因。

1.尊敬老师

我们在学校的时候，总会碰到一些“好老师”和一些“不好的老师”，实际上除极个别老师之外，并没有所谓的“不好的老师”，比如有些老师要求过于严格，我们就认为是“不好的老师”，但当我们毕业之后，才发现对我们要求严格的老师都是“好老师”。在我们成长过程中，我们才逐渐体会到老师对我们的关心和爱护，逐渐体会到老师的辛劳和付出。

有些老师年龄比较大，我们会不自觉地把他们当成我们的父母对待；有些老师年龄跟我们相仿，我们会不自觉地把他们当成大哥、大姐对待。但不管是什么样的情感，我们对老师的尊敬总是自然而然、发自内心。

诺尔贝尔医学奖得主屠呦呦在瑞典卡罗林斯卡医学院发表题为《青蒿素的发现——中医药给世界的一份礼物》的演讲。由于年事已高，屠老是坐着演讲的，由于不便拿话筒，担任诺贝尔主题演讲会的主持人卡罗林斯卡医学院传染病学教授Jan Andersson在屠教授演讲全程中一直跪在地上，一只手从后面扶着屠教授，另一只手拿着话筒，30分钟一动未动。

相比其他职业而言，只有老师才能享受到这种尊敬，而且没有人觉得有什么不合理。

对于传授我们知识并指引我们人生道路的老师，我们没有理由不尊敬，而且尊敬老师也会对我们的人生和事业有帮助，因为老师可能在我们需要的时候帮我们介绍成功的校友。

2. 回馈老师

其实老师教育我们，并没有期望今后能得到什么回报，老师对我们的期待无非有两方面：在学校的时候努力学习，成绩出色；步入社会后，努力工作，事业有成，对社会有贡献。但作为学生，对于当年在学习和人生道路上帮助和指导过我们的老师，我们总是希望在条件允许的情况下能够给予一定的回馈。

（1）保持联系。回馈老师，不一定是指要给老师送礼，在一些重要的节日给老师打个电话，发个信息，表示感谢；有条件的话，能登门拜访，向老师汇报一下自己事业的情况，老师就会很开心。

（2）老师有困难，在力所能及的范围内给予帮助。老师也是普通人，也可能会碰到难处，当老师需要我们帮助时，我们在力所能及的范围内尽量给予帮助，经济上有困难的话，我们也应尽可能资助。

（3）回馈母校。老师不一定会遇到什么困难，在这种情况下，很多人会选择回馈母校，我们经常看到某个学校知名校友给学校捐款设立“奖学金”“研究中心”“某某基金”，这实际上就是回馈老师的一种形式，而且，我们到学校也经常听到老师给我们介绍哪个名人是他的学生，为学校做了哪些贡献，非常开心自豪。在自己事业有成的时候，也请记得尽可能回馈自己的母校。

二、同学关系

在懂事之后，你的第一次合作、第一次吵嘴、第一次打架，基本上都是发生在同学之间，同学之间偶尔会有些不愉快，但更多的都是美好的回忆。

我们经常会把同学和战友放在一起对比，战友关系是一种生死与共的关系。战友关系是在军队中形成的，军队与战争、死亡紧密相连，即便现代社会很少真正经历过战争，但是那种随时准备赴死、即将赴死的悲壮的氛围和情境，无形中拉近了彼此的心理距离，依赖性、珍视性增强，使战友们形成了生死之交、命运攸关、休戚与共、惺惺相惜的命运共同体。

一般而言，同学关系是仅次于战友的关系。因为是同龄，而且相处时间足够长，一般人都不会向同学刻意隐瞒什么缺点，知根知底，很多同学毕业后会成为最亲密的朋友，在你未来人生的道路上，碰到困难、找人借钱，一般都会想到同学，所以一定要善待同学，精心经营同学关系，同学在你成功的道路上是一笔巨大的财富。

（1）保持良好心态。由于家庭条件不同，每个同学的经济条件存在差异，如果一味对比，会不知不觉让一些家庭条件差的同学产生自卑心理，作为学生最重要的任务是学习，只有学习成绩出色，才是真正的强大。同学交往，一定要保持良好的心态，不卑不亢。

（2）尊重对方、学会宽容。每个人都有自己的个性、爱好、特点，因此要尽可能理解同学的需要，要尊重别人的兴趣爱好，承认同学与自己之间的差异，不要轻易贬低同学的某些特性，更不能对同学的穿着打扮指指点点、品头论足。

（3）加强沟通、摆脱孤独。正值青春期的少男少女们，文化知识和生活阅历很有限，人际交往的能力还不成熟，有时不能把握好与同学之间的关系。所以，平时同学之间要加强沟通，经常在一起谈谈心，充分地表达自己的思想，让同学们能够互相了解各人的个性和特点，在彼此的心目中树立良好的形象。

（4）勇于担当。同学之间难免会发生矛盾，正常是双方都有责任，这时候，要勇敢、主动地承担责任，纠正自己的过错。这种情况下，你会在同学之中树立一种“敢作敢为、勇于承担责任”的良好形象，变坏事为好事。

（5）良性竞争。在学校期间，同学之间主要是通过学习进行竞争，走入社会后，一样存在竞争，但这个时候的竞争都是良性竞争。我们经常会看到一个班级里面会出现一群成功人士，比如我的母校厦门大学，同一个宿舍出了三个院士，另外一个宿舍有一个副国级和两个部级领导，这实际上是一种良性竞争的结果。再如我的大部分同学都很成功，我看到同学成功了，觉得不能给同学丢脸，也不断激励自己，把它当成推动自己进步的动力，激发自己不断创新、不断超越自我。

（6）互相帮助。毕业后由于经历不一样，同学之间会有差异，有些同学非常成功，名利双收，有些同学会碰到各种困难，如果你正好是那个比较成功的人，在有能力的情况下尽量帮助有需要的同学，如果自己正好是那个碰到困难的人，需要的时候可以找同学帮忙。这种帮忙，不一定是钱财方面，比如有的同学有房子，另一个同学到一个新的地方，暂时没有落脚之地，到家里借住，也是一种帮忙。就像我，当年到另一个城市参加考试或者找工作的时候，为了省钱，就尽可能在同学的宿舍借住。

第四节　同事关系

除亲属和老师同学之外，相处时间最多的就是同事，如果从毕业开始算起，跟同事相处的时间有可能超过跟亲人相处的时间。如何处理好跟同事之间的关系对一个人的成长也是非常重要的，单纯从职场的角度来说，处理好跟同事之间的关系，可能比处理好其他关系更重要。

俗话说“先做人后做事”，天下最难的是做人，不会做人的人，职场上很难有完美的结局。需要注意的是，“会做人”不是“溜须拍马”，对于现代人而言，“会做人”讲的是要有好的人品，有敬业精神，有协作精神，有情义，有担当。做人的成败与做事的成败密切相关。美国哈佛大学著名行为学家皮鲁克斯有一句名言：“做人是做事的开始，做事是做人的结果。把握不住这两点的人，永远都是边缘人。”只有精通做人的道理，经受做人的历练，才能胸怀大志、心装大事，才能发挥健全的心智、充沛的精力，正确地行动，得到事业的成功。

一、同事日常关系

在职场中，尽管最重要的还是工作，但大家毕竟不是机器人，每个人都有不同的情感，所以处理好日常同事间的关系还是需要掌握一些原则和技巧。

（1）自信但不自大

每个职场新人到单位以后，最常见的就是担心工作做不好，导致跟同事交流的时候比较低声下气，但只要我们掌握足够的知识和技能，包括专业知识和本书前面介绍的一些常用的知识，就根本不用担心别人看不起我们，因为不管能力再强的同事，也都是从一个职场新人走过来的，而且能力越强的同事，一般都越愿意指导别人，所以我们最重要的是给人一种自信的感觉。

但需要注意的是，有些人可能在学校表现比较优异，到单位后自我感觉良好，经常把自己的长处挂在嘴边，常在别人面前炫耀自己的优点，这会给人一种自大的感觉，如果形成这种印象可能会导致其他同事不想指导你，工作出错了也没人提醒你，对职场生涯会产生不良的影响。即使你真的在某一方面比较出色，最好也是从别人口中说出来，而不是自己到处炫耀。比如，我担任部门负责人的时候，对下属使用Excel能力的要求会比较高，其他部门有时候碰到数据处理有困难，我会让一些新来的同事去帮助他们解决，问题解决了，对方经常会发出惊叹："哦，你们部门新来的某某真厉害，半天就帮我把一周的事做完了。"帮助他人的时候展示你的能力，比你自己说十遍更管用，用这种方式让大家都知道你在某一方面能力出众，会大大提升你在同事心目中的形象。

（2）乐于助人

乐于助人从来都是一种美德，作为一个职场新人，如果能够帮助同事，有助于你迅速跟同事建立良好的关系。很多人可能认为"我自己刚进公司，还指望别人帮我呢？我哪有能力帮助别人呀？"其实帮助别人不仅仅局限于专业方面，也贯穿在工作的一些细节中。

通常，会出现几种需要别人帮忙的情况，比如：①布置会场，如果第二天有个重要的会议，主办会议的部门经常会在下班的时候需要布置会场，这个时候帮忙搬桌椅，摆放名片都是可以的，如果你能主动帮忙，大家会很开心；②搬东西，现在很多物品都是从网上采购，有时会有大件的物品送到，这时也会需要大家一起帮忙；③拎东西，有时我们会看到同事拎很多东西，这个时候可以搭把手；④烧水倒茶，顺手帮同事烧个水倒个茶，会快速拉近跟同事的关系。

你帮助了别人，在你需要的时候别人也会帮助你。大家记住："帮助别人实际上就是帮助自己。"

（3）坚持原则、不做滥好人

在工作中难免出现不同的意见，有些人为了避免与他人冲突，喜欢当"好好先生"，即使自己不同意对方意见也不说，导致最后产生不良后果。

只要不是原则问题，考虑到跟同事和谐相处，迁就对方是没有太大问题的。但如果涉及违反制度或者违法犯罪那就一定要坚持原则，比如你管人事档案，别人过来想看看其他同事的过去经历，如果没有经过对方同意，这是不允许的，这不仅会给公司带来不利后果，也可能给你自己带来麻烦。

（4）对事不对人

工作中难免会犯错，有时会看到一个人在工作中出现差错，结果一帮人群起而攻之，本来是讨论工作，结果变成了批斗大会。大家一定要注意，这时候一定只讨论事情，尽可能不掺杂个人感情在里面，尽管你在单位时间越久越难做到，但还是要坚持对事不对人，否则类似的情况可能也会发生在你身上。

（5）不在背后议论同事

在职场中或多或少会有一些人很喜欢讨论一些八卦新闻，在背后议论同事“谁失恋了、谁又谈恋爱了、老板离婚了、谁家里老婆很凶……”，这种情况在职场中并不少见，但实际上跟我们没有太大关系，讨论得多对升职提薪也没什么帮助，反而可能会有副作用。你在张三面前说李四的事情，张三肯定会认为你也会在别人面前说他的事情，不利于同事之间的相处。

（6）不说谎

有些时候，我们担心因为工作的问题让同事对自己有意见，会编造一些理由去敷衍，但实际上对同事说谎会失去同事的信任，同事一旦对你失去信任，以后要扭转印象是很难的。

要注意，说过一个谎言，可能要用一百个谎言去掩盖，而且最终还是会被发现，如果工作中确实出现问题，实事求是地说出来，一起讨论怎么解决问题，而不是用谎言去掩盖。

二、选择同事

除了极其小的单位之外，同一个单位的员工人数一般不会太少，少的几十个人，多的几百人甚至成千上万人，由于人的精力是有限的，会跟一些同事关系比较密切，跟一些同事关系比较一般，我们都知道跟“好的同事”一起，对我们的职业会有很大的帮助，那怎么选择“好的同事”呢？

（1）有上进心。职场新人大部分都是年轻人，一般以普通员工居多，在这种情况下，我们如何区别哪些同事更有上进心呢？有上进心的人一般有两个特点：一是工作积极主动，不推活，能提前完成工作，工作忙的时候能主动加班；二是爱学习，有上进心的人通常都不满足于现状，会主动学习新的知识，或者参加提升学历的考试。

（2）有创新精神。按部就班的员工是个好员工，但谈不上优秀，在完成本职工作的基础上，有创新精神的人经常能够提出一些新的思路和新的想法，一旦成功，工作效率会成倍提升。

（3）性格开朗。跟性格开朗的人在一起，自己也会变得性格开朗，不仅对工作有帮助，对自己的人生也会有积极的影响。性格开朗的人一般都比较喜欢运动，多才多艺，喜欢参加各种活动，甚至主动组织各种活动。

（4）心胸宽广、乐于助人。单位中，有些人很优秀，但朋友很少，因为这些人心胸不够宽广，虽然掌握了很高的专业技能，却吝啬分享，心胸宽广的人会很乐意把工作的技巧传授给你，你有问题向他们请教，他们也会毫无保留地回答，对你的工作会有很大的帮助。

三、处理矛盾

由于工作的关系，不论你多么优秀，跟同事关系多么融洽，跟同事之间发生矛盾都是不可避免的，比如你工作能力强，领导给你分配的工作任务可能会远远多于其他人，这也可能让你跟同事之间产生矛盾。而且比较糟糕的是，发生了矛盾，还得继续相处，除非换工作，但换工作并不能消除矛盾。解决这一矛盾需要的正确的处理方式如下。

（1）心胸宽广。我们喜欢跟心胸宽广的人相处，反过来我们自己心胸宽广比拥有很多能力更重要，我特别喜欢一句话——性格决定命运、气度影响格局，特别是"气度影响格局"一直伴随着我的人生和职业生涯，意思是"一个人的气度越大，成就的事业也越大"。如果一个人的气度足够大，可能直接把矛盾消于无形。我在中国人保分公司的时候，当时有6个出国学习的名额分给公司表现优秀的精算人员，总公司其中一个名额给到了我，然而分公司把这个名额给到我的直管领导，分公司跟我解释，一般人进公司二十年都没有出国学习的机会，而我才来一年，建议把名额让出来。报送到总公司的时候，总公司说这个名额是给我的，不能给其他人，因为出国学习要培训"精算专业知识"。我还苦口婆心地跟总公司解释，我的领导对精算也是熟悉的，他参加非常合适，不会影响学习效果。如果我一直执着于这个"出国名额"的话，他们可能会把机会给我，但同事之间也就产生了矛盾。因为我不在意，反而没有了矛盾。经过这件事，大家对我的印象非常深刻，觉得我很大方。

（2）主动改善现状的意愿。同事关系与其他关系不同，今天发生矛盾明天可能还需要继续面对，所以一旦发生矛盾需要有主动改善现状的意愿。

主动适应环境，各个公司文化环境不同，有的跟我们想象的差异很大，一般而言，刚毕业的学生进入单位后，通常会产生落差，特别是学历高、学习好的学生。有一个朋友博士毕业后到单位，开始满怀激情地准备大施拳脚，结果前半年领导基本都安排他复印文件、发通知、打电话，他都快崩溃了，认为这些工作找个临时工都可以干得挺好，一心想着辞职，还问我："你们上班也是干这些工作吗？"后来我跟他解释："你们单位都是高学历人才，你作为新员工，这些最基本的工作当然是你来做，你不做难道让有好几年工作经验的人去做吗？而且，你复印资料、发通知的时候，接触的都是单位最新最重要的'机密材料'，你正好可以利用这个机会好好学习这些材料，提升自己的工作能力。"

所以，作为新员工，每个单位都会有自己的文化和工作习惯，当发生矛盾时，只要有意愿主动改善现状，主动适应新环境，自然能减少矛盾。

（3）降低姿态。我们经常听到有人抱怨："我们单位领导太坏，天天给我小鞋穿"或者"几个同事经常针对我，说我坏话"。其实很大的原因是自己的感觉引起的，作为一个新员工，工作中肯定会碰到各种难题，如果你不主动请教，一般大家不会主动帮你解决，这个时候难免会被批评，久而久之，就觉得"处处被人针对"。这个时候要降低姿态，有困难主动跟同事和领导沟通，说明能承担哪些工作，哪些暂时无法独立完成，需要其他同事指导，这样很容易就把矛盾解开了。

（4）微笑。古龙在小说《长生剑》里写道："无论多锋利的剑，也比不上那动人的一笑。所以我说的第一种武器，并不是剑，而是笑。只有笑才能真的征服人心。所以当你懂得这道理，就应该收起你的剑来多笑一笑！"微笑可以帮你解决很多矛盾，同事之间有协作也有竞争，但更多的是协作，发生矛盾时，无须太多辩解，有时候无声胜有声，多笑一笑就过去了。

记住，多微笑，别人也会对你微笑，而且微笑也会使自己心情变好，微笑不仅是给对方看，也是给自己看。如果你经常微笑，或许就不会碰到矛盾了。

第五节　朋友

作为社会中的人，我们需要处理各种人际关系，不管是父母、亲人、老师、同学甚至同事，很多关系不是我们自主选择的结果，有些人我们并不喜欢跟他/她相处，但他/她还是跟你成为同学或者同事，在很长一段时间内你不得不跟他/她天天见面，但有一种关系则是完全自主选择的，谁也不能替你安排，也不能强迫你接受，这种关系就是——朋友。

"海内存知己、天涯若比邻""酒逢知己千杯少""桃花潭水三千尺，不及汪伦送我情"，还有很多歌唱友情的歌曲，都是形容"朋友的珍贵"，"良师益友"甚至把"好的朋友"提升到了跟"良师"并列的水平。这说明有一个好的朋友，对你的人生将会有极大的帮助。

一、选择朋友

在人生的路上，我们会碰到各种各样的人，我们怎么从茫茫人海中找到能够指引我们和帮助我们的“知己”呢？

1.跟成功人士当朋友

“物以类聚，人以群分”是齐国著名学者淳于髡向齐宣王举荐贤人时说的话，如果用更通俗的话讲就是“成功的人都跟成功的人在一起，失败的人也都跟失败的人在一起”，我们想要成功，最好的方法就是“跟成功的人交朋友”。

有些人家庭条件比较好，很容易通过亲戚、熟人认识成功人士，但大部分人都是比较普通的，那怎么去认识成功人士呢？这里介绍几种途径供大家参考。

（1）通过老师介绍。不管你是从哪个学校毕业的，这个学校总会有一些成功人士，一般只要老师介绍，见上一面问题还是不大的。这个时候就显示出“尊敬老师”的好处了，如果你平时不尊敬老师，老师不认可你，估计很难帮你介绍。

（2）通过校友会。一般校友会都是由成功的校友组织的，但是校友会组织活动也需要一些年轻人帮忙，作为刚毕业的新人，参加校友会，义务帮忙，肯定能认识一些成功的校友。

（3）通过同乡会。跟校友会一样，同乡会一般也是由成功的同乡组织的，也需要一些年轻人义务帮忙干活，参加同乡会也能认识成功的同乡。

（4）通过行业。一般而言，行业里总会举办一些行业的交流会或者聚会，作为职场新人不一定有很多机会参加，但也要抓住一些零星的机会，去认识一些成功的行业“大佬”。通过行业会议认识行业内的成功人士要比校友会和同乡会难很多，这个时候一定要下足功夫，提前准备，要了解都有哪些人参加会议，想认识的人的长相、履历以及他/她是做什么的，可能的话，最好提前准备一些足以引起对方关心的话题或者问题，这样能起到比较好的效果。

当然，成功的人并不是那么容易认识的，自己要做好失败的心理准备，就以成功率比较高的“老师介绍”为例，我个人也有比较“难过的经历”。我参加完准精算师考试之后，满怀信心地请老师给一位“成功的校友”写了一封推荐信希望对方能给我一个“实习的机会”，到了公司楼下先给对方秘书打电话，秘书把我的简历收走了，我未能跟“成功的校友”见一面。接下来几天一直跟秘书联系，对方说已经把简历给人力资源部了，让我等消息，我又去公司楼下等了两次，不仅“成功的校友”没见上，人力资源部连面试的机会都没给。

想认识一位成功的人并不容易，要做好碰钉子的准备，“不幸中的万幸”是你想认识的这个人不成功，并不会影响你认识其他成功的人，后面我认识了不少“成功的校友”，对我的人生和职业都给予过指导及帮助。

2.贵在精，不在多

“人生难得一知己”，说明要结交一个“好的朋友”并不是那么容易的事，富兰克林说过，“选择朋友要慢，改换朋友要更慢”，所以结交朋友的时候尽量慎重。

根据统计数据显示，绝大部分人的朋友在120～130个，而最亲密的朋友一般是5个左右，次亲密的朋友20～30个，你跟5个最亲密的朋友联系的时间要占到40%，跟接触最少的朋友一年可能只联系一次。这些数据挺有意思的，可以认为是5的一次方、5的平方、5的三次方。因为维护朋友关系需要花费大量的时间，最亲密的朋友一定要选择对你的人生和事业有帮助的人。

判断哪些是你最亲密的朋友，可以从两个方面进行衡量：一是物质方面，就是遇到问题的时候他愿不愿意帮你分忧，这种帮助是不求回报的帮助；二是心灵的沟通，当你感情上遇到问题，或者有心事，愿意听你诉说并能耐心开导你的人。

3.远离损友

在互联网时代，损友一词渐渐用于形容喜欢胡闹、爱犯贫搞怪的、有点牺牲小我娱乐大家的朋友。这种损友的本质是好的，他的出发点和立场都是在好朋友的基础上。即使偶尔胡闹过度，也是出于善意的。

这里所说的损友是另一个层面的，指的是物质上、精神上或者身体上对你有害的朋友，损友跟益友是相对的。主要有几种类型：

（1）喜欢占便宜的人。这类人主要以酒肉朋友居多，有些人喜欢占别人小便宜，比如一起玩、吃饭的时候找各种借口让你买单，金钱损失可能不算什么，但如果一直跟这样的朋友在一起，想要进步是很难的。

（2）传递负面信息的人。每个人对积极信息和负面信息的接受程度不一样，喜欢传递负面信息的人本身人品没问题，但是就是比较容易记住一些让人不开心的事，每次跟他聊天总是不开心，对你的精神也是一种折磨。

（3）引诱你犯错的人。有些人不走正道，总有一些歪门邪道的想法，告诉你怎么赚快钱，怎么走捷径，如果你在单位正好有点权力，就会引诱你利用手中权力赚钱，不知不觉就把你拉下水，小则违反规定，大则违法犯罪。这种人一定要严词拒绝，并且明确断交。

4.恋人

作为职场新人中的单身人士避免不了要谈恋爱，交到一个合适的恋人对你的事业会有很大的帮助，甚至可能超过其他所有人对你事业的影响。由于恋爱实在是太复杂，每个人品位差异太大，而且没有对错之分，本人这方面经验也不是很丰富，只能给出一些小小的建议。

根据生理学研究，人类恋爱主要是靠气味，人类学家海伦·费雪专门对“气味相投”进行了研究，她说：“如果你不喜欢某人的气味，你自然会拒绝他。然而你一旦喜欢了某人的气味，就爱上了他。”这比较好地解释了一见钟情的原因，有些人为什么只跟对方见上一面就会对对方念念不忘，因为喜欢上对方的气味了，实际上是“一闻钟情”。所以，如果你不喜欢对方身上的气味，千万别死撑，真的硬凑到一起，未来会非常痛苦。

人类毕竟是高级的动物，除了“气味”对了以外，还是要关注其他方面。

（1）价值观一致。每个人都认为自己的价值观是正直的，但是由于家庭教育、学习、个人经历不同，导致大家的价值观标准不一样，比如遵纪守法，有些人认为不管别人是否知道，都要遵守，有些人认为只要别人没看到就没关系，而且这种情况跟收入水平没有必然联系，如果你跟这种人一起生活，你会非常痛苦。

（2）门当户对。门当户对，指的是古代男女双方家庭的地位、财势相当，适合结亲。有一段时间，可能是为了打破阶级的思想，门当户对变成了贬义词，但我个人认为谈恋爱门当户对是有一定道理的。当然，现代社会对门当户对的要求不会那么严格，但整体而言双方条件差异尽量不要太大，主要是两方面：一是收入水平差异不能太大，比如有些人吃一顿饭要花几万块，而且是常态，你一个月收入几千块，你跟对方谈恋爱，大概率是花几十万以后不了了之；二是兴趣学识水平相当，两个人的兴趣和学识差异太大，日常很难交流，如果一个人喜欢字画，另一个人说宣纸可以当草纸，两个人是无法生活在一起的。

（3）旁观者清。现在社会的离婚率居高不下，这或许是观念的改变，但有一部分原因也是“自由恋爱”的结果，有时候我们会看到旁边的人都说两个人不适合在一起，两个人还是不顾一切结婚了，但很快又离婚了，也许是被“气味”冲昏了头脑。虽然别人的意见不是绝对正确，但个人建议还是听听亲人朋友的意见，大家会比较客观公正地从两个人的条件、性格、兴趣爱好和学识等方面给予合理的建议。

同时，我们发现很多别人介绍的对象，也是不错的，说一个我朋友的经验给大家借鉴。我一个朋友的家庭生活非常幸福，夫妻二人基本没吵过架，属于标准模范夫妻，连他们自己都是这么认为的，他们是别人介绍认识的，我朋友说别人给介绍了三个人（给了三个人的照片）让他去见见，他随便翻了一张照片说就这个吧，见面直接就定了，也没有见另外两个人，当然可以认为是“一见钟情”，但他说介绍人把外貌、工作和条件都帮你挑好了，他相信三个人是差不多的，见得多也不一定更好，还挑花了眼。

二、维持关系

每个人都希望有一个美好的人际关系世界，都希望能多拥有一些朋友，并与他们保持真挚的友谊。每个人也都希望朋友在我们人生的道路上能给我们指引、提携，当我们出现困难的时候能给我们帮助，这个朋友最好是“生死与共，两肋插刀”的朋友。

以前碰到生活困难的时候，总是想怎么没有碰到小说中描述的大善人——“好善乐施、急公好义”，可以白吃白住几个月，走的时候还能赠送纹银百两。但现实中，朋友的关系是相互的，需要经营和维系，才能让友情持久。

1.朋友是相互的

我们都希望别人能够承认自己的价值，希望别人能够接纳自己、喜欢自己。出于这个目的，我们在社会交往中往往更注意自己的自我表现，希望能吸引别人的注意力，处处期待别人首先接纳自己。我们碰到困难的时候大家都能看得到，并且主动帮助我们。这种从自我方面出发考虑问题本无可非议，可是它却实实在在地影响着我们的交往。

社会心理学家通过大量的研究发现，人际关系的基础是人与人之间的相互重视、相互支持。任何人都不会无缘无故地接纳我们、喜欢我们。别人喜欢我们往往是建立在我们喜欢他们、承认他们价值的前提下。人际交往中的喜欢与厌恶、接近与疏远都是相互的。喜欢和接近我们的人，我们才喜欢与他们接近，疏远我们的人，我们也会疏远他们。只有那种真心接纳、喜欢我们的人，我们才会接纳、喜欢他们，愿意同他们建立和维持良好的人际关系。这就是人际交往中的互动原则。

更直接一些，当你希望有个朋友能为你“插刀”的时候，你也要做到能够为朋友“插刀”。

2.真诚相待

真诚是人际交往最基本的要求，所有人际交往的手段、技巧都应该是建立在真诚交往的基础之上。尔虞我诈的欺骗和虚伪的敷衍都是对人际关系的亵渎。真诚不是写在脸上的，而是发自内心的，伪装出来的真诚比真正的欺骗更令人讨厌。

大家都不喜欢伪君子，前面一套背后一套，这种人必然是不受欢迎的。

3. 善意提醒

作为朋友，除了在需要的时候互相鼓励和支持之外，还有一个很重要的事，就是阻止对方犯错，有些人认为作为朋友什么事都要无条件地支持，其实这是错误的，如果明知道朋友所做的事会带来不良后果而不给予劝告，那这个朋友不算是真正的朋友，顶多就是酒肉朋友。如果一个人的行为可能导致违法犯罪，作为真正的朋友更要坚决制止。

吴孟达早年曾因沉迷赌博，将自己的家产全部输光，而且还欠下30万元的债务。对于当时刚出道不久的吴孟达来说，30万元非同小数。走投无路之时，吴孟达曾找过好友周润发借钱，没想到被周润发一口拒绝，为此吴孟达对周润发怨恨至久。后来吴孟达才知道周润发为了不想让他养成依赖性，希望他能浪子回头、重新做人，私下给导演推荐吴孟达，给吴孟达安排工作，让他自己偿还债务，吴孟达才明白了周润发的良苦用心，因为如果直接借钱给他，只会让嗜赌如命的吴孟达越陷越深，而靠自己努力辛劳才会真正改变自己。

4. 维护朋友的自尊心

每一个人都有自尊心，都希望别人的言行不伤及自己的自尊心。自尊心的高低是以自我价值感来衡量的。自我价值感强烈，则自尊心水平较高；自我价值感不强，则自尊心较低。大量的心理学研究证明，任何人在人际交往过程中都有对自我价值感的维护倾向。比如，当我们取得了成绩时，我们会解释为这是自己的能力优于别人的缘故；当别人取得了成绩而我们没有取得成绩时，我们就会解释为别人仅仅是机遇好而已。这样的解释就不至于降低自我的价值感，伤及自尊心。

人的自我价值感主要来自人际交往过程中，来自他人对自己的反馈。因此，他人在人们的自我价值感确立方面具有特殊的意义。别人的肯定会增加人们的自我价值感，而别人的否定会直接威胁到人们的自我价值感。

根据上述原理，心理学家强调，我们在同别人交往时，多肯定、表扬朋友的成绩，会让朋友更有成就感，对朋友的人生和事业会有正面的帮助。当然，强调维护别人的自尊心，并不意味着在人际交往中阿谀奉承、处处逢迎别人，否则可能会适得其反。

5. 力所能及帮助对方

真正的朋友要力所能及地帮助对方，帮助别人的同时，也是帮助自己，只有在别人有困难的时候你能帮助对方，对方才会在你有困难的时候帮助你。从人生一辈子的角度来说，“帮助”实际上是可以“储蓄”的，不一定是你帮助过的人直接帮助你，而是因为朋友知道你乐于帮助别人，所以也会愿意帮助你，因为他们知道在他们有困难的时候也能得到你的帮助。

福耀玻璃的创始人曹德旺事业非常成功，福耀玻璃是全世界最大的汽车玻璃制造商，2021年曹德旺宣布捐款100亿元创办“福耀科技大学”，曹德旺的成功跟其“乐于助人”的品质是分不开的。

1997年亚洲金融危机，东南亚的危机更加严重，印尼的经济危机导致很多行业都一蹶不振，很多印尼企业都破产了，一家日本企业（注：这里不掺杂政治因素）在印尼设立浮法玻璃厂，如果福耀玻璃集团不采购它们的玻璃，其工厂就要宣布破产，当时福耀玻璃集团虽然也有了浮法玻璃工厂，但是对技术要求很严格的原片浮法玻璃一直需要外购。日本人向曹德旺讲述了他的工厂在印尼的遭遇，并且诚恳地希望曹德旺能够给予他帮助。曹德旺得知对方的诉求之后说：“任何一个人或者是企业都有可能遇到困难，彼此之间应该互相帮助，福耀是小公司，对浮法玻璃的用量不大，我可以每个月向你们购买4000吨，这相当于福耀80%的浮法玻璃用量。”

日本人非常感激，因为如果福耀玻璃集团不采购对方玻璃，他们只能把玻璃炸掉。签订完合同之后，对方问曹德旺：您为什么没有趁火打劫，向我压价呢？曹德旺笑了，他回答：我做生意的第一根本就是诚信，我是不会在这个时候乘人之危的。

1998年底，金融危机过去之后，印尼的经济开始回暖，浮法玻璃开始供不应求，不但价钱一涨再涨，货源更是得不到保障。但是整整一年的时间，对方供给福耀玻璃集团的浮法玻璃从来都没有少过一吨，也没有提涨价的事。直到一年之后，市场上的浮法玻璃价钱几乎翻了一倍，对方才给曹德旺打电话提出要涨价的事，对方还很不好意思，曹德旺赶紧回复：“已经很感谢了，你们早就该涨价了，感谢你们这一年多以来的照顾。”

所以，帮助别人不会吃亏，福耀玻璃集团看似前面吃了点亏，但后面得到了更多的回报。

6. 保持联系

我们看书或者看影视剧时，经常会看到两个朋友“十年不见，见面依然如故”的情节，然而现实中，十年不见的话，一般认不出彼此的更多一些，所以保持联系是维持朋友关系的基础。

前面也提到，最亲密的5个朋友，会占用你跟所有朋友联系时间的一半，联系时间越少一般越疏远，所以你要根据朋友的亲密程度安排适当的联系时间，如果你认定一个朋友是你比较亲密的朋友，即使是由于工作原因不能时常见面，最好也经常通过信息或者视频进行联系。不然，即使你还是把这个朋友的亲密级别排得很高，大概率你的朋友已经把你的级别给降低了，因为会有其他人增加与你朋友联系的时间，占了你的位置。

三、处理矛盾

即使是再好的朋友也可能出现矛盾，特别是如果两个人有合作关系的时候，更可能出现矛盾，一旦发生矛盾，如果处理不当，“轻者断绝关系，重者反目成仇”。

（1）主动沟通、及时挽回。有些人认为朋友闹矛盾，大不了不交这个朋友了。假设我们认为这个朋友是值得交往的，我们不想失去，那么出现矛盾的时候要及时挽回，如果是自己错了，应当及时道歉，向朋友解释清楚。当你失去这个朋友的时候，你才会发现，什么面子问题都是浮云。

（2）换位思考。如果我们认为不是太大的问题，而对方非常生气，这个时候我们可以换位思考，我们和朋友所处的立场不一样，有些时候，对我们来说一件不起眼的小事，有可能会触犯到朋友的底线。

（3）明辨是非。发生矛盾，在双方冷静之后，还是要分析问题的原因，找出问题所在，对于非原则性问题，双方不需要太计较，但对于原则问题，还是要分清对错，把问题说清楚，有助于双方关系的升华和巩固。比如我原来跟一个同学因为抽烟的问题发生矛盾，不论是我还是我的朋友都不允许在宿舍抽烟，我当时觉得不让我抽烟，我自己还可以忍受，但不让我的朋友抽烟让我没面子。于是，我和这个同学两个人的矛盾持续了很长一段时间，因为我朋友会说我在宿舍的“地位怎么这么低”。后来在一个合适的场合，同学说他对烟草过敏，于是我们的矛盾就解开了，因为我觉得这可以跟朋友“有个交代”。矛盾解开了，我跟同学现在的关系依然很好。

当然，如果双方的矛盾是源于价值观、道德底线或者违法犯罪产生的矛盾，那要果断拒绝交往。

附录　报告模板

无论你从事什么工作，都避免不了需要写各种报告，一般来说报告主要分为三大类：一是业务分析报告或者工作报告，总结公司或者部门一段时间的情况，主要用于日常经营分析或者日常工作情况分析；二是年度报告，总结公司或者部门一年以来的情况，用于一年经营分析或者工作情况的总结；三是个人总结报告，是个人一段时间以来的工作表现总结，主要用于考核或者升职。

三类报告之间既有不同，也有联系。不同之处主要在于角色不同，前两类报告主要是从公司或者部门（团队）的角度出发进行分析，个人总结报告更倾向于个人的分析；相同之处在于都是描述工作情况、工作成效以及存在问题等的分析。

在报告形式方面，如果是比较正式的报告，对方提供的报告一般采用Word编辑，如果是内部报告，可以使用Word也可以使用PPT，这主要看单位要求。

第一节　报告结构

很多人一听说要写报告就头大，有的三天才能写出两页纸，这主要是因为根本不清楚自己要写什么，只要对报告结构很清楚，完成一份报告就变得很容易。

考虑到年度报告的完整性，下面主要以年度报告为重点介绍报告结构，其他的报告可以参照编写即可。

报告的结构主要包括：标题、报告目的、经营情况、重点工作完成情况及荣誉、亮点与不足、原因分析及改善措施、下一步工作计划、总结、其他说明。

年度报告的结构是相对比较全面的，实际编写报告不一定要面面俱到，对于不同的报告对象以及不同的场合，内容侧重点不同。如果是对外报告或者表彰大会使用的报告，侧重写亮点，传递正面信息；如果是部门内部的会议，则侧重于分析问题和解决问题。

一、标题

标题就是要一目了然，不要让人猜测，至少要包含三要素：时间、单位和事项，比如“××公司2020年经营分析报告”或者“××部门2020年经营分析报告”。

二、概要

主要是对报告整体的一个概述，为整个报告确定基调，通常多用鼓励或者激励的正面语言描述公司过去一年的情况，如果是对外报告，一般是基于监管或者法律法规的要求，比如根据《××管理办法》，完成了××报告。

三、经营情况

经营情况是报告的核心，就是要描述整个公司的经营情况，体现整体的概况。一般篇幅需要占到一半左右。经营情况的内容一般还需要进一步细分：

（1）目标。一般情况下，各单位都会有目标，就是一年的经营目标或者工作目标。目标要进行说明，如果中间又经过调整，最好也能说明原因。比如年初制定的业务收入目标是10亿元，因为半年完成情况较好，公司将业务收入目标提升到12亿元。

（2）完成情况。完成情况除了说明整体的完成情况之外，还需要进行更详细的分析：一是多维度分析，一般从产品、渠道、机构等维度进一步分析收入的构成；二是除了几个重要数据之外，尽可能用图表进行说明，使用图表要比一长串数据直观；三是对比，包括纵向对比和横向对比，跟公司过去对比，跟行业同类公司对比，对比尽可能用相对数，比如同比增长多少，在行业中排名第几；四是重点工作完成情况，重点工作一般不是KPI指标，但还是尽可能用数据量化分析，比如项目完成进度，什么时候能完成，组织几次专题会议，给多少客户发了信息等。

（3）超额完成或者差距。主要是描述完成情况与目标之间的差异，不管完成得再好，分维度也可能存在不足之处，不管完成得再差，总有完成得好的地方，对外一般多说完成得好的地方，对内一般多说完成不足之处。

四、重点工作完成情况及荣誉

一般公司年初都会有重点项目的要求，比如完成某个系统开发，发展某项能力，提升消费者满意度等。

如果有重要的荣誉，可以进行说明，比如：成为年度最受消费者欢迎的公司。

五、亮点与不足

不管业绩或者工作完成情况如何，总是有亮点或者不足，需要重点指出来，好的方面要继续保持，不足之处要尽可能改进。

六、原因分析及改善措施

1.原因分析

业绩和工作完成得好不好，都是有原因的，原因分析要注意：一是分析深层次原因，找到真正的原因，不要泛泛而谈。比如，大家工作很积极，所以业绩很好；大家工作不努力，所以业绩没完成，这相当于没有说。更深层次的原因是要分析大家为什么积极、为什么不努力，是不是因为考核体系不完善。二是尽量分析主观原因，客观原因无法改变，主观原因才有改进提升的空间。三是分析方法，尽可能采用标准的工作方法，如采用SWOT分析或者鱼骨图分析法，领导会觉得你很专业（具体可以参照本书第六章：工作方法）。

2.改善措施

原因分析之后一定要提出改善措施，否则没有意义。改善措施重点说明：一是目标，改善措施要有明确的目标，就是采取改善措施之后能达到什么目标，要明确；二是要量化，不管是目标还是措施都要进行量化，不能说经过培训提升大家的业务能力，要尽可能量化，比如经过三次培训之后，人均产能从100万元提升到120万元；三是考虑成本效益，改善措施一定要有成本意识，不能说采取改善措施支出的成本大于得到的收益，这样的改善措施没有任何意义，甚至是副作用，比如大家都知道客户体验很重要，给客户赠送礼品可以提升客户的重复购买率，但如果花1000万元，客户只增加重复购买500万元给公司带来效益100万元，那这种改善措施是没有任何意义的；四是落实到人，改善措施要落实到具体岗位人员，否则提出改善措施，但可能没有任何部门和人去落实；五是详细的计划，改善措施要进行详细的分解，明确完成时间，具体可以在下一步工作计划中进行明确。

当然原因分析及改善措施要详细到什么程度，还需要区分报告的用途，如果是对外的报告，分析可以粗略一些，如果是对内的可以细分一下，如果是落实到部门内部的具体工作需要制定详细的计划。

七、下一步工作计划

如果是年度报告，下一步工作计划一般就是指下一年的公司目标和重点工作，重点工作要跟实现公司目标相匹配，同样，下一步的工作计划要进行分解，至少需要包含工作事项、责任部门/责任人、完成时间。编制工作计划的细节具体可以参考前文第三章职场基本技能中第五节工作流程的内容。

八、总结

对整体报告的一个总结，一般着重于对下一年度的展望。

九、其他说明

其他说明一般包括：

（1）机密等级。如果非公开报告，最好标明公司密级，避免大家随意对外提供。

（2）用途。不同用途会使用不同的数据和描述，正式报告最好说明用途，避免大家错误使用。

（3）风险提示。一般经营报告会有些数据，包括预测数据，比如明年达到什么业绩，一般上市公司报告都会提示：本报告中所涉及的未来计划、发展战略等前瞻性陈述，不构成公司对投资者的实质承诺，投资者及相关人士均应当对此保持足够的风险认识，并且应当理解计划、预测与承诺之间的差异，敬请投资者注意投资风险。

（4）报告中在其他部分无法说明的，都可以在此处说明。

如果能熟练编制上述的报告内容，即使是编制上市公司的报告基本也不存在太大的问题，因为上市公司的报告核心也是上述内容，其他部分都是格式化的内容，主要包括：公司经营范围、股东介绍、公司治理结构、董事会、管理层、格式化的报表等。

十、注意事项

除了上面的重要内容之外，编写报告还需要注意：

（1）报告对象不同，详略情况不同，一般报告对象层级越高，报告概括性越强，报告对象越基层，报告越详细。

（2）报告必须是实际发生的事实，数据和材料必须真实，有些人以为报告可以随意发挥，这样写出来的是“虚假报告”，严重的不仅会给公司带来灭顶之灾，个人也要承担民事甚至刑事责任。

（3）在写法上，以叙述说明为主。叙述不是详述，是概述，说明要平实准确，不能旁征博引。

（4）据实议事，运用画龙点睛式的议论，提出主题，写明层义。

（5）讲究摆事实，讲道理，事实是主要的，议论是必要的。

（6）根据单位要求，有些单位会对报告的格式、结构和篇幅等进行明确的要求，要按单位要求进行编制。

第二节　报告模板

下面是所有职场人员都会用到的年度报告、业务分析报告和个人总结报告的模板，大家刚开始写报告，特别是第一次写报告的时候可以作为参考。

一、年度经营分析报告模板

××公司2018年度经营分析报告

2018年，是中国改革开放40周年，这一年，世界经济格局深度调整，中国经济开启高质量发展新时代，科技进步一日千里，演进之迅猛，影响之深远，前所未有；金融行业在深刻变革中迎来重大机遇和挑战。怀着强烈的使命感和紧迫感，在全体公司同人的共同努力下，我们审时度势、防范风险、稳中求进，在营业收入和利润等各方面实现整体经营的稳健增长。我们紧紧把握时代的机会，勇敢投入、快马加鞭，持续推进“保险+互联网”转型，深入探索数据化经营的新路，在商业模式和科技创新领域取得了一些可喜的进步。

一、经营情况

（一）目标

经过董事会审批的目标是：保费收入16亿元，营业利润5000万元。

（二）完成情况

1.整体完成情况

2018年公司整体保费收入23亿元，同比增长50%，完成年初预算的144%；实现营业利润6000万元，同比增长200%，完成预算的120%。

2.分维度情况

接下来可以从渠道、产品和机构等维度进行分析，如：

其中互联网业务××亿元，同比增长××%，占比××%，线下渠道业务××亿元，同比下降××%，占比××%……

其中健康险业务……车险业务……

其中广东分公司……上海分公司……

（如有必要可以增加一些图表，让人一目了然。如附图1所示。）

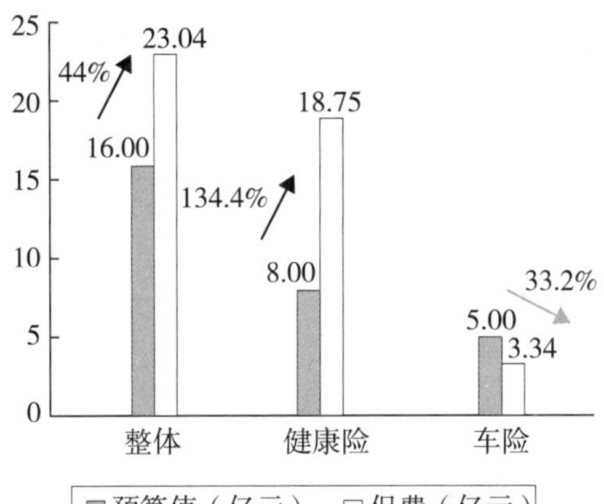

附图1 保费增速示例

3.行业对比

行业报名××，比上年同期上升××……

增速××，高于行业增长速度……

二、重点工作完成情况及荣誉

1.重点工作完成情况

搭建了基于互联网架构的业务平台……

2.荣誉

2018年度优秀科技公司、2018年度互联网创新公司……

三、亮点与不足

1.亮点

公司业务快速发展的原因主要得益于公司布局互联网业务，互联网业务快速发展……

健康险业务发展超预期……

互联网客户数量快速增长……

2.不足

线下渠道业务萎缩……

车险业务行业发展乏力……

客户服务能力跟不上业务快速发展……

四、原因分析及改善措施

提前布局互联网和健康险领域，是公司业务快速发展的原因……

科技赋能保险，打造了基于互联网架构的业务系统，促进公司互联网业务快速发展……

优化业务结构，基于车险整体行业发展缓慢，车险只考虑业务品质，不要求规模……

互联网业务发展超预期，客户服务能力不足，在提升客户服务人员技能的基础上，加大智能客服的能力建设……

五、下一步工作计划

1.2019年业务计划

保费收入增长20%至……利润增加10%至……

2.重点工作

加强保护消费者利益，提升客户服务水平……

持续加大科技投入……

打造“保险+大健康”生态……

六、总结

2019年，是中华人民共和国成立70周年，也是公司布局“互联网+大健康”和战略转型的关键之年。我们将“科技+大健康”定义为公司的核心主业。在新的一年里，我们要在确保公司业务稳健增长的基础上，贯彻“合规经营、防范风险、优化结构、布局未来”的经营方针，强化“保险+大健康”生态建设，继续加大科技投入，进一步提升公司的整体数据化经营和智能风险管理能力，持续为客户、股东、社会创造更大的价值。

二、业务分析报告模板

××公司2020年3季度互联网业务分析报告

根据公司季度经营分析会要求，为了促进公司互联网业务快速发展，完成了2020年3季度互联网业务分析报告，具体汇报如下：

一、经营情况

（一）目标计划

业务收入：5亿元，客户数量：100万人，活跃用户：70万人。

（二）完成情况

1.整体完成情况

2020年3季度公司互联网业务收入6亿元，同比增长50%，完成目标计划的

120%；客户数量130万人，同比增长40%，完成目标计划的130%；活跃用户数量90万人，完成目标计划的129%。如附图2所示。

（也可以增加图形说明，让人一目了然）

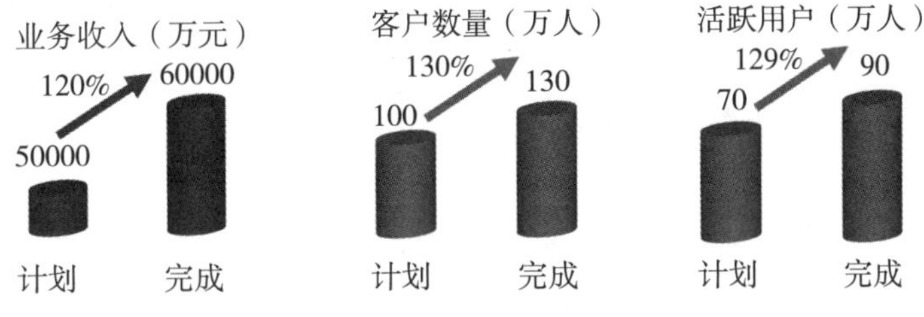

附图2　计划完成情况示例

2.分维度情况

接下来可以从渠道、合作平台和产品等维度进行分析，如其中短视频业务××亿元，同比增长××%，占比××%，直播业务××亿元，同比下降××%，占比××%……其中腾讯系业务……阿里系业务……其中健康险业务……意外险业务……对于单项业务的分析离不开对客户的分析。如附图3所示。

客户分析可以从年龄、性别、地区等维度进行分析其占比……

（一般业务结构分析可以用饼图进行展示）

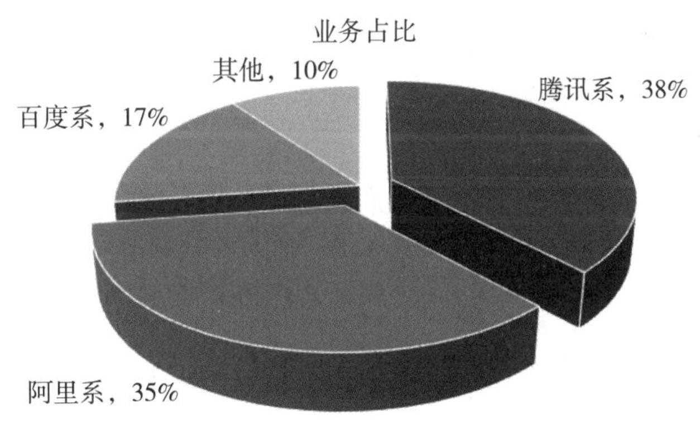

附图3　渠道占比示例

3.效益分析

一般业务都需要考虑成本，比如每个客户成本是多少……

成本占业务收入的比例是多少……

4.行业对比

行业报名××，比上年同期上升××……

业务在行业中的占比……

增速××，高于行业增长速度……

业务成本效益跟行业对比情况……

二、亮点与不足

1.亮点

业务发展超预期，超过预定目标……

客户快速增长……

2.不足

头部平台业务占比过高，集中性风险较大……

成本偏高，效益一般……

三、原因分析及改善措施

系统优化，促进业务增长……

竞争激烈，线下业务发展乏力，各家公司加大互联网业务投入，导致成本上升……

四、下一步工作计划

1.2020年4季度业务计划

业务收入增长50%至××亿元……

客户数量增长50%至于××万人……

2.重点工作

突破重点平台，比如抖音、快手……，4季度至少突破一个重点平台，由业务一部负责……

进一步压缩成本，提升效益……，4季度获客成本降低10%，业务管理部负责，财务部配合……

五、总结

2020年4季度，面临年底收口，市场竞争预计更加激烈……

三、个人总结报告模板

林××2020年度工作总结

暨2021年度工作计划

2020年是不平凡的一年，全世界都遭受新冠肺炎疫情的肆虐，我国在中国共产党的坚强领导下，经过全国上下和广大人民群众艰苦卓绝努力并付出牺牲，疫情防控取得重大战略成果，构建了良好的发展环境。在公司领导的带领下，公司全体员工始终贯彻“合规经营、防范风险、优化结构、布局未来”的经营方针，业务迈上新的台阶。

（对于国家大势描述和公司经营战略的引用，说明你关心国家大势、熟悉公司战略，会增加领导对你的好感）

我进入公司已有两年半的时间，在部门领导的悉心关照和部门同事的热心帮助下，慢慢地向既定目标前进。总体上，在过去的一年里我顺利完成了本职工作，但也存在一些问题和不足。

一、2020年主要工作完成情况

（一）目标

按时完成××季度报告并及时上报……

准确提供月度经营分析数据，供各部门使用……

……

（可以结合个人KPI的要求进行描述）

（二）主要工作完成情况

各季度均按时完成××季度报告，每次至少提前3天上报……

除了5月份由于模型更新、数据计算有误，导致月度经营分析数据延迟1天提供之外，其他月度均准确及时提供……

（这边假设的工作不足，即使没有这方面的不足，也会存在其他方面的不足，通常而言一定会有工作不足，如果不能发现自己工作不足，说明你可能对工作本身认识不够深刻）

……

二、获得荣誉

参加行业课题研究，受到协会通报表扬……

参加公司羽毛球比赛获得第3名……

三、主要成绩及不足

（一）主要成绩

利用VBA编程，将数据整理效率提升一倍，从两天减少到一天……

（二）存在不足

业务能力有待提高，对业务认识不够深刻……

编程方面，VBA编程和SAS编程不够熟悉……

时间管理有待加强……

（存在不足方面，虽然是对自身的批评，但如果写得太严重可能会引起领导对你不满，以为你能力差，这边尽量采用“反话正说”，不要用“能力差”“时间观念差”“不懂”等词汇，尽量使用“有待提升”“有待加强”“不够熟悉”等词汇）

四、主要原因及改善措施

加强跟业务部门沟通，拟每个月参加一次业务部门组织的业务培训……

自学SAS编程，每周末花半天时间学习SAS编程，与同事一起……

时间管理：利用日历管理工具管理工作日程，每周事项打印出来，粘贴在工位看板上，工作日程可视化管理……

五、2021年工作计划

（一）日常工作

做好数据分析工作，提供数据支持……

（二）业务能力

每个月参加一次业务部门组织的业务培训，提升业务理解能力……

（三）工作技能

每周末花半天时间学习SAS编程，进一步提升编程能力……

（四）时间管理

学习时间管理，提升工作效率……

在新的一年里，我将加强学习，认真领会公司“××”战略精神，努力工作，贯彻公司“××”经营方针，为公司实现规模和效益双丰收的经营目标贡献一份力量。

2021年1月1日

后　记

一、树立目标，努力去实现

上中学的时候喜欢看《童话大王》，当时其中有一篇童话说一个主人公最大的愿望是除了身份证之外让其名字变成印刷体的，这在当年是个了不起的成就，以前的公告或者表扬榜等都是手写的，一般要到一定的级别比如处级干部，或者发表文章，才有可能实现。受其影响，我当时也设立了一个人生的小目标，让自己的名字变成印刷体的，发表文章是一个途径，但由于当年我语文实在太差，基本断了这条路。后来上大学看到有同学的名字能在网上搜索得到，比如发表论文或者参加某个高级别的团体组织，特别羡慕，觉得在网上搜索得到也算是“印刷体”。

后来，通过申请专利和参加精算师考试，网上终于能搜索到自己的名字了，特别开心，但又发现跟自己同名的叶锦添和林锦添，搜索的首页显示的主要都是他们的索引，后来就希望自己能成为比他们更出名的人，开始觉得似乎不太可能，但既然有目标就得继续努力去实现，后面随着自己职业的发展、行业影响力增加、职务提升，也增加了不少媒体曝光的机会。

在我发现我指导的人员能力普遍高于他们的同学之后，我的目标就是希望能把自己的从业经验总结出来，帮助大家提升自己的水平，进而帮助大部分的毕业生提升工作效率和工作技能，从而提升收入，无形中也是提升整个社会的生产效率，为国家的发展贡献绵薄之力，这也是我写本书的主要目的。

有时，我们觉得可能是一个遥不可及的目标，但是付出努力之后还是能实现的，甚至会发现自己能做得更好。正应了那句话：“梦想还是要有的，万一实现了呢？”

有目标，努力去实现它。

二、实在的人不会吃亏

一个同学在县城的建筑设计院工作，在当时算是事业单位。2000年之前很多单位由于分配机制不够合理，形成吃大锅饭的情形，干多干少一个样，有干没干一个样，大家按学历和工龄领工资，工资基本在1000元到2000元。整个单位总共8个人，但接到的活2个人干足够了，因为我同学去得最迟，所以所有的事情都叫他做，他经常要加班，但其他人基本上就是到单位喝茶聊天，有事的话不去也可以。大家经常跟他开玩笑，说他一个人养活八个人挺不容易的，背后也有人说他傻——人家不用干活照样拿钱，他听说后总是一笑而过。但是到了2002年他提出了辞职，泉州有个建筑设计院找他，工资一个月10000元。大家顿时傻眼了，原来不是他傻，傻的是其他人。

后来他说，他因为做的事情比较多，跟建筑单位也比较熟悉，知道外面有很多机会，但要求也比县城的设计院高，因为自己刚毕业，掌握的技术还达不到一些大设计院的要求，所以趁着有机会多学点技术，时机成熟就走了。事实证明他才是聪明人。

后来还有一个小插曲。他走之后，原来的单位没有一个人会设计，问他怎么办，他告诉原来的同事："我现在已经在别的单位上班了，让我帮你们也不太现实，关键是我现在比原来还忙，你们好歹也都是正儿八经的建筑设计专业毕业的大学生，学历比我还高，你们自己先学着做，做完寄给我，我帮你们修改，但只能帮三个月。"他离职半年后，大家逐渐会干活了，后面陆陆续续又有几个人跳槽到大的设计院。这也说明，人的潜力是无限的，只是没有被逼到那一步。

三、年轻人要敢于到业务一线锻炼

我一个同事毕业后进入了公司的董事会办公室担任职员，这在很多人看来是一个很好的职位。在保险公司，董办的工作主要是跟股东、董事会、监事会、高管和监管部门打交道，是非常重要的岗位。很多保险公司的普通员工，工作了10年可能从来没跟高管说过一句话，因为经常和股东、高管打交道，一般董办的人员晋升是比较快的，很多人很羡慕他。但他自己发现，董办的工作主要是制定制度，报送文件，准备会议资料，工作流程和工作方式都是相对固定的，不能发挥他创新的能力，工作也没有太大的积极性。后来他主动申请调到业务部门，跑去当业务员。到业务部门后，工作积极性大大提升，基本上是007的工作状态，因为当时做互联网保险——在互联网平台上进行保险销售，属于比较先进的销售方式，经常跟合作方讨论到深夜。他还参与创新了短视频保险营销模式，使得互联网保险进入了一个新的阶段，推动了个人互联网保险市场的飞速发展。后来，我们一起出来创业，他成为最年轻的公司创始人。

找到工作兴趣所在，勇于到前线锻炼，会极大地提升个人的能力。

四、积极参加公司项目组工作

很多人都听说过项目组，很多公司在介绍行业领先的技术时，经常会提道，这是由我们公司某某项目组完成的。

项目组是指为了完成某个特定的任务而把一群不同背景、不同技能和来自不同部门的人组织在一起的组织形式，如技术创新小组、产品开发小组等。它的特点是，根据任务的需要，将各种人才集合在一起进行联合攻关，任务完成后，小组基本就可以解散了。项目组人员不完全固定。优点是适应性强，机动灵活，容易接受新观念、新方法。

作为职场新人，应该多争取机会参加项目组，即使是在项目组打下手，对个人的能力提升和职业发展也有很大的帮助。主要体现在几个方面：

（1）增加接触领导的机会。项目组一般会由领导担任组长，平时即使是同一部门的领导也很少单独坐下来跟你沟通，而项目组基本都需要定期跟领导汇报进展。

（2）促进同事关系。项目组的人员来自不同部门，参加项目组后，大家很快能熟悉，对未来跨部门协调工作有很大的帮助。

（3）能力快速提升。项目组人员一般抽调的都是各部门能力最强的人员，在一起工作，可以乘机请教，你的能力会得到快速提升。

对此，我的体会是非常深刻的。我刚到厦门人保的时候，正好公司准备开发作业矩阵系统，用于业务品质预测、指导公司业务选择和资源配置，因为我负责数据的工作，也参与其中。项目组固定人员大概有10个人，刚开始的时候，大家说的我基本都听不懂，因为都是最前沿的理念和每个人积累了一二十年的工作经验的总结，我也是后来才知道差不多全公司核心骨干有一半在项目组中。我负责汇总资料，刚开始会议纪要都会记错，还好我的脸皮比较厚，不懂可以学，只要看到不懂的或者听到不懂的，我就找人请教。项目组主要人员是按产品线划分的，有车险、船货险、财产险、意健险、责任险等，6个月之后，虽然在各自的专业领域，他们仍然比我强很多，但是从知识面广度来说，我可能是懂得最多的人。

除了单位的项目之外，如果你所在的单位在行业比较有影响力，也有机会参加行业的项目，这时也要争取参加，一方面可以学习行业最先进的技术，另一方面可以积累行业的人缘，只要能参加行业的项目组，你的职业生涯下限至少也能达到中层干部。

当然，参加项目组也有缺点，最大的缺点是工作强度大，一天的工作量可能顶得上日常三天的工作量，而且经常需要加班，但作为年轻人加班也算不了什么，参加项目组得到的好处要远远大于付出。

五、积极参加行业交流，积极参与行业工作

行业会议一般包括全国、全省和地市级别的会议，一般会议都会有层级要求，甚至一些重要的会议会指定到具体人员的级别和岗位，除非你是总部人员或者国家机关的部级单位人员，否则能参加全国性会议的机会不会太多，但是不管是哪个层级的会议，只要参加，对个人的职业生涯都是很有帮助的。

很多人说，我就是个最基层单位的最基层的员工，根本没有机会参加行业交流。这主要是你没有积极争取，实际上行业交流的机会无处不在，即使是在县城也会有行业交流的机会，有很多渠道可以参加，特别是现在通信比较发达，有不少行业交流的微信群，大家经常会组织一些活动，行业人员组织的饭局，多参加也是有好处的。只要参加一次，就会有第二次机会，高级别的参加不了，先参加低级别的交流，低级别交流的人员总有一些是参加高级别交流的，通过他们的引荐，慢慢地就有机会参加更高级别的行业交流。

需要注意的是，参加会议不仅仅只是去露个脸或者吃个饭，参加交流前要做好准备，目标明确，比如要认识谁，最好是行业最有影响力的人，最好是有人引荐，如果没有人引荐就需要找到共同点，比如同乡、校友、认识同一个人……对于最重要的人，第一次先要名片，第二次加深认识、探讨问题……或者要跟同行交流什么问题，不能漫无目的地参加交流。

行业工作一般都是义务工作，行业一般性的工作都是有协会承担，比如行业数据统计、行业资料收集整理、行业发展研究等。参加行业工作最大的好处就是：掌握行业最新的信息，认识行业的领导。

六、学会从领导的角度思考——个人晋升过程

就个人职业规划而言，是否能晋升，我一般不是太在意的，但并不表示我没有准备。

实际上我一直在做准备，当我是个普通员工的时候，我就想，如果我是一名基层干部，我需要做什么，需要从什么角度考虑问题，需要为部门领导考虑什么，需要为公司做什么。

所以，我一般考虑问题都是从公司的角度进行考虑，就是我做什么事对公司的业务有帮助，对公司效益有帮助，而不是仅仅考虑我岗位本身。只要对公司有好处，我就会去做，但做好了是否对我个人晋升或者提薪有帮助我一般不会考虑太

多。在这种情况下，好处是我可以以一种平常心去工作，不用考虑太多干扰因素，不会因为担心自己的利益受损而缩手缩脚。

当然，我相信只要我有能力为公司创造价值，即使这家公司没有给我更高的职位或者更高的待遇，但因为对公司有贡献，能为公司创造价值，在行业有名气了，就不用担心没有高的职位和薪酬。

所以，我从一名普通员工，到精算主管，到精算责任人，到总精算师，到总裁。看起来职业生涯很顺畅，也肯定有人说我运气很好，当然我个人也确实是沾了行业快速发展的光，实际上，每次在一个岗位的时候，我已经为下一个岗位做准备了，我是一名精算主管的时候，我已经假设我独立负责精算部门工作的时候需要掌握哪些知识、具备哪些能力、需要做什么，我担任精算部负责人的时候，我都按总精算师要求自己，担任总精算师的时候，我就假设有一天我担任总裁，我需要做什么。所以，当我从下一级岗位晋升到上一级岗位时，我从来没有觉得不适应，因为我已经准备好了。

七、无论何时出发，都不算晚

我们经常听到某些人会说，我要是出生在哪个年代，我就能成为什么样的人，接着又抱怨现在机会太少了、工作累、工资低。就是觉得别人运气好，自己运气差，如果正好在那个时期，在那个行业，傻瓜都能赚钱。

曾经我也是这样想的，我错过了哪些时代呢？①改革开放初期，按我这种不太安分的性格，如果早出生十几年，毕业肯定是去深圳、广州闯荡了，不说大富大贵，财务自由总是有的吧；②IT时代和互联网时代，第一拨IT和互联网创业的人，一般大我们10岁左右，早出生10年就好了；③炒房时代，要不是因为家里拖累，我早就买房了，现在至少能有两三套房。

电商时代、大数据时代、虚拟货币时代、互联网视频时代、5G时代……时代出现的频率越来越高，单纯跟之前相比，现在的机会要远多于以往。

我们认为可以在行业刚起步的时候就进入，在行业最好的时候实现利益最大化，如果真的能够穿越，现在随便一个人回到战国时代，不当个丞相都屈才了。后来我终于明白，过去的时代不会再来，要珍惜的是眼前的机会，一个人是否成功主要靠专业和努力，而不是靠投机和运气。

实际上，我们每个人都生在一个好时代，我们要庆幸自己生活在一个和平、繁荣、快速发展的国家和时代，无论何时何地都充满成功的机会。

错过的不会再来，什么时候都不晚，把握眼前机会，成为当代英雄。

八、选择机会很重要

前面说的都是正面的案例，这里说一个相对反面的案例。

前不久跟同学吃饭，其中一个同学是编程的天才，虽然专业学的是化学，但在化学系大部分人都不认识他，倒是在编程圈子里很有名，当时厦门市的黄页和公交系统都是他开发的，还帮学校开发了学术论文的搜索引擎。2000年前后，他发现卖光碟挺好赚钱，还卖过一阵子光碟，他如果一直在IT行业，不说成为行业大佬，至少也是一方牛人。但是当时他被保送化学系的博士生，后面觉得读化学博士，兼职搞IT，好像太对不起化学了，于是放弃了IT。他自己开玩笑说："搜索引擎比百度做得早，黄页比阿里做得早，卖光碟比刘强东卖得早，只要做好一项，都比现在强。"

不管多么好、多么有前景的行业，只有坚持下去，最终才能获得成功，否则顶多只能成为铺路的人。在有多个选择的时候，请问问你的本心，你到底喜欢什么行业，选择最喜欢的。

现在，他发现IT才是他的最爱，在跟另一位同学合作开发护理机器人，我期待他成功。

九、机会留给有准备的人——一个中专生直接考硕士的励志案例

我在厦门大学就读大一的时候，系里传来一个老师考研成功的消息。大家可能觉得考研不算什么，但至今这件事情还一直为人津津乐道——这个老师是中专毕业，八十年代很多优秀的初中毕业生都选择上中专，也让许多优秀的人才失去了进一步深造的机会，我的这个老师算是幸运的，虽然只是中专毕业，但因为很优秀，应聘到厦门大学担任系里的教学秘书，在大学里担任老师，本科毕业学历都算低的，何况一个中专生，所以这个老师时刻想着能进修。

当然，中专可以参加成人教育，先到大专，然后再自学考试到本科、硕士……这应该是一个正常的途径，但是这个老师一边坚持自学大专课程，一边准备考研，尽管前两年已经受过挫折——中专学历无法报名参加硕士招生考试，他也从未放弃。中专生是否能直接参加硕士招生考试，当时一直有传闻要放开限制，但一直没有定论，直到第三年，在考试报名的最后一天才说允许中专生报名，而这个老师成功报上了名，并且考上了硕士，后面又接着读了博士、博士后……

这在当时，一直作为老师们鼓励大家认真学习的励志故事，大家都认为是个奇迹，但后面再也不允许中专生直接参加硕士招生考试了。

也就是说只有那一年的那一天允许报名，后续再也没有机会了，机会留给随时做好准备的人。

十、气度影响格局——着眼于未来的人，不会计较眼前的蝇头小利

一个同学在公司负责中央空调装修技术，十年前厦门所有四星级以上酒店的中央空调都是他负责装修的，因为他的技术最好。

他们单位实行合伙制，只要觉得自己有能力，就可以申请承包一个部门，单独核算，自负盈亏。最早他所在的部门效益很好，但老板比较抠门，每个月给他的基本工资不到2000元，加上各种奖金每年收入大约5万元，当时在厦门算是中上水平收入，但是他的市场价值远远不止这些，很多公司开出了年薪10万的薪酬挖他，但是公司规模较小，他觉得刚毕业三四年，还是希望再锻炼一下，而且所在公司比较好，是厦门装修行业排名前两位的公司，他担心离开后，虽然前两年薪酬不错，但后续可能有不确定性，当然他也可以直接向老板提出加薪，但他认为最关键的是进一步提升技术并且积累人脉，他看的是未来，并不局限于眼前的得失，所以老板没有主动给他加薪，他也没提起。很多人认为他挺傻的，同行业的人这样认为，老板这样认为，同事也这样认为，直到他提出申请承包一个部门。

当然后面的事就是水到渠成，他自己成为老板，收入比原来的老板还高。他成功的原因有两个：一是不在乎眼前利益，着眼于长期利益，表面看好像吃亏了，但实际上最后收获是最大的；二是核心还是掌握最顶尖的技术，技术和能力是成功的先决条件。

十一、坚持到最后才是成功——阿里巴巴的前台童文红

网上有一个段子：

童文红在阿里做前台后公司股份改制，马云分给了她0.2%的股权。他说，将来阿里巴巴上市，市值会达1000亿元，你就在阿里巴巴干，不用再到其他公司去了，等公司上市了你就身价上亿元了。

童文红等了一年又一年。2004年，她问马云："什么时候上市？"马云说："快了！"2006年，她又问马云，马云还是说："快了。"

直到2014年9月，阿里巴巴登陆纽交所，市值2314亿美元，她终于从前台小妹完成了向亿万富姐的转身。

现在，阿里巴巴市值大约2万亿元人民币，童文红的身价数十亿元。

阿里巴巴上市的时候，一个同学的朋友跟他说："童文红原来是她的手下，很

多事情都不懂，还要手把手教，她要不离开阿里巴巴，股份比童文红还多。”我同学回答她：“你嫌工资1000多块太低，自己跑了，还好意思说，你就不配有数十亿。”

不管多么好、多么有前景的行业，只有坚持下去，最终才能获得成功，否则顶多只能成为饭后谈资。

十二、让别人以你为荣

人生避免不了对比，我们亲人、同学、朋友之间经常会谈论认识的人中有多少是牛人，比如读书的时候，有些同学会说，我的父亲是局长，我叔叔是公司总裁，或者我姑姑是大学教授，大家都特别羡慕，即使参加工作之后，仍然避免不了类似的情况，除了比长辈之外，还会说我的同学是著名科学家，有的已经是亿万富翁了，我认识一个朋友是部长等。

但仔细一想，这比的都是别人，跟自己好像没有太大关系，自己是不是也可以成为别人口中的成功人士呢?

希望成为别人口中的成功人士，也是一种激励我们不断进步的动力。

不断努力，为自己、为你的家庭、为你的朋友、为你的家乡、为社会和祖国做出更大的贡献。